5G 产业赋能丛书

5GtoB 字典及面向深度融合的 6G 演进

孙鹏飞 —— 主编

人民邮电出版社

北京

图书在版编目（ＣＩＰ）数据

5GtoB字典及面向深度融合的6G演进 / 孙鹏飞主编
. -- 北京：人民邮电出版社，2022.5（2023.11重印）
（5G产业赋能丛书）
ISBN 978-7-115-59226-2

Ⅰ．①5… Ⅱ．①孙… Ⅲ．①第五代移动通信系统—
研究 Ⅳ．①TN929.53

中国版本图书馆CIP数据核字(2022)第071072号

内 容 提 要

　　5G 最主要的应用场景在行业领域，通过与人工智能、大数据、云计算等技术深度融合，为产业赋能，为千行百业的数字化转型提供新方法和新路径。本书从全球数字化变革入手，探讨了 5GtoB 发展中一系列关键性问题，如行业应用规模复制的发展路径、未来形态、标准化能力构建等。第一，从全球数字化转型新浪潮入手，介绍了 5G 如何激活产业变革及在全球各个区域的商用情况、推动政策和应用发展情况。第二，从方法论的角度，归纳了 5GtoB 规模复制的主要挑战，并推演了其发展路径及面向 XtoB 的未来形态。第三，基于大量实践，对 5G 在各重点行业的典型应用场景进行了归纳总结，提出了 5GtoB 规模复制的通用能力及关键要素。第四，详细介绍了 5GtoB 行业标准规范融合进展情况。第五，推演了 6G 的总体愿景及 toB 新型使能技术，对语义通信、达意网络、无蜂窝超大规模协作 MIMO 等对行业应用场景有关键支撑作用的关键技术做了详细的介绍。最后，对 6G 赋能行业典型应用场景（如元宇宙、人机交互、超互联未来城市等）做了前瞻性探索。

　　随着 5G 乃至 6G 在千行百业融合应用的不断深入，本书可以为各行各业持续不断的数字化探索提供启发，推动各垂直行业的全面数字化转型。

◆ 主　编　孙鹏飞
　　责任编辑　吴娜达
　　责任印制　彭志环

◆ 人民邮电出版社出版发行　　北京市丰台区成寿寺路 11 号
　　邮编　100164　电子邮件　315@ptpress.com.cn
　　网址　https://www.ptpress.com.cn
　　北京天宇星印刷厂印刷

◆ 开本：690×970　1/16
　　印张：30.25　　　　　　　2022 年 5 月第 1 版
　　字数：421 千字　　　　　　2023 年 11 月北京第 7 次印刷

定价：99.80 元
读者服务热线：(010)81055493　印装质量热线：(010)81055316
反盗版热线：(010)81055315
广告经营许可证：京东市监广登字 20170147 号

本书编委会

主 编

孙鹏飞　华为 5G-2B 解决方案部部长

编委会专家委员会（按姓氏笔画排序）

王志勤　中国信息通信研究院副院长

叶晓煜　中国联通研究院副院长

范济安　中国联通集团大数据首席科学家

闻　库　中国通信标准化协会（CCSA）副理事长兼秘书长

黄宇红　GTI 秘书长　中国移动通信研究院院长

曹　磊　中国电信集团政企信息服务事业群副总经理

斯　寒　GSMA 大中华区总裁

蔡　康　中国电信股份有限公司研究院副院长

魏　冰　中国移动通信集团政企事业部副总经理

Adrian Scrase　Head of 3GPP Mobile Competence Center and ETSI CTO

编委会秘书

林 立

写作组（按姓氏笔画排序）

组 长

王小奇　邓 伟　刘 鸿　刘光毅　许晓东　李佳珉　杨 劲
肖善鹏　张雪丽　陈 丹　林 立　赵世卓　谭 华　潘 峰

副组长

于 江　万 铭　杜加懂　李 颖　杨新杰　肖 羽　陈 力
董 辰　廖运发　谭振龙　潘桂新　Peter Jarich

成 员

马 帅　马洪斌　王 锐　王泳惠　王碧舳　韦柳融　从建勋
左 芸　司 哲　刘 帅　刘亚键　刘嘉薇　齐 旭　关庆贺
杜 斌　李 剑　李泽捷　杨 艺　杨 鹏　杨欣华　杨博涵
杨德武　肖 勰　吴 澄　汪卫国　张 龙　张 宇　张 奇
张 艳　张 健　张天静　张海涛　张鲁鲁　周丽莎　郑师应
孟祥伟　赵 莹　柳 晶　施 磊　徐 舒　徐芙蓉　高 朋
郭 昕　郭克强　梁永明　董 静　韩书君　程锦霞　傅成龙
曾凯越　楼梦婷　路宇浩　管嘉玲　谭子薇

在过去的 2021 年，全球都经历了巨大的挑战，而对新冠肺炎疫情的应对也凸显了移动通信技术的重要性。移动通信行业犹如一只坚定的手，强力地支持着经济和社会的恢复与持续发展。无论是数字化转型还是数字经济的扩展，移动通信技术在千行百业中都发挥着巨大的作用，并产生了深远的影响。现在，当我们展望后疫情时代，只有以创新的心态去应对不断变化的各种挑战，才有可能继续确保移动通信行业为人类和地球谋求更大的福祉。这也就意味着，我们要不断突破各种可能的界限，在 5G 时代不断创新和深入实践。

如今，我们正处于智能互联时代，5G、人工智能、物联网和大数据的结合，使移动行业成为世界上最强大的赋能平台之一。尽管一直受到疫情的影响，但 5G 的布局势头依然强劲。GSMA《全球移动经济发展》报告预测，到 2025 年，中国的 5G 连接数将占到全球 5G 连接总数的近一半，这一预测也显示了中国在 5G 时代持续的活力和领导力。但这将基于产业不断地提升创新水平和对未来的可持续性投资。从现在到 2025 年，移动行业将在网络上投资 9000 多亿美元，其中大约 80% 投资于 5G，以保持全球互联和产业繁荣。但更重要的是，这将使我们有能力去更好地关爱和赋能世界的可持续性发展。

2021 年是 5G 取得初步成功、迈向成熟发展的关键一年。全球各地的 5G 发展正在稳步前进，5G 已经成为历史上商用规模发展最快的移动通信技术。中国在 5G 基站数和 5G 连接数上领先全球步伐，5G 连接总数已达到 4.8 亿。根据 GSMA 智库预测，到 2022 年年底，中国的 5G 连接数将达到 6.4 亿，占全球移动连接总数的比例超过 60%。

5G 的历史使命之一是赋能千行百业，促进各行各业的数字化转型，成为社会经济生活的关键新型基础设施，5GtoB 的成功才是 5G 价值全面展现的真正重头戏和主战场。5G 能否赋能千行百业不仅对运营商转型非常重要，也将深入影响各行各业数字化转型的成功。能否抓住企业业务的新机会，是运营商转型是否成功的重要标志之一。2021 年是 5GtoB 商用元年，也是 5GtoB 规模化发展启动之年，5GtoB 如何从"1"走向"*N*"，实现规模化发展成为业界关注的核心问题。行业应用的规模化发展是 5GtoB 成功的必由之路，也是 5G 找到新业态和新模式的必由之路。

本书恰逢其时，既从全球 5G 发展现状以及规模化复制所面临的挑战等方面对 5G 商用进行更深入的剖析，又从智能制造、智慧港口、智慧矿山、智慧钢铁、智慧医疗、智慧农业等 5G 赋能的重点行业对实践和解决方案进行详细解读。这也为 5G 商用的标准发展、合作共赢、创新以及规模复制提供了很好的经验和建议。

我们很高兴再次参与这次探索，与移动运营商、华为等供应商、垂直行业、学术界和研究机构的众多业界伙伴携手合作，共同为本著作做出贡献，从而一起为推进 5GtoB 应用规模化发展总结最佳实践、共同献计献策。

我们也深信本书将对 5G 赋能千行百业以及加速 5G 商用成功提供巨大帮助，也将成为 5GtoB 实践和规模化复制的重要参考。

洪曜庄

GSMA Ltd. 首席执行官

序一
英文原文

In 2021, the world continued to witness unprecedented challenges, but responses to the pandemic have again highlighted the importance of mobile technologies. Throughout the pandemic, the mobile industry has been a steady hand, strongly supporting socio-economic recovery and sustainable development. Mobile technology is playing a critical role in the process of digital transformation and the expansion of the digital economy, with far-reaching impact in many different industries. As we look ahead to the post-pandemic era, innovative mindsets will be key to responding to the ever-changing challenges, while ensuring that we continue to enable the mobile industry to seek greater welfare for people and the planet. This also means that we must continue to break boundaries and explore new possibilities to continuously innovate and widen implementations in the 5G era.

We are in the era of intelligent connectivity. The combination of 5G, AI, Internet of Things and Big Data makes the mobile industry one of the most powerful enablement platforms in the world. Despite the pandemic, the momentum of 5G deployment remains strong. The GSMA's 'Mobile Economy Report 2021' forecasts that by 2025, China will account for nearly half the total number of 5G connections in the world. But this will depend on the industry's ongoing commitment to innovation and sustainable investment. Between now and 2025, the mobile industry will invest more than US\$900 billion in mobile networks, of which 80% will be in 5G networks. Importantly, this investment will enable us to better care for and empower global sustainable development.

2021 was a crucial year for 5G to achieve initial success and move towards mature development. Around the world, 5G is advancing steadily and has become the fastest-growing mobile technology on the commercial scale. China leads in the number of 5G base stations and connections. By the end of 2021 the total number of 5G connections in China reached 480 million, and, according to GSMA Intelligence, by the end of 2022, it is estimated that there will be 640 million connections, accounting for more than 60% of the total global mobile connections.

The mission of 5G is three-fold – to empower vertical industries, promote digital transformation across industries, and become the new infrastructure for societies and economies. The success of 5G for verticals is a critical element to realizing the full value of 5G. The ability to seize new opportunities in enterprise business is one of the most important indicators for the transformation of mobile operators, and will also impact the success of digital transformation across the globe. 2021 was the first year in which 5G was commercialized for verticals, and also the year in which we saw the large-scale development of 5G for vertical application take shape. The core issue that the industry now faces is how 5G for verticals can move from "1" to "*N*" and realise scaled commercial development. Driving greater economy of scale for industry applications is the only way for the success of 5G for verticals, and is also an important path towards new 5G business models.

This book comes at a critical juncture. In this new edition, it explores an in-depth analysis of 5G commercial use cases on the developmental trends and challenges faced during scaled replication, while bringing in the perspectives of key industries that can be empowered by 5G, such as Smart Manufacturing, Smart Ports, Smart Mining, Smart Steel, Smart Healthcare, and Smart Agriculture. It also provides a detailed review of practices and solutions, followed by suggestions to the development of 5G industry standards, cooperation, innovation and scaled adoption.

We are pleased to participate in this exploration again, and to work hand-in-hand with many industry partners from mobile operators, Huawei and other vendors, vertical industries, academic and research institutions, to jointly contribute to the book. I hope our joint efforts will provide insightful best practices and suggestions to promote more scaled deployment of 5G for vertical applications.

We believe this book will greatly help many to better utilise 5G to empower various vertical industries and accelerate the commercial success of 5G. It will also become an important reference for best practices of 5G for verticals and large-scale replication.

John Hoffman
CEO, GSMA Ltd.

序二

2022 年对中国来说是充满挑战和极为特殊的一年。世界由于战争和新冠肺炎疫情而动荡不安,而中国克服万难,再一次成功举办了世界级的体育盛会。2022 年 2 月,我有幸作为冬奥会火炬手参加了北京冬奥会火炬在北京冬奥公园的传递,由此,我对于本届冬奥会有着特殊的情感,也对本届冬奥会更加关注。作为首个 5G 网络全覆盖的冬奥会,北京冬奥会依托 5G、4K/8K、云计算、物联网、区块链、IPv6+等技术为"参赛、观赛、办赛"带来了新的体验、新的样板。中国再次向全世界展示了领先的 5G 网络和应用。

冬奥中的 5G 应用只是一个缩影。5G 商用以来,通过学术界和产业界的共同努力,5G 服务已经扩展到了生产生活的众多方面,将全面赋能和激发数字经济发展。宏观上看,5G 为国家经济增长带来新动能、新引擎,带来万亿级经济增量;中观层面,它影响各个行业,如 ICT 的关联产业、垂直的行业应用等;微观层面,各类 toC 和 toB 的应用诞生,将拉动居民消费、激发企业投资。例如在智能交通领域,以 5G 为引领,车联网正为自动驾驶保驾护航;在智慧医疗领域,5G 融合发展将会在新冠肺炎疫情防控、远程会诊等方面起到积极作用;在智慧教育方面,5G 为教育提供了新手段,使教育更加公平;等等。

随着 5G 与千行百业应用融合的不断深入，重点行业和典型应用场景逐步明确。然而，5G 应用到规模化发展还存在一定差距，在网络建设、应用融合深度、产业供给、行业融合生态等方面仍面临突出问题和困难。在 5G 应用的过程中，如何实现能力和需求的有效匹配，实现 5G+垂直行业有效落地，实现 5GtoB 应用的规模化推广，成为各界关注的重点，也成为信息通信行业希望加快破解的难点。

本书的出版恰逢其时。它不只专注于 5G 行业创新探索，而是以 5G 应用规模复制为目标进行系统性的阐述，在深刻洞察全球 5G 发展现状的同时，不仅提出规模复制面临的挑战，也给出了解决问题的思路和方法，并从多个重点行业角度进行深入剖析，相信能引起产业界的强烈共鸣。

俗话说："埋头苦干时也要记得抬头看路"。我们在探索 5G 规模复制的同时，6G 的研究也在如火如荼地进行。本书中对 5G 的演进和 6G 技术的发展趋势进行了系统性的阐述。随着人工智能、大数据、新型材料、脑机交互和情感认知等学科的发展，6G 将实现从真实世界到虚拟世界的延拓，信息交互的对象将从 5G 的"人-机-物"拓展至 6G 的"人-机-物-灵"。这里定义的"灵"具备智能意识，将对感觉、直觉、情感、意念、理性、感性、探索、学习、合作等活动进行表征、扩展、混合甚至编译，为用户的认知发展形成互助互学的意象表达与交互环境，促进人工智慧与人类智慧的和谐共生——这就是万物智联。立足当下，做好 5G 规模应用，着眼未来，做好向 6G 不断演进，人类社会将迈向万物智联及万智互联。

张 平

中国工程院院士

北京邮电大学教授

每一代移动通信系统都以满足社会需求和经济效益为目标。

每一代的新功能也包含了前几代的功能，5G 也不例外。

前四代支持人与人之间的连接。在此基础上，5G 在支持机器之间的连接方面迈出了一大步。机器连接是 5G 最具变革性的能力，也是它与前几代通信系统的巨大区别。因此，5G 可以被认为是一种支持"通信与自动化"的网络技术。5G 是继互联网之后第一个支持不同业务混合的网络技术，但在设计机制的形式上与互联网又有重要区别，其通过网络切片和强大的安全性，管理每个服务类别的服务质量，并通过其独特的服务化架构提供了巨大的灵活性。5G 是一种灵活的系统，它可以在以共有和私有或混合网络的形式部署在任何频段。

由 5G 和人工智能实现的自动化，通过现代化改造许多行业，可以创造新的商业机会，采用自动化可以提高效率、生产力和降低成本。5G 为自动化提供的独特性能是"有保证和可靠的低时延"，以及可以支持"海量机器连接"的能力。低时延和高可靠性的连接使时间和关键业务的自动化成为可能。可以从 5G 自动化中获得巨大收益的一些行业包括：制造业、医疗保健、运输/物流、金融服务、零售、数字创意和信息服务。5G 还将在教育、远程医疗/护理、智能家庭和智能城市等领域提供巨大的社会效益。英国作为发达经济国家的代表，对 5G 经济模型的研究发现，到 2030 年，移动宽带对英国 GDP 的贡献将为 1.5%，而自动化的贡献预计超过 4%。

我们正处于 5G 革命的开端，这场革命始于部署移动宽带以解决 4G 的容量短缺问题。通过自动化和机器连接，5G 最具影响力的方面才刚刚开始。5G 以其不断发展的性能和固有的灵活性，正远远超越地面网络进入非地面网络的部署。5G 背后的全球生态系统确保了持续的创新及其演进，并拥有在可预见的未来服务世界的新能力。它的变革作用已经开始被非电信企业所了解和欣赏。

随着新的应用案例和场景的出现，5G 标准正在迅速向前发展。2021 年 12 月，3GPP 批准了极其重要的 Release 18，且将其命名为 5G Advanced。这些标准的目的是实现更大的上行和下行容量，更高的能效和频谱效率，高精度的地理定位，高质量的基于虚拟和增强现实的混合业务。所有这些目标都将通过单播、多播、广播服务以及更丰富的服务和功能来支持。

这本书以严谨和足够的深度，描述了 5G 在不同代表性行业中的应用场景和最佳的使用方式。这本书为电信和非电信行业的科研、员工培训和产业应用提供了最好的 5G 信息来源。我向所有来自工业界、商业界、学术界、研究机构、政府部门和组织的相关人员强烈推荐这本书。

拉希姆·塔法佐利

英国皇家钦定讲座教授，英国皇家工程院院士，IET 会士，WWRF 会士
通信系统研究所（ICS）所长
英国萨里大学 5GIC 和 6GIC 创始人兼主任

序三
英文原文

Every generation of mobile system aims to address the societal needs with economical benefits.

New features in every generation also includes previous generations' features and 5G is no exception to this rule.

The first four generations supported connectivity between people. In addition to that,5G is taking a giant step in support of connectivity between machines. Machines connectivity is the most transformative aspect of 5G and hugely differentiates it from previous generations. For this reason, 5G can be considered as "Communication and Automation" supported in one network technology. 5G is the first network technology after Internet that supports mix of different services but with important differences to internet in form of by-design mechanisms for; managing quality of service for each service class through network slicing, robust security and offers huge flexibility through its unique service-based-architecture (SBA). 5G is a flexible system that can be deployed at any frequency band in form of public and non-public or their hybrid network.

Automation capability, enabled by 5G and Artificial Intelligence (AI), transforms through modernisation many industries and can create new business opportunities. Automation when adopted leads to enhancement in efficiency, productivity and reduces costs. Unique capabilities offered by 5G for automation are "guaranteed and reliable low latency" and ability to support "massive number of machines". Low latency and high reliability of connectivity enables automation of time and mission critical tasks. Some of industries that would hugely benefit from 5G automation are: Manufacturing, Health, Transportation/Logistics, Financial services, Retails, Digital Creativity and Information services. 5G will also provide huge societal benefits in Education, Telemedicine/Care, Smart Homes and Smart Cities and many more. As a representative of advance economy country, an economic modelling of 5G study identified contribution to the UK GDP by 2030 of 1.5% from mobile broadband whereas automation contribution is expected to be more than 4%.

We are only at the beginning of 5G revolution that started with deployment of mobile broadband to address capacity crunch of 4G. The most impactful aspects of 5G through automation and connected machines has just started. 5G with its continuous evolution in capabilities and its inherent flexibility is far reaching beyond terrestrial networks into non-terrestrial networks. The global eco-system behind 5G ensures continuous innovation and its evolution with new capabilities to serve the world for the foreseeable future. Its transformative role has started to be understood and appreciated by non-telecom businesses.

5G standards are progressing with speed as new use cases are emerging. In December 2021, ambitious 3GPP Release 18, that is known as 5G Advanced, was agreed. These standards are targeting even higher capacities for both up and downlinks, higher energy and spectral efficiencies, high accuracy geo-location, mix of high quality virtual and augmented reality (XR) all to be supported through unicast, multi-cast, broadcast services and many more rich services and features.

This book covers, with rigour and sufficient depth, 5G capability with good examples of its use in different representative industries.

It is the best source of information for all in telecom and non-telecom sectors for purposes of research, staff training and 5G adoption in their respective organisations.

I strongly recommend this book for all stakeholders from industry, business, academia, research institute and governments departments and organisations.

Rahim Tafazolli

Regius Professor, FREng, FIET, Fellow of WWRF

Director of Institute for Communication Systems (ICS)

Founder and Director of 5GIC and 6GIC

The University of Surrey

UK

序四

人类社会正逐渐进入数字化社会的全新历史时期，世界经济也随即进入新旧动能转换时代。以 5G、云计算、人工智能、大数据等为代表的数字产业高速发展，由此带来的新一轮科技革命正在引发产业革命，在世界范围内推动经济社会生产生活方式向数字化转型。数字化、网络化、智能化将成为未来最重要的时代特征。

随着 5G 行业虚拟专网等 5G 网络供给能力的不断增强及 5G 与千行百业应用融合的逐渐深入，5G 行业应用继续在"0 到 1"的突破中，部分重点行业和典型应用场景逐步明确。一些取得成效的 5G 行业应用也在探索"1 到 N"的规模复制，正处于没有现成的经验与方法的"无人区"。

我们必须认识到，5G 在千行百业的应用面对的是极其复杂的生态系统，加上目前在各个行业的解决方案及项目交付，是由众多产业链的不同角色提供的，如果方法不一，标准各异，将造成重复劳动，效率低下，最终无法持续积累能力及商业闭环。因此，标准化是实现规模复制的核心诉求，是 5G 行业应用规模复制的决定性因素，需要发动整个产业链共同参与，积极推动。

2021 年 7 月工业和信息化部等十部门联合印发《5G 应用"扬

帆"行动计划（2021-2023 年）》，文件指出需要打通跨行业协议标准，研制重点行业应用标准，落地重点行业关键标准，构建 5G 应用标准体系，研制 30 项以上重点行业标准，为 5G 行业应用的标准化工作提出了指导性方针。

在中国通信标准化协会的牵头下，我国 5G 融合标准体系不断完善，为 5G 应用发展提供了重要的技术规范和保障。目前已经有 447 项行业标准陆续发布，推动了基础共性和重点行业 5G 应用标准体系有序形成，并逐步完成重点行业关键标准的研制，大力推动了我国 5G 行业应用规模化进程。

面向未来，中国通信标准化协会将"谋定而动，乘势而上"，在全球合作上保持开放共赢的理念，主动谋划，前瞻布局 6G 各项研究工作，深入研究通信感知、通信与人工智能等领域的融合技术方向，积极开展全球 6G 技术交流与产业合作。

很高兴看到本书从全球数字化变革入手，从基础理论和行业实践的角度，详细探讨了 5G 行业应用规模复制的主要挑战、发展路径及面向智能 6G 的未来演进。书中重点对 5G 应用融合标准从行业通用能力及重点行业两个维度进行了深入的阐述及探索。相信在 5G 行业应用规模化推广的关键时刻，本书的及时问世，将有力地推动 5G 行业应用的规模化推广，并牵引业界遵循技术、标准、产业、网络和应用渐次导入的客观规律，紧扣国际标准节奏，有重点地推动 5G 应用从"星星之火"到"扬帆远航"。

闻库

中国通信标准化协会（CCSA）副理事长兼秘书长

序五

钢铁工业是我国国民经济的重要基础产业，是建设现代化强国的重要支撑，是实现绿色低碳发展的重要领域。作为我国国民经济发展的支柱产业，涉及面广，产业关联度高，向上可以延伸至铁矿石、焦炭、有色金属等行业，向下可以延伸至汽车、船舶、家电、机械、铁路等行业。

钢铁工业对我国国民经济的发展具有重要影响。经过多年的改革开放和自主创新，我国钢铁行业的信息化、自动化水平已经跻身国际前列。"十三五"以来，我国主要钢铁企业装备达到了国际先进水平，信息化程度得到了跨越式发展。中国已经发展成为全球最大的钢铁生产国和消费国。2020 年 12 月，工业和信息化部发布的《关于推动钢铁工业高质量发展的指导意见（征求意见稿）》设定的总目标显示：力争到 2025 年，钢铁工业基本形成产业布局合理、技术装备先进、质量品牌突出、智能化水平高、全球竞争力强、绿色低碳可持续的发展格局。

中国是钢铁大国，但智能制造整体处于起步阶段，智能制造的标准、软件、信息安全基础薄弱，缺少行业标准，共性关键技术亟待突破。部分先进企业已达到工业 3.0 阶段水平，并向工业 4.0 探索迈进，但还有大批钢企仍然处于工业 2.0 阶段。智能化尚未成为主要生产模式，伴随着人民生活水平的不断提高，产业员工对作业环境和劳动舒适感的不断追求，远程化自动化生产的需求和趋势愈加明显和迫切。

5G 技术渗透性强、带动作用明显，已成为新一代信息通信技术的核心，在 5G 技术的带动下，边缘计算、云计算、大数据、人工智能、工业互联网、数字孪生等新一代信息技术将加速融合、快速迭代，并与钢铁行业紧密结合，为钢铁产业数字化转型提供坚实基础和强大驱动力。

5G 在垂直行业的应用，正在从应用探索与孵化走向规模化发展，处于没有现成经验与方法的"无人区"。很高兴这本著作在这个关键时期应运而生，对于 5G 行业应用规模化做出了非常有益的探索和总结。基于扎实的理论分析和大量的最佳实践，本书探讨了 5G 行业应用规模化发展的主要挑战、典型场景、通用能力及成功的关键因素，为广大行业从业者的实践及创新提供了不可多得的参考和指导。

"长风破浪会有时，直挂云帆济沧海"，我们处在行业数字化转型的关键历史时刻，相信 5G 乃至 6G 技术将以前所未有的深度和广度，赋能及推动以钢铁等行业为代表的智能制造数字化全面转型，释放产业变革巨大潜力，实现经济社会数字化、网络化、智能化的腾飞。

姜 维

中国钢铁工业协会党委副书记

目　录

第十章　5G+智慧医疗　263

第十一章　5GtoB 行业标准规范融合进展情况　301

第一章　5G 推动全球数字化变革新发展

1.1　通信技术推动人类社会持续进步

　　人类社会作为一个群体性组织，人与人之间交流信息是其存在和发展的基本需求。随着人类社会生产力的发展和对通信需求的变化，人与人之间通信的手段不断革新。从古代的飞鸽传书到近代的电话电报，再到如今的移动通信，通信技术的变革深刻地改变了人类的生产方式、生活方式。据此，信息通信和材料、交通、动力供应系统等技术一起，在有关人类科学发展、技术进步、生产创新和经济增长的研究中，被列为对人类社会进步有革命性影响的重大通用目的技术（General Purpose Technology, GPT）。

　　远古时代，人们通过肢体语言、口头语言交换信息，进行分工协作。随着社会的发展，人们对记录信息产生了需求，随后出现了文字、竹简和纸书。为了实现对社会的管理，人们又发明出烽火狼烟、驿马邮递、飞鸽传信等通信手段。1044 年毕昇发明活字印刷术，1450 年德国人古腾堡发明金属活字印刷术，技术的革新推动了知识的普及。特别是后者，开启了欧洲大规模的印刷，在文艺复兴的大背景下，帮助人们打破了教会知识的垄断，推动了市民社会的形成，促成了宗教改革，为工业革命奠定了基础。

随着第一次工业革命的开启，轮船、铁路等交通工具迅速发展，人们的活动和市场交易范围不断扩大，原有的书信等通信方式已无法满足人们对信息实时传递的迫切需求。1835 年美国画家莫尔斯经过研究，发明了世界上第一台电报机，人类开始进入电子通信时代。1876 年美国人亚历山大·格拉汉姆·贝尔发明了世界上第一部电话机，并于 1878 年成功地在相距 300km 的波士顿和纽约之间进行了人类首次长途电话实验。电报和电话技术作为一种全新的通信方式，使信息从传统的以人和物为载体的实体传播，转向了以电波信号为载体的电子传播，使人们突破了通信距离、时空限制，它们与其他交通运输工具形成合力，改变了人们的交易模式和生产组织形式，推动"世界经济一体化"的形成，极大地促进了工业社会的发展。

1969 年，互联网的出现再次开启了一场人类社会的信息交流技术划时代的革命。互联网技术与电子计算机技术、软件技术、数字通信技术等相互渗透，推动人类社会逐步从工业时代迈入崭新的信息时代。互联网降低了人们远距离传送大容量信息的成本，使信息在全球的传播和扩散变得更为低廉和便捷，让全球大规模协作生产变成现实，并由此推动世界进入第三次全球化，极大地改变了世界经济格局乃至地缘政治格局。同时，互联网极大地改变了信息的传播模式，逐渐对社会结构、政治结构等产生巨大影响。

20 世纪 70 年代中期至 80 年代，第一代蜂窝移动通信技术开始发展并投入商用。2000 年后移动通信技术开始逐渐与互联网技术融合，以其无处不在的特性促进了互联网的广泛普及，催生了智能手机、移动支付、移动商务、共享经济等移动互联网新产品、新业态、新模式，孕育了消费互联网经济，最大限度地改变了人们的生活方式。

1.2　全球迎来数字化转型新浪潮

当前，世界经济进入新旧动能转换时期，新一轮科技革命正在引发产业革命。新一代信息通信技术在世界范围内推动经济社会生产生活方式向数字化转型，数字化、网络化、智能化成为最重要的时代特征。

人类近代史的历次产业革命，主要解决的是生产不足的问题，关键途径是通过蒸汽、电力等物质化技术的创新与应用，叠加相应的管理变革、组织变革等，提升经济的全要素生产率。与之前产业革命所处时代不同，当前人类社会正加速进入生产过剩时代，需求日益个性化、多样化、动态化，高不稳定性、高不确定性成为鲜明特征。在这一新发展阶段，决定竞争成败的主导逻辑不再只是规模经济的大小、物资的多寡以及社会关系的强弱等，创新、敏捷、速度、韧性、动态能力、学习迭代等正在成为更加重要的决定因素。只靠资产密集、专用性强、灵活性低的物质化投入，无法满足这一竞争要求，必须依靠数据、信息和知识。数字化转型以数字技术体系为基础，通过数字空间与物理世界的深度融合和交互映射，构建起一个数据驱动的闭环优化循环，带动物质投入重新配置和组织管理体系变革重构，推动产业变得更加敏捷高效、更具活力韧性，开辟出了一条在高不确定性世界中取得长期竞争优势的新路径。

数字化转型正进入加速发展新阶段，对企业、产业和经济竞争优势的决定作用更加凸显。工业中应用数字技术来提升效率的历史可以追溯到二十世纪五六十年代，服务业中数字技术的广泛应用可以追溯到 20 世纪 90 年代。但这一时期的需求条件、技术体系等多重因素决定了数字技术的应用以单点为主，以外围环节、交易领域为主。当今时代，以移动通信、物联网、大数据、云计算、人工智能等为代表的新一代信息通信技术加速融合发展，正为工业乃至全行业的数字化转型提供新的路径和方法论，将极大地降低数字化转型的成本和技术壁垒，拓展数字化转型的范围和深度，从而推动数字化转型进入加速阶段。叠加新冠肺炎疫情催化加速效应，加快推动数字化转型已经从可选项变为必选项，未来 10~15 年，整个经济社会的数字化转型将进入加速阶段。能否把握数字化转型历史机遇，将决定一个企业、一个国家在未来一段时期内的综合实力和竞争地位走势。

世界各国高度重视数字化转型，均希望通过构建数字战略框架、制定适应数字化转型发展的政策，推动本国数字化转型步伐，发展数字经济，全面促进经济可持续发展。中国亦将加快数字化发展置于最高战略层面，并将其列入《中华人民共和国国民经济和社会发展第十四个五年规划和 2035 年远景目标纲要》（以下简称"十四五"规划《纲要》）。2021 年 10 月 18 日，中共中央总书记习近平在中共中央政治局第三十四次集体学习时强调，把握数字经济发展趋势和规律，推动我国数字经济健康发展。中共中央总书记习近平指出，要站在统筹中华民族伟大复兴战略全局和世界百年未有之大变局的高度，统筹国内国际两个大局、发展安全两件大事，充分发挥海量数据和丰富应用场景优势，促进数字技术与实体经济深度融合，赋能传统产业转型升级，催生新产业新业态新模式，不断做强做优做大我国数字经济。数字化转型已成为全球共识和大势所趋。

1.3　数字化转型机遇

数字化转型浪潮正以加速态势进入千行百业战略发展主航道，这也为 5GtoB 规模化推广提供了广阔舞台，能否有效把握数字化转型大势，直接关系到 5GtoB 规模化推广的成败。中国数字经济规模持续增长，在国内生产总值（Gross Domestic Product, GDP）中的占比稳健提升，预计到 2025 年，中国数字经济规模将增长到 65 万亿元、年均复合长率超过 10%、占 GDP 比重超过 50%[1]。加快扩展 5GtoB 规模，首先需要精准把握数字化转型的"新使命""新要求""新趋势"，乘势而为。

1.3.1　数字化转型之"新使命"

当前，全球数字经济蓬勃发展，以数字化、网络化、智能化为核心特征的新一轮科技革命和产业变革将重构全球创新版图和经济结构，赋予数字化转型"新使命"。

1. 数字化发展是构筑国家竞争优势的战略选择

人类社会正在进入以数字化生产力为主要标志的全新历史阶段，世界主要国家紧紧抓住数字技术变革机遇，抢占新一轮发展制高点，把数字化作为经济发展和技术创新的重点。因此，是否适应和引领数字化发展将成为决定大国兴衰的关键。

2．数字化发展成为构建新发展格局的关键支撑

当前，我国经济已由高速增长阶段转向高质量发展阶段，以数字经济为代表的新动能加速孕育形成。数字化发展既有利于加快推动形成"双循环"相互促进的新发展格局，有效应对日益复杂的国际环境、保障我国经济体系安全稳定运行，又有利于拓展经济发展新空间、推动经济高质量发展。同时，为更好满足人民群众对更高水平公共服务的期待和需求，必须加快数字化发展，缩小数字鸿沟，有效创新提供公共服务的方式，增强公共服务供给的针对性和有效性，依托现代信息技术变革治理理念和治理手段，全面提升政府治理效能，让亿万人民在共享数字化发展成果上有更多获得感。

1.3.2 数字化转型之"新要求"

"十四五"规划《纲要》中提出，充分发挥海量数据和丰富应用场景优势，促进数字技术与实体经济深度融合，赋能传统产业转型升级，催生新产业新业态新模式，壮大经济发展新引擎。

1．数字化转型已提升为国家战略

党中央、国务院高度重视数字化发展和数字经济，多次做出系列重大战略部署，全方位推进数字中国建设。"十四五"规划《纲要》中专篇提出"加快数字化发展 建设数字中国"，迎接数字时代，激活数据要素潜能，推进网络强国建设，加快建设数字经济、数字社会、数字政府，以数字化转型整体驱动生产方式、生活方式和治理方式变革。

2．各级政府深入推进数字化发展

相关部门贯彻落实党中央、国务院决策部署，推进数字化转型落地。工业和信息化部（以下简称工信部）提出一体化算力网络、5G 应用扬帆

计划、双千兆协同发展、东数西算工程，完善数字化转型基础；国务院国有资产监督管理委员会（以下简称国资委）部署推动国有企业数字化转型行动，积极发挥国有企业示范效应；国家发展和改革委员会（以下简称发改委）提出"上云用数赋智"，助推中小微企业数字化转型发展。地方政府均出台了数字经济专项政策，近 200 个城市成立了数字经济管理机构，构建数据资源体系，打造数据基础设施，统筹推动城市整体数字经济发展进程。

1.3.3　数字化转型之"新趋势"

我国乘势而上开启全面建设社会主义现代化国家新征程、向第二个百年奋斗目标进军，未来 10~15 年是我国数字化转型发展的重要战略机遇期，需要准确把握数字化转型"新趋势"。

1．数据要素成为推动经济高质量发展的关键生产要素

数据作为一种可复制、可共享、潜在价值巨大的新型生产要素，是基础性资源和战略性资源。《关于构建更加完善的要素市场化配置体制机制的意见》提出加快培育数据要素市场。随着数字经济发展，数据要素市场化将全面推进，数字化转型要注重激发数据要素效能，挖掘数据"富矿"价值，盘活数据资产，释放数据对提质增效和业务创新的倍增作用。

2．数字基础设施全面加速赋能经济社会数字化转型

5G、工业互联网、人工智能等新技术融合应用，将不断催生新场景、新模式、新业态。国家系统部署、适度超前建设新型数字基础设施，打造经济社会发展的基石，充分发挥数字基础设施"头雁效应"，促进全领域数字化转型。

3．数字产业化将向"技术+平台+应用"的数字化生态发展

以 5G、电子制造、软件、互联网、物联网、大数据、人工智能等为代表的数字产业将高速发展，同时千行百业利用数字产业化技术实现产业的数字化渗透、交叉和重组，进一步形成集资源、融合、技术和服务性为一体的数字产业生态系统。

4．产业数字化将向场景化、专业化、平台化和智能化升级

在 5G、大数据、云计算、人工智能等数字技术的赋能下，各行业数字化生产将向专业化纵深发展，生产性服务业将向专业化和价值链高端延伸。数字技术创新应用，促使产业数字化转型迈向"万物互联、数据驱动、平台支撑、软件定义、智能主导"的新阶段。

积极拥抱数字化，成为业界共识和企业转型升级的必经之路。对于企业而言，数字技术不仅作为生产工具为传统生产提质增效赋能，也作为管理工具将"数据+算力+算法"形成的智能决策渗透到组织运营的方方面面，推动新型业务、能力与组织模式的重构，促进企业价值的不断提升。

1.4 5G 激活产业变革新潜能

自 2019 年开始，全球进入 5G 商用普及阶段，移动通信技术革命与新一轮产业革命形成历史性交汇。5G 作为关键使能技术，将为新一轮产业革命构筑经济社会发展新基石，为千行百业的数字化转型提供新方式、新方法和新路径，助力释放产业变革和数字化转型潜力，实现社会生

产力的大解放和生活水平的大跃升，加速新一轮产业革命进程。

　　5G 为各行各业的数据集成提供关键技术支撑。数据的有效采集是各行业数字化、网络化、智能化进程的起点。5G 可以随时随地连接终端，并以其独有的大连接、低时延、高带宽的特点，有效满足各类终端海量数据实时回传的要求，实现生产、服务和管理数据的群采群发，并结合大数据、人工智能等技术实现不同结构数据的标准化转换、识别、处理、计算和反馈。5G 正在成为连接数字世界和物理世界的关键纽带。

　　5G 为生产方式无人化、智能化提供可靠路径。随着我国人口红利的消失及劳动力成本的升高，打造数字化、少人化、智能化的企业是未来产业升级和进步的必由之路。5G 可以为企业生产方式的改变提供多方面支持。一是 5G 助力实现生产的高精度实时检测。5G 可以实现多路超高清视频灵活接入，可结合机器视觉技术用于产品检测和自动化生产线，进行在线监测、实时分析和实时控制。二是 5G 帮助实现低成本、远距离和大范围的远程控制和移动设备联动。5G 网络的高传输速率和高可靠性能，能够在保障安全性的同时降低远程控制设备的安装、调试和维护成本，也能保证无人移动设备与控制台之间的有效连接。三是 5G 技术提升生产线柔性化能力。5G 网络使生产设备可以通过云端平台实现无线连接，进行功能的快速更新拓展，以及自由拆分、移动和组合，提高生产线的灵活部署能力。四是 5G 助力无人巡检、远程监控等方式，为企业实时在线监测提供新方式。

　　5G 为新产品新业务的发展提供广阔空间。在生产领域，5G 将与边缘计算、云计算、人工智能等技术深度融合，为产品赋能，将会催生一批远程、无人化或自动化的新技术和新产品，如 5G 网联无人机、5G 远程工程机械车、5G+无人农机、5G+自动驾驶等。在生活领域，5G 网络将为消费级应用带来云–边–端一体、多端协同、广泛互联的三大能力，拓宽消费级终端和应用创新空间。例如，基于 5G 的云–边–端一体能力将大力推动超高清、虚拟现实/增强现实（Virtual Reality/Augmented Reality, VR/AR）等技术成熟，有望带领人们进入一个全新的虚拟世界，推动人们的生活、娱乐、教育等发生革命性的变化。再如，5G+广泛互联的能力则有望将人们带入智能家居、智能健身等新场景里。

未来，随着 5G 技术更广泛深入地融入人们生产生活的方方面面，5G 将重塑传统产业的发展模式，并逐步创造新的需求、新的服务、新的商业模式，充分释放数字化转型的潜力，全面激发经济社会变革发展的新动能。

第二章 全球 5G 发展现状

全球 5G 商用持续升温，已有超过 30% 的国家/地区进入 5G 时代。从应用发展来看，5GtoC 应用仍在发展初期，扩展现实（Extended Reality, XR）、高清、沉浸式体验是发展的关键词，运营商主要提供游戏、比赛演出的直播与互动、VR/AR 等休闲娱乐应用。5G 行业应用处于广泛验证示范阶段，在工业、港口、医疗和自动驾驶等领域已有落地应用，但可复制、可规模化推广应用仍在探索中。

目前主要国家/地区的政府和监管部门认识到 5G 给经济社会带来的巨大发展机会，通过战略布局、设立项目等多种方式，结合本国优势领域，建立包容性 5G 应用创新环境，促进 5G 技术在垂直行业中的应用，培育应用产业生态，力图以 5G 技术带动经济社会的数字化转型。韩国政府通过战略计划对 5G 应用发展进行顶层布局，通过定期检查评估对计划进行完善并加速应用推进。美国注重国家在 5G 技术领域的优势，通过具有行业指导作用的综合战略《5G FAST 计划》对全面推进 5G 网络建设做出战略部署。欧洲从国家和产业层面发力，推动 5G 应用发展，通过发布政策和系列项目，循序推进 5G 行业应用，构建了 5G 与垂直行业融合应用的清晰路径。日本通过顶层设计布局 5G 应用，在"构建智能社会 5.0"的愿景下，积极推动 5G 与先进技术的相互促进、融合发展，大力推进

5G 早期规模部署及在重点领域应用拓展。

作为全球第一批进行 5G 商用的国家,自 2019 年 6 月颁发 5G 牌照以来,我国 5G 商用已满两周年。在两年多的商用时间里,我国的 5G 网络覆盖从城市扩展到县城乡镇,5G 手机在新上市手机中的渗透率突破 70%,5G 用户渗透率突破 25%,5G 商用的经济效益在基础电信运营企业的财报上初步体现。特别值得一提的是,5G 商用首先聚焦行业级应用,经过 4 年多的培育发展,部分行业级应用已开始在先导行业复制推广,新型行业应用支撑产业体系也初步建立。这标志着我国 5G 商用发展正在进入正向循环阶段,在创新应用开发和产业生态营造方面迈出了坚实的步伐。习近平总书记强调,发展数字经济是把握新一轮科技革命和产业变革新机遇的战略选择。5G 是推动数字经济发展的关键技术之一,是经济社会数字化转型的关键支撑,已成为把握新一轮产业革命机遇的关键领域、推动经济高质量发展的关键力量。根据中国信息通信研究院(以下简称中国信通院)的测算,2021 年 5G 将直接带动经济总产出 1.3 万亿元,直接带动经济增加值约 3000 亿元,间接带动经济总产出约 3.38 万亿元,间接带动经济增加值约 1.23 万亿元,与 2020 年相比增长幅度均超过 30%。随着 5G 与各行业的深度融合发展,5G 对实体经济转型升级的支撑作用和为人民创造美好生活的能力将更加凸显。

2.1 中国

2.1.1 5G 商用情况

移动通信领域是我国少数几个实现全球领先、形成万亿级市场规模、支撑经济社会发展的基础性及战略性的领域。我国移动通信产业从无到有、从小到大、从弱到强，不断壮大，历经"2G 跟随、3G 突破、4G 同步"，核心技术取得重大突破，产业整体水平显著提升，推动了信息消费的爆发式增长和数字经济的蓬勃发展。当前我们正在向 5G 引领稳步迈进，已在 5G 网络覆盖、技术产业等环节形成领先优势。

5G 商用发展的经济效益初步显现。5G 显著带动基础电信运营企业收入增长。2021 年 1—8 月，通信行业的电信业务收入累计完成 9919 亿元，同比增长 8.4%，创下自 2014 年以来的新高。5G 发展有力地推动了产业数字化业务和移动数据业务的发展。在产业数字化方面，5G 业务以其超强的融合性和普遍的知名度，结合云计算、边缘计算、大数据、物联网、人工智能等共同给企业提供数字化转型服务。2021 年上半年财报显示，5G 带动中国移动通信集团有限公司（以下简称中国移动）DICT 增量收入超过 60 亿元。中国联合网络通信集团有限公司（以下简称中国联通）的 5G 行业应用上半年累计签约金额超过 13 亿元。在移动数据业务方面，5G 用户渗透率的提升有效拉动了移动业务的每用户平均收入（Average Revenue Per User, ARPU）值。根据 2021 年上半年财报，中国移动 5G ARPU 值为 88.9 元，远超其移动用户的平均 ARPU 值 52.2 元，5G 用户渗透率的提高推动其移动 ARPU 值扭转自 2018 年以来的下降趋势；中国电信 5G ARPU 值升至 57.4 元，4G 用户升 5G 套餐 ARPU 值提升 10%；中国联通 5G 套餐数量快速增长，5G 用户渗透率达 37%，移动用户 ARPU 值为 44.4 元，同比提升 8.5%。

5G 技术标准演化不断增强，3GPP Rel-17 标准支持业务不断深化。目前，3GPP 正在推进 Rel-17 的制订，重点实现差异化物联网应用和中高速大连接，计划于 2022 年 6 月发布。此后将启动 Rel-18 的制订。目前，

3GPP 已经启动 Rel-18 标准项目的规划工作，征求成员单位关于 Rel-18 技术标准的考虑，并已于 2021 年 12 月确定 Rel-18 标准项目。Rel-17 在持续提升通信基础能力的同时，重点支持更广泛的业务。在 Rel-17 标准满足网络深度和广度覆盖的同时，我国探索细分的应用和产业市场，推动垂直行业应用成熟。一是持续深耕传统领域，支持更加丰富的中频和高频频谱资源，通过覆盖增强、非地面通信等技术实现更深更广的网络覆盖，支持更多频段的多输入多输出（Multi-Input Multi-Output, MIMO）系统能力，如频分双工（Frequency Division Duplex, FDD）等。二是提供更广泛的业务支持能力，如低功耗中高速物联网、亚米级定位、无线切片增强、VR/AR 增强以及 sidelink 等。三是提供基础性的智能化，如数据收集持续增强、无线自组织网络（Self-Organizing Network, SON）/最小化路测（Minimization of Drive Test, MDT）和网络自动化等。

5G 网络建设领先，高质量精准化网络建设持续推进。为有效支撑 5G 应用和数字经济的创新发展，我国坚持"适度超前"的原则，稳步推进 5G 高质量精品网络建设，持续加强网络广域覆盖，提升网络质量，同时针对行业需求进行精准化网络建设，多措并举降低建网成本，网络质量和水平不断提升。一是覆盖范围扩展至县城乡镇区域。截至 2021 年 8 月底，我国累计开通 5G 基站超过 103.7 万个，5G 基站数量占 4G 基站数量的 18%，占全球 5G 基站数的 70% 以上。5G 网络覆盖全国所有地市级城市，97% 以上的县城城区和 40% 以上的乡镇区域。截至 2021 年二季度末，全球 5G 网络人口覆盖率达 19.6%。二是独立组网（Standalone, SA）连接成为主流模式。我国独立组网模式的核心网已建成运营，三大基础电信运营商均已实现 SA 规模部署。从 2021 年 5 月 17 日起，我国新进网 5G 终端默认开启 5G 独立组网功能。中国信息通信研究院 5G 云测平台数据监测显示，我国在 2021 年第二季度 5G 网络测试中 SA 连接占比为 74.7%，较 2021 年第一季度提升了 22.8 个百分点。与非独立组网（Non Standalone, NSA）模式相比，5G 独立组网可以实现全部的 5G 网络特点和功能，具备网络切片、低时延等网络能力，有效满足行业用户需求。三是共建共享形成新发展格局。中国电信与中国联通、中国移动与中国广播电视网络集团有限公司（以下简称中国广电）共建 5G 网络，初步形成"2+2"网络发展格局。截至 2021 年 9 月底，中国电信和中国联通共建共享基站超 50 万个，节约建设成本超过千亿元，每年可节约用电量超过 120 亿度。中国广电与中国移动共建共享 700MHz 5G 网络的总体原则方向已明确，取得阶段性成效，后续将在网络建设运营、192 商用放号、互联互通等方面发力，加快推进建网络规范和频率迁移工作，构建 700MHz "网络+内容"生态。同时，4 家运营商 5G 异网漫游测试工作有序开展，目前完成接入网漫游标准和测试规范制定工作，正组织开展实验室测试。

5G 产业链持续增长，新型支撑体系初步形成。随着 5G 技术与经济社会各行业融合发展不断深入，传统 5G 网络产业链催生了新的环节，从而逐步形成了由五大板块组建的 5G 应用产业链，分别是终端产业链、网络产业链、平台产业链、应用解决方案产业链和安全产业链。终端产业链新增行业特色类产品，仍需突破成本及技术瓶颈，解决市场碎片化问题。网络产业链新增融合技术与行业轻量化网络设备，仍需突破定制化程度高和运维瓶颈，解决网络规模化部署问题。平台产业链新增运营平台与边缘平台，仍需突破通用共性平台瓶颈，构建 5G 应用平台生态。应用解决方案产业链新增 5G 行业融合应用部分，仍需持续创新丰富应用场景，加速 5G 与行业融合应用进程。5G 应用安全产业链新增行业安全，仍需突破技术与产品设计瓶颈，形成跨行业认证的 5G 应用安全体系。

受益于中国 5G 的大规模部署和在全球的第一批商用，中国移动通信产业链快速增长，并持续保持中频系统设备和手机终端设备的领先地位。随着全球运营商特别是中国相继进入 5G 网络部署时期，5G 系统设备供应市场快速增长。Omdia 数据显示，2021 年上半年全球 5G 无线接入设备市场规模达到 133 亿美元，比上年同期增长了 43%。Omdia 预计，我国将贡献全球市场的 44%。我国企业占据全球市场过半份额但海外市场受阻。根据 Omdia 数据，2021 年上半年，华为以 35.2%的市场份额稳居第一，爱立信、中兴、诺基亚、三星分别以 21.5%、16.4%、12.1%、9.1%位列第二至第五位。从全球移动基础设施建设市场占有率来看，2021 年上半年华为技术有限公司（以下简称华为）继续保持领先，爱立信公司（以下简称爱立信）、诺基亚公司（以下简称诺基亚）、中兴通讯股份有限公司（以下简称中兴）、三星集团（以下简称三星）分列第二至第五位。我国 5G 手机出货量占全球半数以上。从全球出货量看，2021 年上半年，我国国内市场 5G 手机出货量达到 1.28 亿部[1]，占据全球 5G 手机出货量 2.395 亿部[2]的 50%以上，比同期我国智能手机出货量占全球比例的 27.8%[3]高出 25 个百分点。根据 Canalys 的数据，我国厂商生产的 5G 安卓手机占全球出货量的近 70%。从全球上市款型数量看，2021 年上半年我国 5G 手机上市款型 110 款，占全球新上市 5G 手机终端 164 款的 67%。

2.1.2　5G 推动政策

"十四五"时期是我国开启全面建设社会主义现代化国家新征程的第一个五年，也是我国 5G 规模化应用的关键时期。"十四五"规划《纲要》将 5G 发展放在一个重要位置，提出要"加快 5G 网络规模化部署，用户普及率提高到 56%”，并指出要“构建基于 5G 的应用场景和产业生态”，设置数字化应用场景专栏，包括智能交通、智慧能源、智能制造、智慧农业及水利、智慧教育、智慧医疗、智慧文旅等 10 类应用场景。

为全面贯彻落实党中央、国务院指示精神，工信部在信息通信业“1+2+9”规划体系中强化 5G 发展引导，制定“十四五”信息通信行业发展规划，明确 5G 未来 5 年重点任务和目标。工信部印发《关于推动 5G 加快发展的通知》《“双千兆”网络协同发展行动计划（2021—2023 年）》《“5G+工业互联网”512 工程推进方案的通知》，从网络建设、应用场景、产业发展等方面加强政策指导和支持，引导各方合力推动 5G 发展。

2021 年 7 月，工信部等十部门联合印发《5G 应用“扬帆”行动计划（2021—2023 年）》（以下简称《行动计划》）。《行动计划》提出了 8 个专项行动 32 个具体任务，从面向消费者（toC）、面向行业（toB）以及面向政府（toG）3 个方面明确了未来 3 年重点行业 5G 应用发展方向，涵盖了信息消费、工业、能源、交通、农业、医疗、教育、文旅、智慧城市等 15 个重点领域，对于统筹推进 5G 应用发展、培育壮大经济社会发展新动能、塑造高质量发展新优势具有重要意义。同时，为加快推进《行动计划》的实施，及时总结分享全国推动 5G 建设和应用发展的经验成果，引导各地继续加大对 5G 建设发展的政策支持，工信部组织开展 5G 应用项目申报及典型案例征集工作。工信部联合教育部、国家卫生健康委员会组织开展“5G+智慧教育”“5G+医疗健康”应用试点项目的申报工作，促进 5G 与各个领域融合创新发展。鼓励各地方政府、相关部门、基础电信企业继续通力合作，进一步创新实践，加快推进我国 5G 网络集约化建设，为 5G 高质量发展保驾护航。

全国各地政府积极释放政策红利。各地政府积极创造有利条件，因地制宜，结合地方经济产业特点，明确 5G 产业和重点应用发展方向和目标，为 5G 高质量建设保驾护航。根据中国信通院统计，截至 2021 年 8 月底，全国省、市、区共出台 5G 政策 569 个，其中省级 67 个，市级 259 个，区级 243 个。多数政策都对加快 5G 网络建设提出了明确任务。支持 5G 网络建设政策的出台，解决了很多以往想解决而没有解决的问题，但还需要持之以恒发力，加快政策落实落细落地。

2.1.3 5G 应用发展情况

当前 5G 行业应用正从"试水试航"走向"扬帆远航"。5G 同 4G 等以往的蜂窝移动通信技术不同，最主要的应用场景是在生产领域。作为基础性技术，5G 具有高速率、低时延、大连接特点，可有效解决工业制造、港口等领域有线技术移动性差、组网不灵活、特殊环境铺设困难等问题。5G 的 Rel-15 标准，支持端到端低于 30ms 的时延和 99.99% 的可靠性，满足很多应用的数字化场景需求。新版本升级可支持更低时延、更高可靠性的工业应用。作为聚合性技术，5G 将云计算、大数据、人工智能、VR/AR 等新兴技术深度集成，打通云-网-边-端，打造泛智能基础设施，加速通信技术、信息技术、控制技术融合。作为融合性技术，5G 通过工业大数据、人工智能等技术与行业特有的知识、经验、需求紧密结合，形成赋能千行百业的新应用。

5G 行业应用已经完成从"0"到"1"的突破，驶入"快车道"。5G 技术快速融入千行百业，应用呈现千姿百态。根据第四届"绽放杯"5G 应用征集大赛数据，全国 5G 应用创新项目已超过 1.2 万个，无论数量还是创新性方面均处于全球第一梯队。工业互联网、智慧园区、智慧城市、信息消费、智慧医疗领域的项目数量位居前列，5 个领域项目数量之和占全部项目数量的一半以上。5G 应用场景较 2020 年年底增长近一倍，市场需求不断扩大。电信运营企业、设备厂商与行业企业开展联合创新，提高 5G 应用服务能力，培育场景化标准化解决方案，嵌入行业生产流程，赋能千行百业数智化转型。

先导行业 5G 应用率先突破，赋能成效初显。目前国民经济 20 个门类里有 15 个、97 个大类里有 39 个行业均已应用 5G，电信运营企业、设备厂商等陆续打造了一批面向不同行业 5G 应用的试点示范，在制造、能源、采矿等多个先导行业打造应用标杆，实现 5G 应用商用落地，满足行业向数字化、智能化方向转变的需求。其中，工业制造是 5G 融合应用的主阵地，形成远程设备操控、柔性生产制造、现场辅助装配、机器视觉质检、无人智能巡检等多个典型应用场景，如三一重工打造 5G 全连接灯塔工厂，覆盖业务生产全流程，降本、提质、增效作用彰显。在智慧矿山领域，通过 5G "进矿–下井–到面"，远程控制掘进机、采煤机等设备，改变了工人在井下的生产方式，降低了采矿作业的安全风险，提升了采矿作业的效率，助力采矿作业无人化和少人化。在交通领域，5G+岸桥吊远程控制、无人集卡、智能理货等应用已经在全国主要港口获得推广，提升了配载效率，减少了现场作业人员和安全隐患，助力实现智慧港口。5G 在公路、城市道路、铁路、地铁范围应用也在持续深化。在民生方面，智慧教育、智慧医疗、智慧城市等领域应用加快发展，如中日友好医院利用 5G 大带宽、低时延的特点，配合云计算、物联网等技术，开发 5G 应急救援、远程会诊、远程诊断、5G 动态监护等应用，有效提升诊疗服务水平和管理效率。

产业链上下游开始初步合作探索商业模式。目前，5G 应用商业模式仍处于发展阶段。中国移动打破原有商业模式，探索新型多量纲定价服务，在通用网络基础上，结合多接入边缘计算（Multi-access Edge Computing,

MEC）部署、专有切片等增值功能，实现基础网络（Basic）和增值功能（Advanced）的个性组合（Flexible），形成"BAF 多量纲"报价结构。中国联通"化整为零"的现金流模式，降低本地代理维护、远程设备维护的交易成本，进一步加快交易达成。行业龙头企业牵头探索，拉通需求方内部流程，减少决策的不确定性，降低 5G 应用部署风险。

2.2　韩国

2.2.1　5G 商用情况

韩国致力于 5G 商业化全球领先，2018 年平昌冬奥会试商用 5G，并以此为 5G 创新应用起点，布局 5G 创新应用蓝图。2018 年 6 月韩国完成 3.5GHz 和 28GHz 频率拍卖。2018 年 12 月 1 日，在政府推动下，韩国 3 家运营商 SKT（South Korea Telecome）、KT（Korea Telecom）和 LG U+ 同时推出面向企业用户的 5G 业务，2019 年 4 月 3 日，3 家运营商在 17 个重点地区面向手机用户开通 5G 移动服务，网络覆盖 85 个城市的人口密集地区。

根据韩国科学与信息通信技术部（Ministry of Science and ICT, MSIT）发布的数据，截至 2021 年 6 月，韩国境内已经完成竣工申报的 5G 基站数为 18.3 万个，平均每万人基站数 35.4 个，实现首都圈、外围主要城市及主要交通动脉的 5G 覆盖，人口覆盖率超过 95%，韩国 5G 基站建设情况如图 2-1 所示。

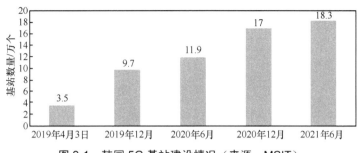

图 2-1 韩国 5G 基站建设情况（来源：MSIT）

随着运营商不断扩大网络覆盖范围，韩国 5G 网络速度和可用性不断提升。韩国 MSIT 从 2020 年下半年开始定期评估 5G 网络服务质量，2021 年 8 月发布的第三次通信服务质量评估报告显示，韩国 5G 网络在 7 个主要城市实现了全面覆盖，而在其他 78 个较小城市的网络覆盖范围则集中在人口稠密地区，3 家运营商 5G 网络平均覆盖面积为 6271.12km^2，2020 年这一数字为 5409.3km^2。2021 年上半年，韩国 3 家运营商 SKT、KT、LG U+ 的 5G 网络平均下载速度为 808.45Mbit/s，较 2020 年（690.47Mbit/s）提升了 117.98Mbit/s。5G 上传速度平均为 83.93Mbit/s，较 2020 年（63.32Mbit/s）提升了 20.61Mbit/s。韩国 5G 网络在稳定性方面也有所提升，下载期间切换到 4G LTE 网络的平均比率为 1.22%，而 2020 年为 5.49%；上传期间切换到 4G LTE 网络的平均比率为 1.25%，而 2020 年为 5.29%。

韩国为尽快实现 5G 商用化，采用了 5G 和 4G 共同组网的模式建设 5G 网络。尽管这一模式在快速建设网络方面有优势，但随着 5G 用户数量的增加，对原有 4G 网络速度的负面影响目前正逐渐显现。另外，在韩国运营商力推 5G 的同时，未能及时维护农渔村等地区老旧 4G 基站等基础设施，这也影响了当地 4G 用户的网速。目前韩国运营商已经着手建设 5G SA，一方面可以更好地服务于大众市场；另一方面也有助于运营商向垂直行业提供服务，受投资规模等限制，预计 5G SA 实现规模化商用还需要一段时间。

截至 2021 年 6 月底，韩国 5G 用户数为 1646 万，5G 用户数在移动用户数中的占比为 15.5%，人口普及率为 20.9%。SKT、KT 和 LG U+用户占比分别为 46.6%、30.4% 和 22.7%，移动虚拟网络运营商（Mobile Virtual Netwrok Operator, MVNO）的 5G 用户数量为 36949 户。2021 年 2 月韩国 MSIT 修改了管理规则，允许 MVNO 独立设计 5G 数据套餐，此前 MVNO 以前必须与大型运营商合作来开发移动数据套餐，希望通过该项举措推动 MVNO 发布用户可负担的 5G 资费，以促进 5G 市场竞争、发展用户。包括 Sejong 电信在内的 10 家 MVNO 从 2021 年 4 月开始推出新的数据套餐，5 月 MVNO 5G 用户数大幅增长，当月新增用户 29273 户。

5G 在商用后的 5 个月内每月新增用户数逐步提升，2019 年 8 月新增用户数达到第一个峰值，月增 88 万户，2019 年 8 月三星 Note10 手机上市带动了一波 5G 用户数的上涨。随后新增用户数维持在较低水平，从 2020 年 8 月至今，月均新增用户数接近 80 万，主要带动因素包括推出更多新款终端、运营商调整套餐等，韩国 5G 用户发展情况如图 2-2 所示。

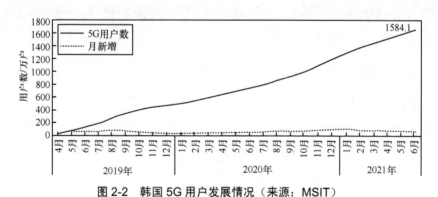

图 2-2　韩国 5G 用户发展情况（来源：MSIT）

5G 商用后的第二个月开始，韩国 4G 用户数出现下滑趋势，移动用户总数仍保持小幅增长。截至 2021 年 6 月，韩国移动用户约 7162

万，其中 4G 用户数占据 71%，韩国移动用户发展情况如图 2-3 所示。

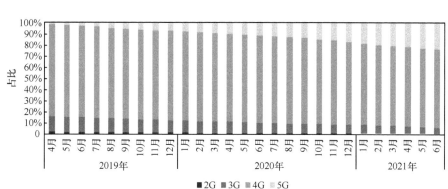

图 2-3　韩国移动用户发展情况（来源：MSIT）

韩国高度重视 5G 应用，发展初期尤其重视消费者 5G 应用业务，SKT、KT、LG U+ 以 "5G+文娱" 为消费侧突破口，积极培育 VR/AR、云游戏、4K 高清视频等优势内容产业，打造基于体育和偶像资源的大流量应用服务。VR/AR、云游戏、4K 高清视频等大流量应用推动韩国 5G 网络流量快速增长。

从人均使用数据流量来看，5G 每个客户月均流量消费额（Discharge of Usage, DOU）远远超过 4G。2021 年 6 月，韩国 4G DOU 为 9177MB/(户·月)，5G DOU 为 26580MB/(户·月)，是 4G 用户的 290%，韩国 5G DOU 如图 2-4 所示。

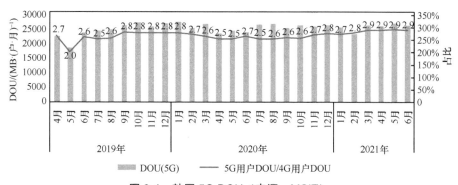

图 2-4　韩国 5G DOU（来源：MSIT）

2.2.2　5G 推动政策

韩国是制定 5G 战略较早的国家之一，通过统筹规划布局、直接投入资金、加大研发力度、促进共建共享、减税等举措，牵引韩国 5G 快速发展，最终比预期提前一年实现 5G 商用。5G 商用后为了促进产业生态成熟，创建最好的 5G+融合生态系统，韩国发布第二份 5G 战略，主要包括加快网络部署、提升服务质量以及促进 5G 与其他产业融合的政策。

2.2.2.1　促进 5G 商用的战略政策

2013 年 11 月，韩国发布 Giga Korea 计划，为建立智能信息通信技术（Information and Communication Technology, ICT）环境制定投资计划，投资计划目标是到 2020 年实现个人可以通过无线享受千兆级的移动服务，其中与 5G 网络重点相关的内容是"开发基于毫米波（10～40GHz）的宽带移动通信核心源技术和实用系统"，2013—2020 年计划累计投资 3598 亿韩元。

2013 年 12 月，韩国未来创造科学部[1]发布"5G 移动通信先导战略"，提出计划在 2020 年开始提供 5G 商用服务，预计到 2026 年，韩国将累计创造出 476 万亿韩元的 5G 设备市场和 94 万亿韩元的消费市场。为了发展 5G 产业，韩国未来创造科部在以 2014 年开始的 7 年内向技术研发、标准化、基础架构等领域集中投资 5000 亿韩元，并组建产学研 5G 推进组，推动 5G 与各产业的融合。

2018 年 4 月，MSIT 公布一系列措施推动尽早实现 5G 商用，包括修订立法，允许运营商更多地进入当地政府管理的设施（如路灯和交通设

1　2017 年更名为韩国科学与信息通信技术部（MSIT）。

施），以便安装移动基础设施。移动运营商承诺共享现有资产，如管道和电线杆，用于 5G 初期部署，以及共同建设 5G 服务所需要的新设施（包括沙井和管道等线路设施）。

2.2.2.2 推动 5G 融合应用的战略政策

在全球首个 5G 商业化的基础上，2019 年 4 月，MSIT 发布《实现创新增长的 5G+战略》（以下简称《5G+战略》），在全国系统性地推进 5G+融合服务，致力于促进相关新兴产业发展，引领全球市场。

《5G+战略》提出推进国家 5G 战略，以创建世界上最好的 5G 生态系统，战略目标是到 2022 年，政府和私营部门将共同投资超过 30 万亿韩元（约合 1740 亿元人民币）并建立全国性的 5G 网络，到 2026 年在相关行业创造 60 万个就业机会、实现 180 万亿韩元生产总值（约 1.06 万亿元人民币）和 730 亿美元的出口规模。《5G+战略》主要内容见表 2-1。

表 2-1 《5G+战略》主要内容

十大核心产业	网络设备、新型智能手机、VR/AR 设备、可穿戴设备、智能 CCTV、无人机、联网机器人、5G-V2X（Vehicle to Everything）、信息安全、边缘计算
五大核心服务	沉浸式内容、智能工厂、自动驾驶、智慧城市、数字医疗

《5G+战略》提出 5G 发展的关键方向之一是促进基于政府和私营部门合作（Public Private Partnership, PPP）的上下游产业协同发展，PPP 合作框架如图 2-5 所示。

从政府层面，其主要职责包括早期频谱分配、包括税收修订在内的机制完善、测试和验证的标准化、安全的用户环境、激发公众需求、完善研发与验证的监管机制、支持中小企业（Small and Medium Enterprises,

SME)、支持海外扩张、促进公共采购。对私营部门来说，主要承担网络建设投资、终端和服务的商业化、收入模型的商业化、生产基础建设、行业内合作与扩张、新技术提升、再投资、全球产业化、创造就业岗位。

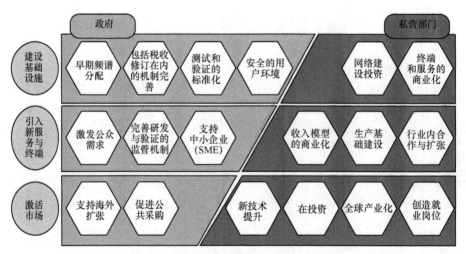

图 2-5 PPP 合作框架（来源：MSIT）

为推动《5G+战略》的实现，韩国采取多重措施，为此建立了全国性促进 5G 商用的体系，成立了 5G+工作委员会和 5G+战略委员会。

2020 年以来，韩国政府通过顶层设计持续推进落实《5G+战略》，加大对 5G 的支持，让用户可以充分享受 5G 带来的新体验。2020 年、2021 年连续两年发布 5G+年度计划，以年度 5G+促进计划为引领，通过创新项目支持、减税、制定专网政策等营造良好政策环境、牵引应用市场发展。

2020 年 4 月，韩国 5G+战略委员会发布 5G+战略发展现状及未来计划草案，提出为全面、切实培育 5G+战略产业，政府将投入约 6500 亿韩元（约 5 亿美元），挖掘和推广融合服务，加快监管创新和成果产出，同时建立定期检查的评估体系。为加快产业发展，韩国推出多个领域的 5G+创新项目，包括年度建立 200 个 5G 智能工厂；推动数字医疗试点项目，奠定

5G+AI 紧急医疗系统基础；完成试点城市智能城市服务的示范；促进 5G-V2X 基础设施（认证服务和测试床建设）发展，增强技术竞争力；夯实车辆−云基础设施融合自动驾驶核心技术基础；推进新的"XR+α"项目（XR=VR+AR+MR），将 XR 内容纳入公共服务、工业和科学技术领域等。

2021 年 1 月底，韩国发布了"2021 年 5G +战略促进计划"和"基于 MEC 的 5G 融合服务激活计划"，通过审查评估政策，加强执行力，把 2021 年打造成创建全球最佳 5G+融合生态系统的元年，通过振兴领先的 5G 服务来培育新产业。重点推进方向是通过消除法律和机构上的"顽石"，助力企业发展，并为 5G+战略产业的发展奠定基础，尽早构建 5G 融合生态系统。具体包括如下 4 个方面。

（1）推进全国 5G 网络部署，让全民享有世界顶尖水平的 5G 服务。MSIT 确定了 2022 年前 5G 网络覆盖全国的目标，主要措施包括：在主要城镇和村庄以及 85 个城市的主要行政大楼、地铁和 KTX（Korea Train Express）站、4000 个多用途设施等部署 5G 网络；制定"农村 5G 漫游计划"，实现 3 个移动运营商之间网络共享，以便农村地区可以使用 5G 服务；将 5G 投资的税收抵免从 2020 年最高 2% 提高到 2021 年的 3%；加强 5G 质量评估，并将注册和许可税降低 50%。

（2）发展 5G 融合服务及设备产业，确保 5G 竞争力的可持续性。以 5G+核心服务领域为中心，2021 年投资 1655 亿韩元，促进各部委协作，推进 5G+创新工程，为技术开发、验证、普及、发展等提供支持；使用基于 MEC 的公共服务，探索初期市场引导模式，通过采用专用网络、新型服务来扩大市场；通过支持全周期设备开发（模块及终端开发、支持基础设施建设、激活服务、普及、发展等），发展设备产业。

（3）引领全球生态系统，实现 5G 走向世界。加强与主要国家进行全球合作，同时大力支持韩国企业在主要国家和新兴全球市场发展，实现海外拓展。

（4）强化可持续增长的基础，实现可持续发展的 5G+战略产业。为 5G+战略产业提供必要的无线频谱资源，并加强管理体制、人才培训等战略性产业基础建设，2021 年 5G+创新工程支持计划见表 2-2。

表 2-2　2021 年 5G+创新工程支持计划

类型	项目名称	2021 年预算
沉浸式内容	VR/AR 项目开发支持（XR 融合项目）	200 亿韩元
	开发支持新一代沉浸式内容	250 亿韩元
自动驾驶汽车	开发创新无人驾驶技术	884 亿韩元
智能工厂	开发基于 5G 的食品安全生产技术	62 亿韩元
	开发基于 5G 的智能生产核心技术	（※2022 年新增）
智慧城市	推广智能信息服务 （领先发展基于 5G 的数字孪生公共领域）	160 亿韩元
	开发和建设厘米级船用精密定位，导航与授时（Position Navigation and Timing, PNT）技术 （开发和构建用于提供高精度和高可靠性的位置信息的系统）	39 亿韩元
数字医疗	构建精准医疗产业基础 （开发基于 5G 的应急医疗系统）	60 亿韩元

2021 年 8 月 MSIT 公布《5G+融合服务推广战略（计划）》，制定了 5G+融合业务拓展实施方案，明确具体任务及相关责任政府机构的实施时间表。推广战略目标包括将 5G 技术融入远程教育、工业安全、灾害应对等重点领域，创造让人们感受得到的成果，通过开通专网、将 5G 网络优先应用于政府扶持项目等方式全面推广 5G+融合服务。从应用场景、企业数量、技术水平等方面设置定量预期效果，引导 5G+融合应用的培育和规模发展，并将积极开拓海外市场。具体目标包括：普及 5G 应用，催生

新兴服务业，5G+应用现场从 2021 年的 195 个增加到 2023 年的 630 个，2026 年达到 3200 个，解决社会问题的新型服务从 2021 年的 1 个增加到 2023 年的 5 个，2026 年达到 11 个；5G+融合全面普及，产业创新加速，5G 专业企业的数量从 2021 年的 94 家增至 2023 年的 330 家，2026 年达到 1800 家，5G+技术水平从 2021 年的 84.5%增至 2023 年的 88%，2026 年达到 95%。

2.2.3　5G 应用发展情况

2.2.3.1　5G toC 业务

韩国高度重视 5G 应用发展，在商用初期着力布局 toC 业务，通过创新业务模式、优化套餐设置、丰富应用权益等多种举措，着力打造基于优势内容产业的"杀手级"应用，逐步形成商业闭环。

基于韩国文化娱乐、体育、游戏等产业发达的特点，韩国运营商深挖用户需求及兴趣点，依托其高质量网络，重点布局面向消费者的高清视频、VR/AR 和云游戏等优势内容业务。

VR/AR 已经广泛应用于体育赛事直播、演出、游戏以及健身、购物、社交、图书馆等多个领域。例如韩国运营商 SKT 推出了 Jump VR（通过手机屏幕参观英雄联盟公园的电子竞技体育场）、LCK VR Live Broadcasting（通过 360°VR 摄像机近距离观看电子竞技）和 VR Replay（从游戏角色的角度观看 360°的战斗场景）等业务，为用户在观看电子竞技游戏时提供逼真的沉浸式体验。SKT 还开启了名为"虚拟社交世界"的 5G VR 社交服务。韩国另一大运营商 LG U+推出 VR 直播、AR 用户生成内容（User Generated Content, UGC）、AR 导航、AR 图书馆等新 VR/AR 应用，XR 体验类别上千种，涵盖戏剧演出、购物、体育锻炼、教育和社

交等诸多领域，通过打造混合现实（Mixed Reality, MR）+人工智能
（Aritifical Intelligence, AI）的技术平台和生态，创造出无处不在的虚实结
合的智慧生活，如"U+Idol"向用户提供韩流偶像艺人的视频直播并提供
不同视角的特写镜头，"U+Baseball"提供棒球赛事直播，不仅可以选择
多机位切换画面，还可以针对精彩瞬间在屏幕上进行 360°拖曳，极大丰
富用户体验。

云游戏是一项用户可能愿意为高速率和低时延支付高价的应用，对
早期 5G 推广非常重要。韩国运营商通过与专业游戏公司合作，相继推出
基于 5G 的云游戏服务，并利用线下途径扩大用户范围，为用户提供去硬
件化的游戏体验。韩国运营商 KT 与云游戏技术公司 Ubitus 合作建立 5G
游戏流媒体平台，SKT 与微软合作推出基于 5G 网络的云游戏流媒体服
务，LGU+向 5G 用户提供基于 Nvidia GeForce Now 云游戏平台的服务，
在韩国 100 家直营店开设"云游戏体验区"。

韩国运营商非常重视内容生态建设。一方面，运营商与内容提供商
增值内容捆绑，在体育赛事直播、独家 VR/AR 游戏等上以差异化 5G 服
务内容吸引新客户并加速 4G 用户向 5G 转化。例如，运营商大多与本国
职业棒球赛事、高尔夫球和电竞赛事合作，推出 5G 环境下的即时高清和
自由视角的赛事转播内容。另一方面，运营商采取与内容制作商合作、
自主研发生产等方式，在 VR/AR、云游戏等优势内容产业持续投入和创
新，扩张全球内容生态。例如，LG U+与美国初创公司 Spatial、AR 设备
生产商 Nreal 和高通等多家外国公司合作开发基于 5G 通信的 AR 协作解
决方案；SKT 与微软合作推出亚洲首家混合实景拍摄工作室 Jump Studio，
利用先进的体积视频技术（Volumetric Video Capture Technology）低成本、
快速生产 3D 全息视频等混合现实内容，不仅丰富现有 VR/AR 内容库，

还将进军国际 MR 市场，为欧、美和亚洲国家的运营商提供高质量的内容。

此外，韩国运营商积极开展海外合作，共同构建和分发优质内容，在扩张海外市场的同时进一步巩固了韩国在 5G 内容产业领域的领先地位。例如，LG U+ 已累计出口价值 1000 万美元（约 6691 万元人民币）的 5G 内容产品，与中国电信等运营商签署合同，提供 5G VR 内容和解决方案，并牵头成立了全球 XR 内容电信联盟，见表 2-3。

表 2-3　韩国运营商为海外企业提供融合服务案例

韩国运营商	KT	SKT	LG U+
合作运营商	中国–台湾远传电信股份有限公司 中国–中国移动	中国–电讯盈科有限公司	中国–中国电信 中国–HKT（Hong Kong Tele-communications） 日本–KDDI Corporation（以下简称 KDDI） 泰国–AIS（Advanced Info Service）
服务内容	提供视频内容	提供 Jump VR/AR 服务	提供 VR/AR 内容

2.2.3.2　5G 行业应用

5G 商用以来，韩国积极探索 5G 在工厂、港口、医疗、交通和城市公共安全等领域应用并开展试点试用。当前韩国 5G 行业应用已在工业互联网、医疗健康、智慧交通和城市公共安全和应急等领域开始应用落地，应用场景包括 5G+AI 机器视觉质检服务、远程数字诊断、病理学和手术教学、远程控制机器人和无人机的应急救援服务、新冠肺炎防疫机器人以及基于 5G 自动驾驶的场内配送等。

1. 5G+工业互联网

2018 年 12 月，韩国运营商就利用 5G 大带宽、低时延的特性推出了面向企业的商用 5G 服务，通过为企业客户提供 5G 连接，实现高清图像传输用于产品缺陷检验，远程连接机器人以及远程控制机器等应用。韩国政府和产业界积极推动智能工厂建设，5G 在工业制造业的应用逐渐深入，并与边缘计算、人工智能等多种技术深度融合，打造新型智能工厂。预计到 2026 年，韩国将在中小制造企业建设 1050 个 5G+AI 智能工厂。

截至 2020 年年底，韩国已在 6 家制造工厂开发验证了机器视觉、物流运输机器人等 5G 应用，包括明华工业公司、舍弗勒韩国有限公司安山工厂和昌原工厂、韩国制药公司、柯迷科有限公司等，在 4 个缝纫工厂完成自动化系统（缝制机器人、夹爪（手指））的开发和验证，包括 ECO 融合纺织研究所、跃进流通商社、东大门服装时装合作社和缝纫设计联合合作社。

在当前成果基础上，韩国下一步将继续开发智能工厂核心技术，强化食品制造特定领域示范推广，利用 5G 技术提高国内食品生产商的生产率，降低不良率。为了加速智能工厂建设，韩国还计划建立和运营解决方案应用商店，支持 AI 制造解决方案的开发、流通和利用率。

韩国运营商高度重视面向工业企业的 5G 融合应用。为加速中小企业应用 5G、建设智能工厂，SKT 与韩国智能工厂数据协会签署合作协议，面向中小制造企业推出基于 5G 网络的大数据分析解决方案——Metatron Grandview，企业部署后可降低约 15% 的生产费用，机器使用寿命可提高 20% 以上。KT 与现代重工、美国机器视觉开发商 Cognex 合作共同进军 5G 智能工厂市场，持续开发相关产品，包括智能协作机器人产品、机器视觉解决方案以及为工人难以执行的高速、重载、高风险过程而设计的工业机器人产品"5G 智能工厂工业机器人"。LG U+ 已在 LG 旗下各行业 30 家子公司和包括发电、钢铁制造等 70 个工厂建设 5G MEC 和 AI 融合的智能工厂。

（1）5G 产品缺陷检测

汽车零部件公司明华工业利用 SKT 的 5G 连接实现产品缺陷检验，由安装在传送带附近的摄像机拍摄汽车零件的超高分辨率照片，然后将所得图像通过 5G 连接发送到 AI 云平台，由人工智能系统扫描确定零件上的缺陷。

（2）5G 智能缝纫工厂

在缝纫工厂中借助 5G 网络实现与服务器的低时延通信，借助移动边缘计算和人工智能技术实时监控生产过程、检测机器故障或缺陷产品，工厂内还配备了 5G 连接的自动导引车、自主机器人，可以在工厂内部搬运产品。

（3）5G 智能协作机器人

汽车零部件制造商韩国百元有限公司（Parkwon LTD）的一家工厂部署了 5G 专网，利用智能协作机器人帮助处理装货、包装和其他重复性的工作程序，降低报废率和缺品率，引进协作机器人后，Parkwon 的工厂现在可以额外加工 39% 的产品——从每小时 225 箱增加到 313 箱，生产效率提升效果显著。

2．5G+智慧医疗

韩国政府正在推动应急医疗服务的开发和验证，目标是通过部际合作、医院和 ICT 企业联合，开发基于 5G+AI 的紧急医疗系统，建立从出现急救患者到治疗的快速、合作管理体系，提供智能型应急医疗服务。利用 5G 和 AI 技术克服现有应急医疗体系在技术、实时性和医疗空间等存在的限制，例如实现生物信息及高清紧急视频数据的发送和接收、确保黄金救治时间内的诊疗、实现救护车内的快速应急处理等。截至

2020 年年底，已在首尔地区建立和运营 5G 网络和应急云平台保障用于 AI 的多维数据传输，麻浦、西大门、江洞、松坡地区 31 台救护车可实现应急数据收集和传送，已建立的多维数据集包括 5700 余件影像数据，7500 余件音频数据，6600 余件生物信号数据，并开发出发病率高、需要确保黄金救治时间的四大急诊疾病（心血管疾病、脑血管疾病、重症外伤、心肌梗塞）的 AI 急救支持服务。

（1）5G 智能医院

三星医疗中心（Samsung Medical Center, SMC）与韩国运营商 KT 合作共建 5G 智能医院。SMC 部署了企业 5G 专网，在手术室和质子治疗室中创建了业务环境，并进行了操作测试，包括数字诊断病理、质子治疗信息的获取、手术教学、患者护理，以及送货机器人。其中，为手术室开发的运送机器人可以清除受污染的材料和其他医疗废物，还可以用于手术用品的运送，在手术室使用运送机器人将减少因接触医疗废物出现的继发感染，节省废物处理中的人力资源成本。基于 AI 的辅助住院护理系统能够方便患者通过语音命令控制病房，获得他们的医疗状况。

（2）5G 防疫机器人

在新冠肺炎疫情期间，SKT 推出一款新冠肺炎防疫机器人，搭载 5G 和 AI 技术，在 SKT 首尔总部运行，机器人可以自动行驶，行驶过程中机器人收集访客体温等数据上传至服务器，遇到未戴口罩的人会提示其佩戴口罩、驱散聚集人群、督促保持安全社交距离，还可以根据指令开展防疫消毒工作。2021 年 SKT 在 Yongin Severance 医院推出 5G 消毒机器人，该机器人使用 5G 网络的实时定位系统，自行在医院周围活动，监测人们的体温以及他们是否佩戴口罩。该机器人还配备了一个紫外线消毒系统，以清除医院周围的细菌和病菌。该机器人还可以通过其实时定位系统和对医院内病人密度的分析来检测失踪病人的位置，5G 防疫机器人如图 2-6 所示。

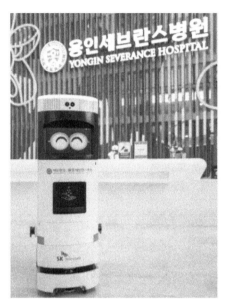

图 2-6　5G 防疫机器人（来源：SKT 官方网站）

3．自动驾驶

韩国已经构建了国际公认的 V2X 测试环境，支持企业进行 5G 自动驾驶及远程驾驶核心技术开发及服务验证，开发出应用 5G 和 V2X 的车辆终端和设备、远程驾驶座舱和基于云的远程驾驶软件控制平台，在特定空间进行体验型自动驾驶服务验证。在现有成果基础上，韩国将继续构建基于 V2X 服务的验证环境，提供技术试验支持，包括测试环境以及自动驾驶虚拟环境场景模拟装置，支持协作式智能交通系统（Cooperative Intelligent Transport System, C-ITS）基本安全服务和在真实驾驶环境中提供通信性能指标验证服务；启动自动驾驶技术开发革新项目，为 2027 年实现 L4 级自动驾驶商用化奠定基础，包括构建自动驾驶生态系统、开发 ICT 和道路交通融合新技术、挖掘相关服务；对自动驾驶在邮政物流特定领域中的应用进行全周期技术开发及现场验证。

（1）5G 自主运输车

韩国运营商 KT 在其物流中心配备了搭载自动驾驶智能车辆系统的自主运输车，自动驾驶智能服务基于预先建立的工业现场室内地图和自主运输车的实时信息，将运行状态与应急响应相结合。配备了该系统的运输车将工人的出行距离减少了 47%，在减轻物流中心员工工作量的同时也提高了工作效率。KT 计划在医院、图书馆等各类场所小型物流运输区域提供 5G 自动驾驶运输车及控制系统。

（2）5G 自动列车控制测试

韩国铁路研究所（Korea Railroad Research Institute, KRRI）在专用测试轨道上完成了基于 5G 的自动列车控制服务的测试。该测试基于智能列车控制系统，支持列车共享路线、停车方式和运行速度等信息，以及实时识别、评估和应对异常情况。与铁路综合数字移动通信系统（Global System for Mobile Communications-Railway, GSM-R）相比，使用 5G 通信有助于减少列车之间的传输时延，并将数据传输容量和可靠性提升至 20 倍。

（3）C-ITS 新一代智能交通系统测试

SKT 与首尔市政府 2019 年年初开始实施的 C-ITS 新一代智能交通系统项目的测试实证阶段于 6 月底结束，进入商业化阶段。在测试实证阶段，SKT 与首尔市政府合作，已经在首尔 151km 的主要道路上安装了 1735 个 5G 传感器来监测交通数据，通过从传感器收集的数据，平均每天向车辆发送 4300 万条行人信息；在市内 100 辆出租车及 1600 辆公交车安装 5G 高级驾驶辅助系统（Advanced Driving Assistance System, ADAS），SKT 通过高精度地图为这些车辆提供交通信息。

（4）5G 自动配送服务机器人

SKT 与食品科技公司 Woowa Brothers 合作演示了基于 5G MEC 的食品自动配送服务，由于超低时延特性，由 5G 边缘云驱动的配送机器人将提供更高质量和稳定性的服务，并能够根据实时路况重新规划路径，并对突发情况立即做出反应。后续还将通过 SKT 的 5G 边缘云升级 Woowa Brothers 在京畿道水原市的住宅和商业综合区域中户外食品配送机器人服务，5G 自动配送服务机器人如图 2-7 所示。

图 2-7　5G 自动配送服务机器人（来源：SKT 官方网站）

4．其他行业应用——5G 智慧城市应用

智慧城市是韩国 5G+五大核心服务之一，从政府层面主要推动两个方向的试验验证，包括利用 5G 和数字孪生等智能信息技术改善主要设施实时安全管理，以及构建智能港口 5G 基础设施和 IoT 设备开发。2020 年在庆南和光州使用 5G、人工智能、物联网和 3D 建模开发和演示多种应用，如火灾/烟雾扩散预测服务、实时安全管理监控服务，新冠肺炎疫情期间还在马山医疗中心推出了气流流量分析服务。

2.3 美国

2.3.1 5G 商用情况

美国 5G 商用起步早，发展呈现网络人口覆盖率高、用户渗透率低的特征。截至 2021 年 6 月，美国 5G 网络人口覆盖率超过 80%，5G 用户渗透率不到 10%。发展初期由于缺乏中频 5G 频谱，运营商多采用毫米波部署网络，而高频段 5G 网络覆盖范围有限，部署成本高，从 2019 年年底开始，运营商相继利用低频频谱部署广覆盖 5G 网络，并大规模使用频谱共享技术，推出全国性 5G 服务。2021 年 3 月美国联邦通信委员会（Federal Communications Commission, FCC）完成 C 波段（3.7~3.98GHz）频谱拍卖，主要网络运营商获得 C 波段频谱后，相继制定 C 波段网络部署规划，未来将大力发展中频 C 波段 5G 网络。

运营商 Verizon 无线公司（以下简称 Verizon）于 2018 年 10 月 1 日开始基于私有标准在 4 个城市提供固定无线接入业务，2019 年 4 月推出基于 3GPP 5G 标准的移动 5G。Verizon 的 5G 网络使用毫米波 28GHz 和低频 850MHz 频谱。截至 2020 年 12 月底，毫米波 5G 网络基站数量约为 1.4 万个，在 60 多个城市可用，Verizon 在 2021 年持续扩大毫米波 5G 网络覆盖，基站数量增加到 3 万个；低频 5G 网络已覆盖美国 2700 多个市镇，约 2.3 亿人口。Verizon 下一步将利用 C 频段频谱建设中频 5G 网络，在 2022—2023 年 C 频段网络覆盖达到 1.75 亿人口，到 2024 年及以后将覆盖 2.5 亿人口。

运营商 AT&T（American Telephone and Telegraph）于 2018 年年底在美国 12 个城市推出 5G 商用服务，5G 网络以支持非独立组网的 5G 国际标准为基础，初期主要面向行业用户。截至 2021 年 7 月，毫米波 5G 网络在全国 38 个城市的部分地区可用，主要部署在体育场馆、竞技场、购物中心和大学校园中；低频 5G 网络已覆盖美国 1.4 万个城镇、超过 2.5 亿人口。AT&T 从 2021 年下半年开始部署 C 频段 5G 网络，用于现有 5G 网络的补充，到 2022 年年底 AT&T 的 C 频段 5G 网络将覆盖 7000 万～7500 万人，到 2023 年覆盖超过 2 亿人口。

运营商 T-Mobile 于 2019 年 6 月底开通 5G 商用服务，使用 28GHz 和 39GHz 频段部署网络，2019 年年底利用已有的 600MHz 频谱资源提供全国性的 5G 网络。为加速 5G 创新和部署，T-Mobile 收购了使用 2.5GHz 部署 5G 网络的 Sprint，成为美国同时拥有低中高频 5G 网络的运营商。截至目前，低频 5G 服务已覆盖了 2.87 亿人，2.5GHz 中频 5G 网络覆盖了 1.25 亿人，由于 T-Mobile 的 C 波段频段到 2023 年才能用于商业运营，T-Mobile 将继续扩大 2.5GHz 中频网络覆盖，预计到 2022 年年底中频网络覆盖 2.5 亿人口。

2.3.2　5G 推动政策

美国政府将推动 5G 产业发展视为国家优先发展事项，通过发布战略规划、推动 5G 技术研发、提供 5G 关键频谱、加强 5G 网络安全等，为美国构筑领先的 5G 产业优势奠定基础。

2.3.2.1　加快 5G 部署的战略政策

2018 年 10 月，FCC 发布了具有行业指导作用的综合战略《5G FAST

计划》，对全面推进 5G 网络建设做出战略部署，以加强美国在 5G 技术领域的优势。

该计划包括 3 个关键部分：将更多频谱推向市场，优先拍卖高频段毫米波频谱，推动中频段频谱分配，致力于为 5G 改善低频频谱的使用，并在免许可频段为下一代 Wi-Fi 创造新的机会；更新基础设施政策，在联邦、州、地方层面清除 5G 建设障碍，特别是 5G 广泛使用的小蜂窝部署上，采取新规则，加速联邦机构、州和地方政府对小蜂窝的审查，减少审批障碍，缩短选址审批期限；更新过时的监管政策，包括废除网络中立政策；加快新网络设备接入现有线杆的审批流程，以降低成本并加快 5G 回传网络部署的过程；修订规则，使运营商更容易投资下一代网络和服务；放松企业数据服务资费监管，激励对现代光纤网络的投资；以及保障供应链完整性，提议防止用纳税人的钱，从对美国通信网络或通信供应链完整性上构成国家安全威胁的公司购买设备或服务。

现阶段，在密集的城市环境中部署 5G 网络的价值明显，而农村和偏远地区 5G 应用缺乏足够的成本效益吸引运营商部署网络。为了避免 5G 带来美国数字鸿沟扩大化，为农村地区带来经济机遇，FCC 成立"美国农村 5G 基金"，在未来 10 年内分两个阶段分配 90 亿美元的普遍服务基金，以将 5G 无线宽带连接引入美国农村。第一阶段将在 10 年内为农村 5G 部署提供高达 80 亿美元的资金支持，主要面向没有足够的经济动力激励运营商自行部署的地区。第二阶段将提供至少 10 亿美元，以及第一阶段未使用的资金，用于满足精准农业（Precision Agriculture）需求的 5G 部署。

2.3.2.2 5G 频谱政策

2018 年 10 月，特朗普签署《关于为美国的未来制定可持续频谱战略的总统备忘录》，提出保障充足的频谱资源和有效的频谱管理，对发挥 5G 经济带动效应、维护国家安全至关重要。除运营商目前已经拥有的频谱外，FCC 计划为 5G 释放更多低、中、高频谱，低频解决覆盖问题，高频解决容量问题，其中最早拍卖的是高频段毫米波频谱。美国在 5G 发展初期选择毫米波频段，一方面是由于美国 6GHz 以下的中频段已经被广播电视、卫星和雷达等业务占据；另一方面是由于美国光纤覆盖率低，运营商希望通过借助毫米波频段 5G 的高速率和大容量来替代光纤解决"最后一公里"光纤入户问题。2019 年以来，美国先后拍卖了 28GHz、24GHz、37GHz、39GHz 和 47GHz 毫米波频谱，通过这些拍卖，FCC 向市场释放近 5GHz 的 5G 频谱。

毫米波频段存在覆盖距离近、易受障碍物遮挡等缺点，难以实现大范围连续覆盖，从而导致网络性能不够稳定，用户体验相对较差。运营商一般仅在城市的特定区域部署毫米波 5G 网络，实现热点覆盖，同时利用低频段 5G 网络实现广覆盖，而低频段 5G 网络频谱资源有限，极大限制了 5G 网络大带宽特性。

美国已经意识到毫米波频段 5G 网络建设存在的问题，2019 年 4 月，美国国防部发布《5G 生态系统：对美国国防部的风险与机遇》报告，提出在 5G 频谱规划中，国防部应重点考虑共享 6GHz 以下频段，以弥补高频频段覆盖能力不足等问题。2019 年年底，美国参议院商务委员会投票通过了以公开拍卖方式，释放 C 波段（3.7～4.2GHz）中 280MHz（3.7～3.98GHz）频谱用于 5G 系统的法案。2020 年 2 月，FCC 决定以近百亿美元的激励资金鼓励卫星公司加快迁出该段频谱，以便尽早拍卖给运营商用于 5G 网络建设。

2020 年以来，美国加速中频 5G 频谱的拍卖，2020 年 8 月，完成民用宽带射频服务（Citizen Broadband Radio Service, CBRS）频段（3.55～3.65GHz）频段的 70MHz 优先接入许可证拍卖，2021 年 3 月，完成 C 波段（3.7～3.98GHz）频谱拍卖，并于 2021 年 12 月将原本用于军事用途的3.45～3.55GHz 频段的 100MHz 频谱开放商用，美国 5G 频谱拍卖情况如图 2-8 所示。

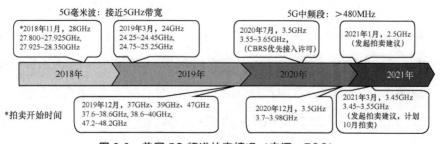

图 2-8　美国 5G 频谱拍卖情况（来源：FCC）

2.3.3　5G 应用发展情况

2.3.3.1　5G toC 业务

　　美国光纤覆盖不足，5G 固定无线接入（Fixed Wireless Access, FWA）成为运营商积极部署的重要商用场景。美国运营商积极推进 5G FWA，替代光纤"最后一公里"为家庭、企业提供互联网接入服务，降低了管道铺设成本和维护成本。借助毫米波 5G 网络高速率特性，运营商在机场、体育场馆、竞技场、购物中心和大学校园等热点地区实现网络覆盖，为消费者提供增强移动无线接入业务。2018 年 10 月起，Verizon 开始基于毫米波网络提供 5G 家庭互联网服务，并逐步向多个城市拓展，截至 2021 年 7 月在 40 余个城市的部分地区开展 5G FWA 服务。T-Mobile 从 2021 年开始发力 5G FWA 市场，利用 5G 家庭互联网扩大用户规模，计划在 5 年内发展 700 万～800 万个用户。

美国运营商通过与内容公司、游戏公司等专业公司合作，积极开展 VR/AR、高清视频和云游戏等服务。例如 AT&T 与 3D 和增强现实阅读应用 Bookful 合作，基于 5G 网络为大量儿童书籍提供身临其境的 AR 阅读体验，真正将故事带入生活；与 Facebook Reality Labs 合作，在 Facebook 的应用程序（包括 Instagram 和 Messenger）中构建协作视频通话和增强现实体验。在游戏领域，AT&T、Verizon 均与谷歌云游戏平台 Stadia 合作，利用光纤和 5G 网络为用户提供无缝游戏体验。

美国 5G 使用的频段较高，覆盖范围小，运营商毫米波 5G 部署的策略是覆盖人群密集区域。作为高业务流量区域，再加上美国人对体育运动的热爱，体育场馆、竞技场等成为运营商 5G 部署的主要场所之一，在网络建设初期，有的城市体育场馆甚至是唯一覆盖 5G 网络的场所。高速移动接入、体育赛事/演出高清直播、VR/AR 等增强现场体验的应用是 5G 应用开发方向。例如，T-Mobile 开发了 MLB AR 应用程序，通过安装在球员帽子和捕手面具上的 5G 集成摄像机实时提供现场动作的球员视角，使球迷无论在体育场内还是在家观看比赛都能更贴近运动，从球员的角度观看练习和比赛，为球迷提供前所未有的沉浸式 AR 体验。Verizon 5G 支持的竞技场和体育馆总数已经达到 60 多个，利用 5G 和 AWS（Amazon Web Service）支持的 MEC，改善场馆连接性以及提升用户体验，其开发的 ShotTracker 使用来自球员、竞技场馆周围传感器数据来创建"室内 GPS"，跟踪运动员在球馆内移动时的位置和速度，通过算法给出实时统计。Verizon 在美国职业橄榄球联盟超级碗比赛中为现场球迷推出 AR 手机游戏，玩家可以将橄榄球虚拟投入位于球场中央的虚拟皮卡车后部，为球迷创造了新型的身临其境的游戏体验。AT&T 与芝加哥公牛队和 XR 创意团队 Nexus Studios 合作开发了支持 AR 功能的应用程序 StatsZone，提供球员统计数据可视化，让球迷更接近比赛，并为他们提供个性化内容。除了赛事体验增强，AT&T 作为 NBA 官方 5G 无线网络合作伙伴，利用 5G 支持的 XR 场边音乐会为球迷提供独特的多维音乐会场景。

2.3.3.2 5G 行业应用

美国注重国家在 5G 技术领域的优势，强调 5G 基础设施的安全、可靠，以及 5G 网络可用性，从政府层面看暂未对推动 5G 应用发展提出针对性政策。5G 行业应用处于产业界广泛探索和技术验证期，试验覆盖工业互联网、医疗、车联网、智慧城市等领域。早期部署的毫米波 5G 网络为美国发展 5G 行业应用提供了良好的网络基础和试验环境，结合边缘计算等数字技术和先进制造技术，产业界协同，利用创新中心、孵化器等实体，积极打造 5G 行业应用良好生态。基于 4K 视频进行工厂内安全监测、通过 VR/AR 提供员工培训及定位服务、利用 5G 与 VR/AR 赋能远程诊断和紧急救助等应用场景已经小范围落地。

1. 5G+工业互联网

工业互联网概念最早由美国通用电气公司提出，美国工业互联网体系架构注重跨行业的通用性和互操作性，以业务价值推动系统的设计，把数据分析作为核心，驱动工业联网系统从设备到业务信息系统的端到端全面优化。美国 5G+工业互联网应用的主要方向利用毫米波 5G 大带宽、低时延特性并与边缘计算、人工智能、大数据分析等先进数字技术、机器人/可穿戴设备等先进设备制造技术相结合，增强和改善制造流程、工业设施运转以及工厂运营方式。

运营商、设备商、工业企业合作开发、测试 5G 工业用例，探索 5G 促进工业制造业增长的路径。例如，AT&T 在 MxD（Manufacturing times

Digital）部署了毫米波 5G 网络+MEC 的 IoT 视频智能解决方案，展示制造企业如何利用视频智能监控生产精度、设备运维以及实现库存跟踪。MxD 由美国国防部资助成立，是制造业研究机构之一，目标是推动制造业的数字化未来，MxD 在芝加哥拥有约 9.3 万平方米的创新中心，制造企业可以体验他们所需要的数字解决方案，以帮助优化运营、提高安全性和降低成本。

（1）5G 智能半导体工厂

美国运营商 AT&T 和三星在三星奥斯汀半导体工厂 5G 创新区创建美国首个以制造业为主的 5G 智能工厂测试平台，探索广泛的 5G 工业应用，测试平台的目标是提供对 5G 如何影响制造的真实世界的理解，并提供对智能工厂未来的洞察。主要演示用例包括：紧急救助，使用 5G 和遍布工厂的健康和环境传感器帮助急救人员在紧急情况下更好地定位员工并加快响应时间；自动化物料搬运、工业物联网，利用 5G、4K 实时视频和物联网传感器数据支持工厂自动化流程；员工培训，使用 5G 和混合现实技术开展沉浸式培训。

（2）爱立信美国 5G 工厂

爱立信美国 5G 工厂是爱立信第一个因大规模采用 4IR（Fourth Industrial Revolution）技术而获得世界经济论坛（World Economic Forum, WEF）认可的工厂，工厂效益逐渐显现。自 2020 年年初开始运营以来，美国 5G 智能工厂团队已经开发了 25 个不同的用例，将在不到 12 个月的时间内大规模部署。与没有实现自动化和采用 4IR 的同等规模工厂相比，5G 智能工厂每位员工的产出提高了 2.2 倍，人工物料处理减少了 65%。

（3）5G 专用超宽带网络汽车工厂

通用汽车的全电动汽车组装中心——底特律零工厂（Factory ZERO），

是美国首家安装专用 5G 超宽带网络的汽车工厂，利用 Verizon 的 5G 网络为工厂中的机器和设备（例如机器人、传感器和自动导引车（Automated Guided Vehicle, AGV））提供快速、可靠的连接，实现物料运送自动化。

2. 5G 智慧医疗

（1）5G 医疗中心

埃默里医疗创新中心（Emory Healthcare Innovation Hub, EHIH）是美国首个 5G 医疗创新实验室，部署了 Verizon 的超宽带 5G 网络，与多家合作伙伴一起推动 5G 驱动的医疗保健解决方案的开发，包括联网救护车、远程治疗和下一代医学影像等，EHIH 在实验室测试了用于医疗培训的 5G 增强现实和虚拟现实应用、远程医疗和远程患者监控，以及从救护车到急诊室的即时诊断和成像系统。

（2）5G 专网医学研究所

南加州大学劳伦斯·J·埃里森转型医学研究所部署了毫米波 5G 专网，利用边缘计算技术和物联网技术，实现现场数据获取并进行实时分析，保障数据的隐私和安全性，为医生当场做出决策提供支持。基于先进的技术，临床医生可以形成近乎实时的反馈闭环，改进工作。

3. 自动驾驶

（1）5G 远程操控无人驾驶汽车

Halo 在拉斯维加斯推出了 T-Mobile 5G 网络支持的美国首批商用无人驾驶汽车服务。Halo 希望通过创新的按需汽车共享模式解决任何地方和公共交通站点之间"最后一英里"问题，其长期愿景是与当地市政当局合作，用 Halo 覆盖城市并连接公共交通系统，加速电动汽车采用，解决交通拥堵和碳排放挑战。Halo 汽车属于半自治自动驾驶，车上配备远程控制系统，由 Halo 的专业司机通过 T-Mobile 的 5G 网络远程操控，将汽车驾驶到用户上车地点，用户驾驶至目的地后，无须停车，专业司机操作驾驶汽车到下一个上车地点。

（2）基于 5G+MEC 的蜂窝车联网（Cellular Vehicle-to-Everything, C-V2X）自动驾驶试验

5G 和 MEC 是自动驾驶汽车（Autonomous Vehicles）的重要基石，Renovo、Savari 和 LG 电子利用 Verizon 与 AWS 合作的 5G MEC 开展测试。Renovo 的汽车数据平台对 ADAS 车辆数据进行近乎实时的索引和过滤，基于 5G MEC，Renovo 可以验证新的网络-ADAS 安全功能，例如在出现需要驾驶员即时反应的危险情况时，实时提醒附近的所有车辆。Savari 的 C-V2X 试验正在研究 5G 和 MEC 的高带宽和低时延如何支持能够近乎实时地向驾驶员和行人提供警告信息的应用。LG 电子正在试运行下一代 C-V2X 平台，使用 5G MEC 实现近乎实时地传输数据，通过车辆、移动设备和交通基础设施之间的安全信息共享来提高驾驶安全。

2.4　欧洲国家

2.4.1　5G 商用情况

大多数欧洲国家已经实现 5G 商用，最早的商用从 2019 年开始，截至 2021 年 6 月底，欧洲已有 30 个国家的 81 家运营商推出商用 5G 服务。英国、德国、法国、意大利等多个国家的全国性移动网络运营商都部署了 5G 网络。商用初期，欧洲运营商多使用中频段部署网络，2020 年下半年以来，为了提高网络可用性，欧洲国家的一些网络运营商利用低频

段和动态频谱共享技术迅速扩大覆盖，德国电信利用动态频谱共享（Dynamic Spectrum Sharing, DSS）技术 5G 网络人口覆盖已经达到 80%。高频段 5G 网络能够满足市场对高速数据不断增长的需求，西班牙、芬兰等国家的运营商也开始使用毫米波频率部署网络提供热点地区覆盖，实现特定场景下的 5G 应用。根据全球移动通信系统协会（Global System for Mobile communications Association, GSMA）数据，截至 2021 年 6 月底，欧洲 5G 网络人口覆盖率为 28.51%，其中西欧地区达到 51.48%。

英国运营商 BT（British Telecom）、沃达丰、3UK（Three UK）和 Telefónica UK Limited（O2）均在 2019 年推出 5G NSA 商用网络，自商用以来，4 家运营商一直在持续扩大 5G 网络通达范围，截至 2021 年 3 月底，沃达丰、BT、3UK 和 O2 的 5G 网络分别覆盖 100、160、190+和 150+个城镇。BT 计划从 2022 年开始引入完整的 5G 核心网，实现独立组网，2023 年引入超可靠低时延通信、网络切片等功能，实现自动驾驶、大规模传感网络等关键应用；沃达丰 2020 年已在考文垂大学部署了 5G SA；3UK 已部署 1250 个 5G 基站，侧重以消费者为中心的应用，并计划向企业用户推广；O2 优先将 5G 基站部署在人口稠密的地区，包括火车站、购物中心和体育馆等。

德国沃达丰和德国电信于 2019 年、O2 于 2020 年推出 5G NSA 商用网络。为了迅速扩大覆盖率等，运营商大规模使用 DSS 技术。截至 2021 年 6 月中旬，德国电信 5G 天线总量达到 5 万个，人口覆盖率达到 80%，到 2021 年年底覆盖 90%的人口，累计安装 6 万个天线，德国电信已经在年初开始 5G SA 测试。O2（西班牙电信德国公司）2021 年大规模推进 5G 网络部署，截至 2021 年 6 月底，5G 网络已扩展到 80 个城市，5G 天线数量约为 2 万；截至 2021 年 5 月底沃达丰德国公司实现 5G 网络覆盖 2500 万人口，2021 年 4 月沃达丰在 170 个城市和自治市启动了 5G SA，该公司已关闭了全国 3G 网络，3G 频谱将重耕用于 4G/5G 服务改进。

法国 5G 商用时间较晚，Altice France（SFR）、布依格电信（Bouygues Telecom）、Orange France（以下简称 Orange）和 Free Mobile（以下简称 FREE）均于 2020 年年底推出 5G NSA 商用网络。截至 2021 年 6 月底，法国频谱机构 National Frequency Agency（ANFR）共授权[2]26084 个 5G 基站，其中可以技术运营的 5G 基站共 15343 个；截至 5 月底 4 家运营商已开放商用服务的 5G 基站数为 15392 个。

2.4.2 5G 推动政策

欧盟将构建数字单一市场、提升数字经济竞争力作为发展的重中之重。5G 作为数字经济发展的重要基础设施，是构建数字单一市场的关键要素之一。2012 年以来，欧盟通过制定 5G 发展路线图、协调各成员国研究计划、设立政府研究项目等助推 5G 网络部署、商用发展和行业应用创新。

2.4.2.1 促进 5G 发展的战略政策

为推动 5G 网络投资和创新生态系统建设，提高欧洲竞争力，2016 年欧盟发布《5G 行动计划》，对欧盟成员国 5G 发展战略和路线具有指导性意义。《5G 行动计划》旨在协调各成员国在网络部署、频谱分配、跨境服务连续性、标准制定等，形成欧盟单一市场下的 5G 创新群聚

2　授权基站：已收到 ANFR 实施协议并因此被授权发布的站点。可技术运营基站：可以发射无线电波的基站，可能尚未在商业上开放。商业开放基站：提供移动用户访问功能的基站。

效应。欧盟 5G 发展目标是在 2018 年之前实现早期 5G 网络引入，并最迟在 2020 年年底前实现商业化大规模引入，到 2025 年实现所有城市地区和主要地面运输道路不间断覆盖。

截至 2021 年 6 月，包括德国、法国、西班牙、丹麦、英国等在内的十余个欧洲国家发布了全面 5G 战略或路线图。一些尚未发布全面 5G 战略的国家如匈牙利、葡萄牙等，也制定了频谱拍卖计划，并完成或部分完成 5G 频谱拍卖。

英国于 2017 年 6 月发布《下一代移动技术：英国 5G 战略》，旨在尽早利用 5G 技术的潜在优势，塑造服务大众的世界领先数字经济，确保英国成为 5G 移动网络和服务发展的全球领导者，战略在商业模式、实验部署、监管政策、地方部署、网络覆盖、安全部署、频谱策略、标准制定及知识产权等方面，均制定了相应的政府行动计划。法国于 2018 年 7 月发布 5G 发展路线图，目标是使法国成为全球首批工业领域 5G 应用国家，法国将从 2020 年开始分配新的 5G 频谱，并确保至少有一个主要城市推出商用 5G 服务，2025 年实现 5G 网络覆盖法国各主要交通干道。德国于 2017 年 7 月公布了《德国 5G 战略》，目标是促进德国发展成为 5G 网络和应用的领先市场，提出以推动 5G 全连接为基础，以垂直领域应用和创新为导向，以实现数字化转型和推动经济发展为最终目标，计划 2025 年提供高性能的 5G 服务。

2018 年 12 月欧盟正式发布《欧盟电子通信准则》（《European Electronic Communications Code》，《EECC》），成为现行监管模式的有效支撑法律，《EECC》中提出确保 2020 年年底前在欧盟提供 5G 先锋频谱、为小型无线接入点（Small-Area Wireless Access Point, SAWAP）的部署开发轻量级监管框架等。欧盟要求成员国于 2020 年 12 月 21 日前将《EECC》

转化为本国立法，这将大力推动欧盟国家 5G 网络的发展。

2021 年 3 月 9 日，欧盟委员会在《2030 年数字指南针：数字十年的欧洲方式》中提出 5G 是安全和性能良好的可持续数字基础设施的关键要素，要确保 2030 年所有欧洲家庭覆盖千兆网络，所有人口密集地区实现 5G 覆盖，部署至少 1 万个节能高效的边缘云节点。

2.4.2.2　推进 5G 在垂直行业中的应用

欧盟将 5G 视为产业变革的关键使能器，从 2016 年起，欧盟逐步发布一系列政策和项目，促进泛欧多方利益相关者参与推动 5G 在行业内的试验及应用推广。纵览欧盟 5G 政策和项目部署，从 5G 在重点行业领域中技术适用性研发到部署大规模平台开展试验，从在多个垂直行业现场验证到抓住 5G 硬件创新和核心技术突破机会、打造有竞争力的产业生态，欧盟构建了 5G 与垂直行业融合应用的清晰路径。

2017 年欧盟启动 5G PPP（5G Infrastructure Public-Private Partnership）第二阶段项目，其重点是突破 5G 关键技术并将 5G 技术引入垂直行业，解决 5G 与行业的适配技术增强研究和标准化问题。2018 年 7 月开始，5G PPP 分批启动第三阶段研究，最先启动的是 5G 基础设施试验和验证项目，目标是建立泛欧验证平台、端到端测试平台以及 5G 展示系统等；随后启动 5G 跨境走廊和互联互通与自动驾驶（Connected and Automated Mobility, CAM）大规模测试和试验项目，涵盖 3 条欧盟境内 5G 跨境走廊，为车联网和自动驾驶建设基础设施；2019 年启动面向 5G 垂直行业应用的项目，探索 5G 技术在各个垂直行业应用案例中的具体适用性，包括智能制造、医疗健康、能源、汽车、航空、铁路、物流、食品与农业、媒体与娱乐、公共安全、智慧城市和旅游业；2020 年 9 月启动推进与产业化相关项目，目标是抓住 5G 核心技术和硬件设备创新突破的机会，进一步推动 5G 网络和应用普及，以及沿着 3 个新的欧洲跨境走廊验证互联互通和自动驾驶，扩大车联网试验，完善 5G 车联网生态系统。

在 5G PPP 项目上欧盟投资总额超过 4 亿欧元，带动超过 10 亿[4]欧元的私人投资，从战略布局到项目资金支持，力图打造欧洲在 5G 行业应用领域的领先地位。欧洲各国也推出相应的政策、项目，设立各类基金，支持 5G 部署和在行业中的应用。例如，英国政府通过国家生产力投资基金（National Productivity Investment Fund, NPIF）拨款 2 亿英镑用于组织实施 5G 测试床和试验项目（5G Testbeds and Trails Programme, 5GTT），5GTT 涉及旅游、农村应用、车联网、工业和远程医疗等多个行业测试床项目，为了深入探索 5G 在垂直行业中的应用，2019 年在 5GTT 下设立 I5GTT（Industry 5GTT）（行业 5G 测试床）项目，在英国战略工业领域开发、示范和展示基于 5G 的数字化解决方案。德国在 5G 垂直行业应用方面拥有独特优势，尤其在工业领域，政府层面主要通过分配 5G 专网频谱、提供资金支持、设立先导项目等形式推动 5G 行业应用，为实现德国工业 4.0 打造 5G 技术、研发、应用生态系统。

在欧洲和各国政策、项目、资金支持下，一方面，欧洲运营商、行业企业以及研究机构采用团体赛模式开展 5G 应用落地探索，在自动驾驶、工业领域、医疗等行业领域开展大量的应用试验；另一方面，对一些商业化潜力相对较高的行业，依托国家/城市形成 5G 应用创新集群，开展创新应用示范，以期建立共享技术平台、开放数据和接口，形成可复制、可推广的应用形态，例如德国柏林探索 5G 在专网和工业中的应用，比利时、爱尔兰和挪威的未来工厂、意大利智能能源、爱尔兰和挪威智慧城市试验等。

2.4.3　5G 应用发展情况

2.4.3.1　5G toC 应用

5G 固定无线接入业务成为欧洲光纤宽带的重要补充。欧洲地区光纤覆盖不足，基于 5G 开展固定无线接入业务是运营商发展 5G 动力。瑞士电信运营商 Sunrise 在初期 5G 网络建设时专注于光纤网络未覆盖区域，把 5G 用作非对称数字用户线路/超高速数字用户线路（Asymmetric Digital Subscriber Line/Very-high-bit-rate Digital Subscriber Loop, ADSL/VDSL）连接的替代品，这些区域通常光纤部署优先级低，并且具有更大的潜力来升级现有移动网络而不超过当前的辐射限制。西班牙电信在德国和西班牙运营商相继开展利用高频段 5G 替代有线宽带的测试验证。英国、意大利、挪威等多个欧洲国家运营商都推出了面向家庭、企业用户的 5G FWA 服务，O2 在德国统一了多种接入技术业务资费，推出综合性接入产品，把 5G FWA 作为可替代固定网络接入的移动技术解决方案，在无法使用固定网宽带基础设施的场所提供高速移动接入。

欧洲运营商利用 5G 技术探索云游戏和 VR/AR 等差异化内容服务。沃达丰集团、KPN（Koninklijke PPT Nederland）、意大利电信等主要运营商通过与专业公司的合作向消费者推出 5G 云游戏。德国 O2 基于 5G SA 成功测试了虚拟现实游戏，游戏玩家使用 VR 眼镜沉浸在交互式 3D 游戏环境中，移动虚拟现实游戏对网络要求非常高，需要极短的时延、快速的数据速率和高水平的可靠性，O2 将在 5G SA 全面部署后在全国范围上线移动虚拟游戏。

面向消费者广泛开展体育赛事和文艺演出的超高清视频直播应用、为用户提供沉浸式观演或观赛体验是欧洲运营商重要 toC 服务之一。5G

的低时延、大容量特性特别适用于在各类场馆部署，运营商开展的现场场景捕捉、实时高清视频传输、VR/AR 等应用正在改变体育、文化和其他各类活动的现场电视报道及观看体验，为从传统广播媒体向更多使用 5G 网络应用过渡铺平道路。例如，沃达丰通过 5G 网络直播米兰电竞决赛、在多地开展音乐会直播等。Cosmote TV 在希腊杯决赛期间通过 5G 网络进行了电视直播，远程控制两个机器人摄像机，通过精确地控制确保比赛中每一个关键环节都能在屏幕上完全捕捉到，高清音视频使用 Cosmote 5G 同步传输到电视演播室。欧洲运营商不断扩大体育和文化场馆的 5G 覆盖，利用 5G 网络直播的体育赛事包括足球、篮球、滑雪、冰球等。

2.4.3.2　5G 行业应用

在垂直行业应用试验中媒体娱乐、自动驾驶/道路交通、工业 4.0 是试验次数最多的行业，欧洲 5G 垂直行业应用试验如图 2-9 所示。

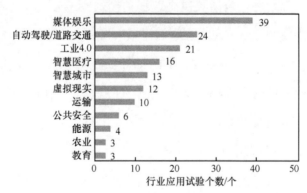

图 2-9　欧洲 5G 垂直行业应用试验（来源：欧洲 5G 天文台）

1.　5G+工业互联网

工业 5G 应用是欧洲国家最为关注的垂直行业应用之一，5G 在工业领域的应用仍以生产辅助为主，逐渐渗透到研发设计、生产制造、仓储物流、企业管理等各个环节，多种应用场景逐步在小范围内落地。

（1）5G 炼油厂工业应用

沃达丰西班牙公司与 Capgemini 公司合作，在安达卢西亚石油和天然气公司 Cepsa 的一家炼油厂开发了两个新 5G 应用案例，展示 5G 技术在工业环境中的适用性。第一个用例支持工厂的专业人员通过 Capgemini 在沃达丰 5G 网络上的 AR 应用程序识别特定的运输管道。工作人员将能够实时访问有关管道的信息，通过专门的应用程序识别它们，甚至在必要时通过视频流获得专家支持。第二个用例帮助炼油厂的工作人员通过连接到 5G 网络的传感器监测旋转设备的状态。Cepsa 目前在其设施中拥有超过 30 万个传感器，每天产生超过 17 万个信号。

（2）梅赛德斯-奔驰 56 号 5G 智能工厂

2019 年 6 月德国 Telefonica 与爱立信在梅赛德斯-奔驰工厂（Factory 56）合作建设 5G 网络，工厂生产面积超过 2 万平方米，配备了 5G 小室内天线和一个中央 5G 集线器，测试利用 5G 网络优化各种联网机器之间的数据连接并实时跟踪装配线产品等，从而优化现有生产流程。2020 年 9 月梅赛德斯-奔驰在德国辛德芬根的 56 号工厂投产，连接高性能无线局域网（Wireless Local Area Network, WLAN）和 5G 网络的新型数字基础设施为 56 号工厂的全面数字化奠定了重要基础。56 号工厂使用了智能设备、大数据算法等诸多工业 4.0 应用。与以前的 S 级装配线相比，新生产线的效率提高了 25％。工厂实施的 5G 用例包括自动化质量控制，汽车能够在生产线上进行测试，无须在生产后进行测试；通过无缝连接部署 AGV，连接整个生产线的螺丝刀。在 56 号工厂实施 5G 专网的主要驱动力是借助 5G 实现的新应用优化工厂现有的生产流程，例如装配线上的数据连接或产品跟踪，在 5G 支持下，所有流程都可以优化并变得更加稳健，并在必要时根据当前的市场需求在短时间内进行调整。此外，5G 以智能方式将生产系统和机器连接在一起，从而支持生产过程的效率和精度。使用 5G 专用网络的另一个好处是敏感的生产数据不必提供给第三方。

2．5G 智慧医疗

欧洲多个国家都在积极开展 5G 在医疗领域的应用，2019 年西班牙、英国、意大利等国家医疗机构与运营商合作成功开展了利用 5G 远程指导手术的试验。随着技术的成熟和普及，5G 在医疗领域的应用范围不断扩大，应用场景也不断丰富，包括院前的紧急救助环节，院内诊疗、护理、机器人手术支持、医疗培训，院外的健康监控、远程指导等。

（1）葡萄牙 5G 医院

葡萄牙电信运营商 NOS 与 Grupo Luz Saude 合作，在里斯本达鲁斯医院部署覆盖医院核心区域的 5G 网络，包括手术室、培训中心等。5G 将用于专业人员和学生的教育和培训，通过使用 VR 和 AR 应用，为培训、诊断和治疗创造新的场景和虚拟环境。5G 网络使得医院的运营和技术操作更加灵活，优化成本和时间，改善服务。

（2）5G 紧急医疗

Orange 西班牙公司（Orange Espana）、爱立信和思科公司与巴塞罗那附近萨瓦德尔的当地警察合作，展示 5G 技术在提供紧急医疗服务方面的优势。试验中，一名警察头盔上安装一个摄像机，在街上见到一名遭受癫痫发作的病人后，警察使用该设备直接与 Parc Tauli 医院联系，医生远程提供如何在救护车到达之前稳定病人情况的实时建议。

（3）5G 远程护理

英国 West Midlands 5G（WM5G）项目正在与远程医疗公司 Tekihealth

合作，对考文垂的护理中心居民进行 5G 远程诊断和监测技术试验。该试验使全科医生能够在新冠肺炎疫情期间使用 5G 连接诊断工具为居民提供治疗，可以为用户提供高分辨率影像、视频、温度计和耳镜读数（用于观察耳朵的医疗设备）、便携式心电图和肺活量数据。

3. 自动驾驶

互联互通和自动驾驶是欧洲 5G 垂直行业应用推进战略中的旗舰用例，目标是沿欧洲运输道路部署 5G，并以车辆为中心创建完整的车联网生态系统，包括道路安全保障、数字铁路运营以及为道路使用者和乘客提供高价值商业服务等。欧盟成员国 2017 年就加强跨境合作开展大规模试验签署了意向书，建立了 12 条"数字跨境走廊"，其中包括进行 5G 现场测试，以促进互联互通和自动驾驶。整体来看，欧洲 5G 自动驾驶仍处于试验试点阶段。

（1）5G 自动驾驶巴士

爱立信、Telia 在斯德哥尔摩市中心开展基于 5G 的无人驾驶电动小巴试验。在一条 1.6km 的路线上，爱立信和 Telia 部署了 5G 站点，无人驾驶小巴穿梭于国家科技博物馆、海事博物馆、北欧博物馆和瓦萨博物馆之间。塔台控制数据通过 5G 网络传输，5G 小巴能够即时响应塔台发出的指令。

（2）5G 连接公交车

意大利米兰市政府、公共交通公司与运营商、设备商和大学联手开展 5G 连接公交车项目，在公共交通公司特定线路商启动使用多种混合云技术与 5G 网络的辅助驾驶试验。公交车在行驶过程中利用 5G 网络通过应用系统和传感器与交通信号灯等道路基础设施进行通信，改善车辆通行的规律性和频率，为自动驾驶奠定基础。数据存储和连接设备也将被安装在路灯、交通灯和公共汽车候车亭上，通过应用系统告知司机交通信号灯状态，建议适当的速度以与绿灯同步，并警告障碍物存在，以及提供道路交通信息和在车站等待的乘客数量等信息。

（3）5G 联网汽车跨境服务连续性试验

爱立信和沃尔沃在两国 5G 移动网络之间进行了首次成功的联网汽车测试。试验是欧盟资助的大规模车联网试验 5GCroCo 项目的一部分。试验的成功证明当前的基础设施能够跨国境保证 5G 网络服务连续性。爱立信/沃尔沃的试验利用 5G 连接确保地图实时信息更新，以帮助未来的自动驾驶操作和了解车辆及其传感器范围以外的环境。通过使用来自传感器的信息更新地图，联网汽车可以检测并区分前方的行驶车道，不过即使是刚刚更新的高清地图也可能会有过时的信息，在这种情况下，汽车会向移动边缘云发送实时更新信息，后方汽车可以从云端获得相关更新。

2.5 日本

2.5.1 5G 商用情况

与中、美、韩及欧洲主要国家相比，日本 5G 商用时间较晚。2020 年 3 月，日本 NTT（Nippon Telegraph and Telephone）、DoCoMo（Do Communications Over Mobile Network）、KDDI 和软银股份有限公司（以下简称"软银"）推出 5G 商用服务，受新冠肺炎疫情影响，网络验证工作停滞，乐天移动商用 5G 的时间从 2020 年 6 月推迟到 2020 年 9 月。为了促进日本农村地区 5G 网络的快速部署，KDDI 和软银达成共享基站资产协议，共同促进日本农村地区 5G 网络的快速部署。2020 年日本 5G 网络建设速度相对缓慢，到 2020 年年底 5G 基站数量不到 1 万个，2021 年以来，运营商加快网络部署，半年新增基站 1.55 万个，截至 2021 年 6 月底，日本共部署了 2.44 万个 5G 基站，日本 5G 基站数量如图 2-10 所示。

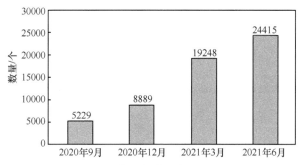

图 2-10 日本 5G 基站数量（来源：日本总务省）

日本 4 家网络运营商同时获得了 5G 中频段和毫米波频谱，在建设初期，主要使用中频段（3.7GHz、4.5GHz）部署网络。低频段用于广覆盖，2021 年 KDDI 推出 700MHz 5G 服务，作为现有 5G 服务的补充，提高 5G 网络覆盖范围，改善室内和室外移动服务。乐天移动也计划利用新获批的 1.7GHz 频段在非大城市地区部署 5G。毫米波（28GHz）主要用于热点地区容量层，NTT DoCoMo 于 2020 年 9 月即推出了毫米波服务，可提供最高 4.1Gbit/s 的下行速率，上传速率最高 480Mbit/s。软银在城市密集区域推出毫米波 5G 服务，作为降低成本的布网方式，为固定无线接入和企业接入提供更高数据容量，最多可节省 35% 的总成本。

2.5.2　5G 推动政策

日本政府为 5G 发展制定了清晰的路线，稳步推进技术试验、频谱分配、商用部署。2014 年 9 月日本成立第五代移动通信推进论坛，加强产业界、学术界和政府在 5G 基础研究、技术开发、标准制定等方面的合作，并进一步推动国际合作。为有序推动日本 5G 产业发展，日本政府 2016 年发布《2020 年实现 5G 的政策》，确定 2017 财年开始 5G 无线接入网、核心网及 5G 应用的试验，2019 年分配 5G 频谱，在 2020 年东京奥运会期间商用 5G。政府政策着重加强关键技术研发、5G 政策环境完善、产学政协作，以及积极参与国际标准制定。

2020 年 6 月底，日本总务省（MIC）发布了《Beyond 5G 推进战略》，提出加快 5G 商用部署，大力推进 5G 的早期大规模部署及在工业和公共领域的应用拓展，在未来 5 年内建立起具有国际国内影响力的 5G 应用案例，到 2030 年创造 44 万亿日元的增加值。为实现这一战略目标，日本计划扩大 5G 网络覆盖，利用税收制度、补贴等政策措施，促进 5G 投资，加快 5G 网络建设，到 2023 年部署 5G 基站 21 万个，实现所有城市的 5G 覆盖。日本总务省在"ICT 基础设施区域部署总体规划 2.0"中详细部署 5G 推进计划，如图 2-11 所示。

2.5.3　5G 应用发展情况

日本 5G 商用时间较晚，但已通过顶层设计布局 5G 应用。在"构建智能社会 5.0"的愿景下，日本政府积极推动 5G 与人工智能、物联网、机器人等相互促进、融合发展，大力推进 5G 早期大规模部署及在重点领域应用拓展，2019 年 7 月 9 日日本总务省发布的《信息通信白皮书》中指出基于 5G 超高速、多点接入、低时延的特点，日本将把医疗、远程教育、无人机运输、自动驾驶、农业工业生产、灾害救援等作为 5G 重点应用场景。

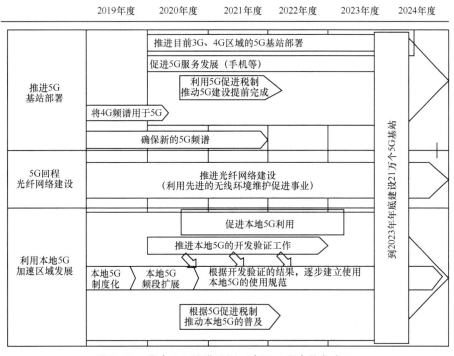

图 2-11　日本 5G 推进计划（来源：日本总务省）

2018—2019 年日本政府共支持了四十余项 5G 应用综合试验项目，涉及娱乐服务、灾害防护、旅游、医疗看护、农业、交通等。2020 年及之后日本政府重点支持的应用方向包括：工业、农业、医疗、自动驾驶、智慧城市等。2021 年日本总务省投入 219.5 亿日元，助力远程办公、远程教育、远程医疗等应用构建先进通信基础，包括支持地理条件不利地区 5G 网络建议以及支持地方企业构建本地 5G 系统。

2.5.3.1　5G toC 业务

日本运营商面向消费者主要提供 5G 家庭宽带和高速移动接入业务、VR/AR、游戏、高清视频等内容和娱乐服务，与其他国家、地区类似，日本运营商也在积极面向体育赛事开展基于 5G 改变观赛体验的概念验证。

早在 2019 年 NTT DoCoMo 推出 5G 预商用服务时，就在 2019 年橄榄球世界杯赛事比赛为现场的用户提供了与 5G 网络兼容的特殊智能手机设备，使得用户可以通过 5G 终端从多个角度观看比赛，获得与传统赛事直播完全不一样的、具有沉浸感甚至现场参与感的观看体验。KDDI 将 5G 和先进技术整合到足球俱乐部 Kyoto Purple Sanga FC 的主体育场和球迷通信系统中，创新足球观看体验。乐天移动与乐天旗下职业球队 Vissel Kobe 合作，在神户 Noevir 体育场利用毫米波 5G 网络，使用 AR 显示统计数据和实时跟踪数据，并利用 AR 技术提供低时延、多角度的视频服务。

日本运营商重视高清视频应用开发和应用，NTT DoCoMo 开发出基于 5G 的 8K VR 直播系统，KDDI 利用 5G 无人机完成 4K 视频传输测试，探索无人机在公共安全和监控、农业监测、灾难响应等方面提供的服务。

XR 类应用是日本面向消费者的另一重要应用。KDDI 是 2020 年 9 月成立的全球 XR 内容电信联盟发起者之一，与合作伙伴广泛开展合作，打造多类 VR 应用场景，推出智能手机应用程序"au XR Door"（XR 任意门），用户无须使用 VR 眼镜，在智能手机上打开应用程序，跨过屏幕上的一道门就进入 XR 的世界，享受沉浸式 360°VR 空间体验，如 AR 游戏、预定住宿时通过沉浸式体验选择旅店、新冠肺炎疫情期间的 AR 旅行体验、与

8K 视频结合的虚拟购物体验等。2021 年 KDDI 通过覆盖富士山顶的 5G 网络，向游客提供虚拟游览富士山顶风光的体验，让因人数限制不能直接登顶的游客实时感受到山顶风光。5G 时代，KDDI 面向下一代媒体和娱乐内容及应用，成立"au VISION STUDIO"，利用 5G、XR、MEC 等技术为用户提供前所未有的体验，目前已开发了高清 3D 模型虚拟人"coh"。

2.5.3.2　5G 行业应用

1．5G+工业互联网

（1）5G 钢铁厂

钢铁公司 JFE Steel Corporation（以下简称 JFE）在千叶地区的钢铁厂部署了 5G 网络，应用场景主要是利用 5G 网络实现 4K 高清视频实时传输和分析，对生产过程和产品进行质量检验，促进产线稳定运行，实现工厂数字化、智能化转型。钢铁厂的生产现场对网络环境实时性和稳定性要求非常高，利用 5G 技术可以将各种传感器采集的大量数据实时传输到中控室，实现设备的远程控制，优化制造过程。JFE 还将基于 5G 网络开展进一步的应用场景试验，如支持工厂布局自由改变、支持设备和工人之间的协作等。

（2）5G+AI 机床除屑方案

机床生产商 DMG Mori Seiki 与运营商 KDDI 开展联合研究和现场试验，机床内部的摄像机拍摄的高清图像利用 5G 网络实时传送至数据分析平台，基于"AI 除屑解决方案"推断切屑沉积的位置和数量，并自动计算生成清洁路线，以最佳方式去除切屑。5G 网络高速大容量优势能够加速机床大量图像数据的自动采集和传输速度，有助于验证 AI 方案的有效性。

（3）富士通 5G 智能工厂应用

2021 年 4 月，富士通开始运营位于日本栃木县大山工厂的 5G 专网，主要开展智能制造的相关应用，同时验证专网 5G 技术的实用性和可能的应用。工厂 5G 专网由一个 4.7GHz 频段独立组网和一个 28GHz 扩展频段非独立组网组成。应用场景具体如下。

1）工人的培训和远程支持。利用 MR 设备提供现场工作培训和远程支持。在工厂边缘计算环境中创建产品 3D 模型，并将 3D 模型和指令投射到 MR 设备上，使专家和开发人员能够远程指导和协助现场的工人，还可以在 MR 设备上实时绘制大量数据，提高远程工作指导和支援的效率。

2）实时工作确认。通过 28GHz 频段网络，将安装在工厂内的大量 4K 摄像机拍摄的产品和作业流程图像高速传输到边缘计算环境，实现实时的 AI 图像分析，为工人提供装配过程中是否进行了正确动作的即时反馈。在边缘计算环境和制造执行系统（Manufacturing Execution System，MES）的配合下，人工智能从多个高清摄像机拍摄的装配作业图像中区分出操作者的手、零件箱和零件本身，根据程序判断是否从指定的零件箱中取出正确的零件，并安装在电路板上的正确位置。最终将结果通过显示屏和语音指令实时反馈给操作人员，帮助操作人员进行正确的工作，提高检测任务和质量控制的效率。

3）自动化运输。通过可覆盖工厂的 4.7GHz 频段网络，在设施内零部件运输过程中，与工厂内部行驶的 AGV 进行实时通信，实现位置测量和路线控制的自动化。图像从安装在工厂内外和无人车上的高清摄像机以低时延的方式传输到边缘计算环境，并进行人工智能分析，以高精度地立体识别无人车的位置和控制路线。可望实现楼宇内部和楼宇之间的运输自动化，以及零部件和产品的装卸自动化，从而降低运输成本。

2．5G+智慧医疗

（1）5G 远程诊断

2019 年年初日本电信公司 NTT DoCoMo 完成用 5G 技术进行远程医疗检查的试验。在和歌山县内高川町（相当于街道）开展基于 5G 的远程诊断测试,将该街道患者的病患部位的高精度影像通过 5G 网络实时传送到 30km 外的和歌山县立医科大学,通过高清电视会议系统与当地医生进行会诊,实现 4K 特写摄像机拍摄的图像、高清超声心动图视频和磁共振成像（Magnetic Resonance Imaging, MRI）图像的实时共享。

（2）5G 急救试验

日本还在多家医院开展基于 5G 的医疗急救实验,事故现场患者的高清影像通过 5G 实时传递至医院及救护车,由医生远程指导现场处置,同时系统导入病人电子病例,有助于医生迅速掌握病人既往病史等信息。

3．自动驾驶

（1）5G 自动驾驶出租车实证试验

日本多家公司合作利用 5G 技术在东京进行自动驾驶出租车实证试验。2014 年 KDDI、Tier Four、Mobility Technologies、Sompo Japan、Aisan Technology 共 5 家来自不同行业的企业宣布合作推动自动驾驶出租车商业化,预计 2020 年开始路测,2021 年建立运营服务模型,2022 以后实现商业化。2020 年年底,合作企业在东京西新宿地区进行了两次基于 5G 的自动驾驶出租车示范实验,在公共道路上多辆搭载自动驾驶系统的出租车专用车辆"JPN TAXI"同时运行,利用 5G 的远程监控系统实时监控多辆车的状态。根据出发地/目的地的最佳路线确定了多个上/下车地点,参加试验者可指定上车和下车地点。试验用例包括远远程自动驾驶（驾驶员座椅无人）和非远程自动驾驶（驾驶员乘坐）。根据示范试验结果,合作企业将进一步推动自动驾驶出租车的商业化，解决公共交通工具短缺和处理弱势群体等社会问题。

（2）5G 辅助驾驶

电装公司（DENSO Corporation）和 KDDI 合作开展 5G 在自动驾驶中的应用，目标是实现安全可靠的出行，减少交通事故和拥堵。电装公司和 KDDI 在东京羽田全球研发中心测试场中构建了 5G 环境，使用车载高清摄像机和路边传感器测试自动驾驶汽车中的驾驶员辅助技术。车载高清摄像机和路边传感器采集的信息通过低时延的边缘计算技术传输到控制中心，再将不断变化的路况实时发送给自动驾驶车辆，并验证远程驾驶员辅助技术的有效性。

（3）5G 远程驾驶

NTT DoCoMo 和索尼合作测试 5G 远程驾驶系统。双方合作从 2500 多千米外的东京基地远程操控索尼在关岛载客的 Sociable Cart（SC-1）娱乐车。测试利用了 5G 的低时延、大容量和超高速连接的优势，用索尼图像传感器拍摄车辆周边的视频，并实时发送到东京的索尼办公室，由操作员远程驾驶车辆。测试使用的是 NTT DoCoMo 的 5G 网络。安装在车辆的前部、后部和侧面的图像传感器可以让远程操作员和观看车载监视器的乘客看到车辆整个周边的高分辨率视频。在自动驾驶时代，远程操控变得越来越重要，车辆的跨境运营有望实现全球化的移动出行服务，使在不同时区工作的人员受益。

（4）基于 5G 的 C-V2X 试验

Subaru 和软银合作，在 5G NSA 环境和 C-V2X 通信环境下完成了两种场景下车辆并线辅助的现场验证。第一个场景是理想情况下自动驾驶车辆从匝道并入高速公路主路，利用 5G 网络，将主路的车辆信息传输到基站附近的 MEC 服务器，在 MEC 服务器端，通过获取到的车辆信息，预测自动驾驶汽车与在行驶中的主路车辆发生碰撞的可能性。当有碰撞可能性的时候，MEC 服务器会将警告和减速信息传送给自动驾驶汽车。自动驾驶汽车通过对接收到的信息和通过车载传感器获取的周边信息，进行计算和综合判断。这个用例有低时延、高可靠的需求，因此通过利用 5G 网络和 MEC 服务器，该自动驾驶车最终成功完成并入主路的任务。第二个场景是堵车时自动驾驶车辆从匝道并入高速公路。并线车道上的自动驾驶车辆通过 C-V2X 向主车道上的车辆发出并线减速请求，接收到消息的车辆会计算最佳并道的位置，并及时发送进入许可，在这个用例中，从车−车交流的视角，在并道前有限的时间和空间内，有效利用 C-V2X，顺利完成了并道的任务。

2.6　参考文献

[1] 中国信息通信研究院. 2021 年 6 月国内手机市场运行分析报告[R]. 2021.

[2] What stopped China's 5G upgrade surge from going global: Canalys'review and insight of H1 2021 global 5G market[R]. 2021.

[3] IDC. Worldwide Mobile Phone Forecast Update, 2021—2025[R]. 2021.

[4] Eu kicks off final phase of 5g ppp research trials[EB]. 2020.

第三章　5GtoB 规模复制挑战、
发展路径及未来形态

|||||||||| 3.1　5GtoB 规模复制主要挑战 ||||||||||

当前，数字经济发展速度之快、辐射范围之广、影响程度之深前所未有，带来了新一轮科技革命和产业变革新机遇，成为构建国家竞争新优势的战略重点，数字化转型已上升到国家战略高度。从"供给-需求"二元关系看，数字化转型的目标是利用信息通信技术，提高企业生产和供给能力，满足人们个性化、多样化的消费需求。从数据要素和实现基础看，数字化转型涉及数据产生、数据传输、数据分析和数据交易等全流程的处理，离不开"感知+连接+智能+信任"等信息通信技术的全方位支撑。其中，感知技术包括传感器、终端设备等，连接技术包括移动通信网络、有线宽带、卫星通信、物联网、云计算等，智能技术包括大数据、人工智能等，信任技术包括网络安全、信息安全、区块链等。近年来，5G、大数据、云计算、人工智能、区块链等技术加速创新，由过去的单点技术突破进入技术间共鸣式交互、群体性演变的爆发期，从助力经济发展

的基础动力向引领经济发展的核心引擎加速转变。新一代信息通信技术日益融入经济社会发展各领域全过程，成为重组全球资源要素、重塑全球经济结构、改变全球竞争格局的关键力量。

5G 技术由于渗透性强、带动作用明显，成为新一代信息通信技术的核心，推动各项技术加速融合、快速迭代，并由消费侧普及应用向生产侧全面扩散，驱动各项技术在产业转型过程中引发链式变革、产生乘数效应。从需求视角看，5G 技术要应对的社会需求与以往任何一代移动通信技术相比都存在巨大差异。从 1G 到 4G，移动网络重点面向 toC 端人的连接，用户使用网络的主要诉求是类似的、连续的、一致的通信体验，因此网络特征和终端形态差别都不大；5G 除了满足人的连接，更加侧重面向 toB 端物的连接，由于每一个"物"的终端形态、计算能力和计算目的都不一样，因此所需的网络能力特性存在巨大差异。可以说，5G 为行业而生，为万物互联而来。从能力视角看，5G 能力强大，可以支撑实现的应用很多，增强型移动宽带（enhanced Mobile Broadband, eMBB）、大连接物联网（massive Machine Type Communication, mMTC）、超可靠低时延通信（Ultra-Reliable Low-Latency Communication, URLLC）仅仅是 5G 对于 3 个典型应用场景的概括描述，而非全部场景。作为供给方的信息通信行业，经过过去几年的研究探索和试点示范，对 5G 技术赋能千行百业转型发展有了更加深入的理解：强调行业共性需求，挖掘基础业务，聚类收敛通用场景，整合成行业通用方案，积累行业核心能力，并实现 5G 的灵活变现。

在 5G 应用的过程中，如何实现能力和需求的有效匹配，如何实现 5G+垂直行业有效落地，如何实现 5GtoB 应用的规模化推广，成为各界关注的重点，也成为信息通信行业希望加快破解的难点。

随着 5G 与千行百业融合应用的不断深入，重点行业和典型应用场景逐步明确。然而，5G 应用距离规模化发展还存在一定差距，在网络建设、应用融合深度、产业供给、行业融合生态等方面仍面临问题和困难。

3.1.1　5G 网络建设面临多方问题

行业需求多样，网络能力需差异化定制。如工业机器视觉检测、媒体直播等需要上行 4K/8K 视频传输。目前，单路 4K 视频上传速率需求约 50Mbit/s，单路 8K 视频上传速率需求为 150～200Mbit/s，业务一般采用 4～6 路视频，所需要的上行带宽普遍大大高于下行带宽，需要特殊的上下行时隙配比，进一步探索技术及网络解决方案。对行业企业来讲，行业专网定制化成本高，公网设备直接应用于行业功能冗余、价格昂贵，如果网络按流量收费，很多行业企业无法负担费用。同时，运营商建网运营成本高昂，网络盈利方式尚不十分清晰。商用初期，5G 终端模组、基站建设与网络运营成本十分高昂。当前大部分示范项目通过财政补贴、宣传收益等方式，规避投资风险。但长期看，如果没有清晰的盈利模式和广阔的市场空间，5G 建设将无法形成成功的商业闭环，难以促进投资正向循环。

3.1.2　5G 技术与行业应用融合不足

5G 技术与行业既有业务的融合仍处于初级阶段，尚未实现行业核心业务的承载。由于行业生产设备封闭且系统协议多样，传统行业设备协议、接口等由国外厂商定义，导致融合改造成本高、耗时长，5G 技术与工控等技术的融合仍存在较大难度。目前，5G 技术主要应用于辅助生产类的业务及信息管理类的业务，多数行业企业的生产控制核心业务仍由传统网络承载，如工业以太网、现场总线等，导致行业内存在多张承载网络，管理复杂，亟须开展融合技术创新及试验验证，形成 5G 技术与行业业务的深度融合。

5G 技术与行业业务的深度融合，引发行业原有产业链多个环节的变革，然而变革环节亟须深度探索。5G 技术促进融合终端装备向智能化发展，但我国数控机床等高端装备产品的全球占有率低，在新型传感器、自动化生产线、工业机器人等智能化终端设备领域稍显薄弱。同时，5G 技术促进行业处理与计算功能云化，传统现场级的 PLC 等终端的处理将实现云化，然而目前产业仍处于摸索阶段。此外，5G 安全体系无法满足行业生产安全需求，满足行业生产安全需求成为 5G 技术与行业深度融合的关键。

3.1.3　产业供给能力不足

5G 技术与行业融合后，催生原有 5G 产业链叠加形成新型环节，然而目前新型环节的供给能力不足。行业 5G 模组及芯片是融合应用产业链重要的新型环节，但目前多种原因导致研发投入成本高，行业 5G 芯片及模组的价格居高不下，难以实现规模化推广。面向行业需求的定制化 5G 虚拟专网是另外一个重要的新型环节，但目前定制化网络的部署成本高、运维难度大，行业 5G 网络产业的保障能力有待提升。

5G 技术与行业融合后，行业新型业务对 5G 技术提出了更高的要求，需持续演进以满足融合应用承载需求。当前，行业新型业务在上行带宽、时延、可靠性等传统网络指标方面提出了更高的要求，而部分业务在时延抖动、网络授时、定位等新型网络指标方面提出了明确的需求，5G 技术标准及商用设备的能力无法完全满足，导致与行业融合应用受限，亟须开展包括 5G 增强、5G 授时、5G 定位、5G 时间敏感网络（Time Sensitive

Network, TSN）、5G LAN 等技术研究及设备研发，支撑 5G 技术与更多行业业务的深度融合。

3.1.4　行业融合应用标准缺乏

行业企业对在业务中规模化应用 5G 仍有顾虑。运营商提供基于独立组网和边缘计算的网络能够基本满足大多数行业企业需求，但行业企业对自身生产发展全部依赖运营商网络仍心存疑虑。能否全盘掌控生产运营数据、能否及时获得网络的升级维护服务、能否获得稳定的网络性能以及能否获得准确的全生命周期网络成本等问题是行业企业疑虑 5G 应用的焦点。此外，行业企业资金流压力大，部分企业持观望状态。根据我国大型制造业企业调研情况，企业内部普遍具有 3 年内收回投资的要求。目前，5G 在行业应用中的商用模式仍在探索，经济效益见效周期长，无法保证按期收回成本，部分企业持观望态度。此外，我国的中小企业占市场主体，面临信息化基础弱、数字化程度低、投融资成本高、现金流压力大等现实问题，更不可能短期内成为 5G 行业投资的主力军。

在通用标准方面，5G 应用方阵组织开展了《5G 行业虚拟专网总体技术要求》的标准制订，形成了 5G 行业虚拟专网网络架构、服务能力、关键设备及关键技术的总体标准框架。针对行业低成本及"共管共维"等需求，分别开展了行业定制化用户面功能（User Plane Function, UPF）及服务能力平台等网络设备系列标准的制订。同时针对网络指标确定性保障、与既有网络融合等需求，开展了无线服务水平协议（Service Level Agreement, SLA）保障和 5G LAN 关键技术的研究。在行业定制化标准方面，已面向电力、钢铁、矿山等行业开展网络模板标准的制订及立项工作，将形成包括行业 5G 网络需求、行业融合网络架构、行业关键保障能力等的标准化。但跨部门、跨行业、跨领域融合应用的标准统筹尚未完全形成，亟须开展 5G 行业应用标准体系建设及相关政策措施制定，从而加速推动融合应用标准的制定。此外，行业场景 5G 融合应用解决方案的实现方式繁多，形成行业共识难度较大、统一标准缺失。同时，满足行业需求的融合应用标准体系尚未完全建立，包括行业 5G 终端及模组、精简化行业 5G 芯片、行业融合应用安全等技术、测试及验证标准不足，导致 5G 融合应用的规模化推广面临挑战。

3.1.5　行业融合生态建设亟待加强

现阶段，多种新一代信息技术并存，机会成本难以预估。以工业网络为例，工厂内网络技术制式众多，技术选择困难。除 5G 外，TSN、工业无源光网络（Passive Optical Network, PON）、工业软件定义网络（Software Defined Network, SDN）、Wi-Fi 6 在技术特点和应用场景等方面与 5G 更为相近。企业担心投资 5G 会失去其他技术带来的潜在收益，这种机会成本致使部分企业持观望态度。

在生产资本方面，ICT 更新迭代速度较快，垂直行业中部分信息化设备已无法适应数字化转型需要，5G 网络建设势必将对现有资产产生替代效应，从而形成沉没成本。然而，企业从短期收益的角度，继续使用以太网、现场总线、Wi-Fi 等存在技术局限的通信设备，将影响 5G 网络在垂直行业中的投资部署。在产业生态方面，企业在获得规模报酬的同时，供应链关系和生态合作伙伴逐步确定，已经对这种合作模式产生路径依赖，5G 新生态培育面临既得利益等惯性约束。

在 5G 技术和产业逐渐成熟的过程中，多方竞合博弈，合作模式和产业生态仍在探索中。电信运营商积极迎接 5G 带来的 B 端市场机遇，却面临设备制造商、互联网企业、解决方案提供商、行业应用企业等多方竞合博弈，产业格局和生态体系存在诸多不确定性。为了获取产业主导权，各方的角色定位仍在探索，呈现错综复杂的交织状态。如行业平台种类繁多，各类平台彼此之间相互独立，每家企业的应用都需要重复开发平台，费用不菲。5G 行业应用尚未形成成熟的端到端解决方案，包括网络、安全、模组/终端、平台、软硬件等一系列内容，需要打通信息技术（Information Technology, IT）、通信技术（Communication Technology, CT）、运营技术（Operational Technology, OT）3 个领域，加强各方供需对接，推动 5G 技术向产业进行成果转化，建立深度融合的产业生态。

3.2　5GtoB 规模化发展路径及未来形态

3.2.1　规模化发展基础

4G 时代，我国商用较第一批国家晚 3～4 年，产业相对成熟，消费应用有先例可循，跨越了探索阶段，直接步入规模化商用。5G 不同于 4G，5G 主要是面向行业场景的技术，70%～80%将应用在车联网、工业互联网领域。我国是全球首批 5G 商用的国家之一，技术、产业、应用迈入"无人区"，特别是面向工业乃至实体经济的融合应用，没有先例可参考、没有经验可借鉴、没有路径可依照，需要把握 5G 新特点，遵循网络建设、移动通信技术和标准演进、市场发展的规律，逐步实现 5G 应用规模化发展。

1. 5G 基础设施建设超前于应用发展是必然规律

从以往通信网络和应用的关系来看，公共基础设施建设适度超前是普遍特点。5G 作为新型基础设施是应用创新的基础和载体，优质的网络是应用创新的关键。纵观 3G/4G 每一代移动通信技术商用初期，各方都有对"杀手级"应用存在猜测甚至质疑。移动通信应用的创新需要一定的网络和市场基础，网络覆盖和用户渗透一般需要 2～3 年甚至更长时间的积累和发展，才能够形成一定规模的市场空间（如 3G 时代的微博、4G 时代的短视频等"杀手级"应用大都出现在网络商用后的 2～3 年），吸引更多的创新资源如资本、人才、研发等。因此必须遵循"宁可路等车，不能让车等路"的适度超前原则，5G 行业应用在 5G 技术产业和网络建设不断成熟的前提下才能加快创新发展。

2．5G 国际标准是分不同版本梯次导入的

高速率、低时延、大连接是 5G 最突出的特征。国际电信联盟定义了 5G 三大类应用场景，一是 eMBB，主要为移动互联网用户提供更加快捷极致的应用体验，支持超高清视频、VR、AR 等消费类应用，支持机器视觉检测、现场生产监控等大流量高速率行业应用。二是 URLLC，主要面向工业控制、远程医疗、自动驾驶等对时延和可靠性有极高要求的行业应用。三是 mMTC，主要面向智慧城市、平安城市、智能家居、环境监测等以传感和数据采集为主的应用。

以 4G 为例，2009 年发布的 LTE Rel-8 是 4G 标准的首个版本，基本确立了 4G 标准的主体框架和技术方案，之后 Rel-9、Rel-10 等版本是对其性能的优化和增强。2018 年 6 月，第三代合作伙伴计划（The 3rd Generation Partnership Project, 3GPP）发布了第一个 5G 标准 Rel-15，具备多方面基本功能，重点支持增强移动宽带业务。5G 标准在 Rel-15 的基础上不断升级。3GPP Rel-15 是 5G 的基础版本，构建了统一空中接口和灵活配置的网络架构，重点面向增强移动宽带场景，并支持部分低时延、

高可靠场景，是支撑 5G 应用的重要基础。同时，Rel-15 技术与产业在一定程度上满足了 5G 相当部分（一半以上）的业务要求，基本满足 toC 和大部分 toB 的应用场景。2020 年 7 月，Rel-16 标准发布，从"能用"到"好用"升级，重点支持超高可靠低时延通信，满足实现车联网、工业互联网等应用需求。3GPP Rel-16 标准是在 Rel-15 基础上，支持完整低时延、高可靠场景，进行 TSN 服务增强，实现了工业互联网等低时延、高可靠应用，并定义了高精度定位（米级）。Rel-17 标准重点实现海量机器类通信，支持中高速大连接，计划于 2022 年发布。经过三批导入形成 5G 全能力标准体系。

3. 标准是 5G 产业化的前提、产业化是 5G 融合应用的基础

每一个版本 5G 标准的产业化是分阶段的。目前 5G 产品主要基于 Rel-15 标准，可支持端到端 30ms 时延和 99.99%的可靠性。这些指标能够满足很多行业的数字化场景，但面向更低时延场景，如工厂生产线内网控制、机器人控制、运动控制等，目前的 5G 技术产品满足不了。Rel-16 可支持端到端 20ms 时延，为演进支持端到端 4ms 甚至 1ms 构建基础。业界专家认为：Rel-16 标准冻结到产业成熟需经 3 个阶段，最快 3 年多。第一阶段是产品开发。靠技术驱动，产品交付需要 1～1.5 年，Rel-16 技术新产品即将面市。第二阶段是产业孵化。以产业技术验证适配为主，需要与工业控制技术融合，满足个性要求，靠生态驱动，需要 1.5～2 年。第三阶段是规模扩张。产业障碍消除，成本降低，大批量应用，靠市场驱动，需要 1～2 年。一旦进入第三阶段，5G 行业应用有望迎来量变到质变的飞跃。Rel-17 也要经历这个过程。

总体看，5G 每一个版本标准的性能、功能是有边界的，这是一个渐进式迭代升级过程。标准的阶段性决定了产业化的阶段性，产业化的阶段性

决定了 5G 融合应用的阶段性，这是 5G 技术产业发展的新特征。

4．5G 后续标准版本的功能选择、发展节奏等主要取决于市场

根据以往移动通信的经验，后续标准版本将根据市场需求选择部分功能实现产业化，是技术与市场互动的结果。从发展节奏看，目前 3GPP 在 1.5 年或 2 年发布一个版本，5G 网络设备和终端芯片大多在版本冻结后 1 年或 1.5 年会实现商用，Rel-15 之后产品设计的内容会根据市场与客户需求，选择 Rel-16、Rel-17 的相关功能，不一定严格遵循标准发布的时序。因此，在标准中有"大版本"和"小版本"的说法，可以认为 5G 标准中 Rel-15 是个大版本（基础型），Rel-16、Rel-17 是小版本（增量型），预计 Rel-18 是作为开启 5.5G 的大版本。

5．5G 行业应用发展需与各行业数字化转型进程相适应

现阶段，我国 5G 行业应用主要分布于数字化水平相对较高的第三产业（服务业为主）和第二产业。从麦肯锡 MGI 行业数字化指数来看，第三产业（如媒体、娱乐休闲、公共事业、医疗保健等）数字化水平领先，第二产业（即高端制造、油气、冶矿等）数字化水平紧随其后，第一产业数字化水平正在追赶。结合 2021 年"绽放杯"5G 应用征集大赛的项目各行业分布情况，我们发现 2021 年第三产业（如媒体、医疗、公共事业等）相关行业项目约占 42%；2021 年第二产业（如高端制造、冶矿等）相关行业项目约 30%。由于第三产业大多数行业和第二产业的重点行业数字化基础较好，5G 应用与行业业务的融合发展走在前列，较其他行业广泛。与 2020 年"绽放杯"各行业项目进行对比，其中 2020 年第三产业相关行业项目约占 54%，同比有所下降；2020 年第二产业相关行业项目约占 28%，同比有所上升。可以看出，随着行业数字化水平的提高，5G 应用正逐步深入其他行业。

3.2.2 规模化发展路径及关键要素

3.2.2.1 行业应用发展规律

从第 3.2.1 节可以看出，5G 应用的发展不能一蹴而就，需遵循技术、标准、产业渐次导入的客观规律，持续渐进发展。5G 技术标准不是一次性成熟商用，而是分不同版本导入不断迭代的，每一版本 5G 标准的功能、性能是有边界的，标准决定了 5G 应用发展具有阶段性。综合考虑 5G 及各类新技术自身发展周期、各行业的数字化发展水平，以及 5G 在各行业应用转化的发展阶段，我们根据目前发展较快的领先行业 5G 应用进展情况，如第三产业中医疗健康、文体娱乐、城市管理、教育、交通、应急安防等，和第二产业中钢铁、工业制造、冶金采矿、交通运输等行业，将 5G 行业应用发展大致划分为 4 个阶段：预热阶段、起步阶段、成长阶段和规模发展阶段，5G 应用发展阶段分析如图 3-1 所示。

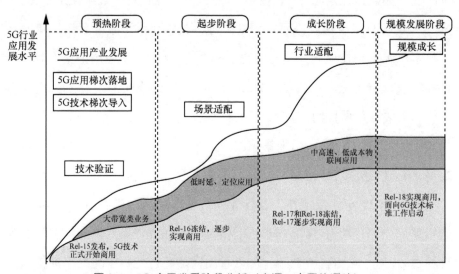

图 3-1　5G 应用发展阶段分析（来源：中国信通院）

第一阶段是预热阶段。5G 标准发布并完成 5G 研发，行业开展需求分析和场景技术研讨。这一阶段的关键是尽快完成 5G 自身技术标准的商业化，5G 产业与行业开展初步合作，为后续奠定基础。以 Rel-15 标准为例，5G 产业靠技术驱动与行业开展初步合作，对 Rel-15 技术产品进行研发。

第二阶段是起步阶段。行业龙头开始与 5G 产业深度合作，共同探索 5G 应用场景和产品需求，进行大范围场景适配，开始小规模试点。5G 融合应用产业链雏形出现，产业链上下游开始初步合作。这一阶段的关键是通过政府牵引和建立产业合作平台（如大赛、联盟、跨行业协会组织等），推动各行业通过小规模试点开始尝试利用 5G 在各领域开展应用场景试错，寻找真实的行业需求，消除需求的不确定性。

第三阶段是成长阶段。5G 行业应用的解决方案和产品不断与各行业进行磨合，进一步优化，开始小批量上市。5G 产品与解决方案在行业中进行充分适配，满足个性要求，应用商业模式逐步清晰，实现小规模部署。这一阶段的关键是从政府层面推动和加速跨行业的深度合作，消除行业壁垒，基于具有行业影响力的典型应用样板，开始在各行业内宣传推广。

第四阶段是规模发展阶段。5G 与各行业融合障碍消除，成本降低，关键产品及成熟解决方案大批量应用，应用范围从龙头企业进入中小企业，对重点行业的赋能作用凸显。重点行业积极主动应用 5G 技术，应用成本大幅下降，关键产品及成熟解决方案在龙头企事业单位实现规模复制，5G 在领先行业成为数字化转型的关键能力，对各行业的赋能作用和效益价值日趋明显。这一阶段的关键是充分发挥市场作用，结合各行业及企业的数字化水平，打造可复制、低成本的产品和解决方案，并实现快速、高质量交付，加速 5G 行业应用的普及速度和范围。

3.2.2.2　现阶段行业应用所处阶段及关键要素分析

整体来看，虽然我国 5G 应用实践的广度、深度和技术创新性不断增加，但由于应用标准、商业模式和产业生态等方面不够成熟，现阶段仍以头部企业试点示范为主，尚未实现全行业规模化应用。目前我国发展迅速的先导行业已步入成长阶段，有潜力、待培育的行业仍处于起步阶段。那么，哪些行业是先导行业？哪些又属于有潜力、待挖掘的行业呢？这就需要结合行业数字化进程、5G 技术向产业转化程度、5G 与行业融合生态等进行评估。

在医疗健康领域，医疗卫生服务体系的数字化是 5G 应用的基础。目前我国三甲医院基本实现了医院信息系统全覆盖，二级及以下医院覆盖率为 80%，医疗信息化建设将全面完成。目前在医疗领域开展的 5G 应用主要实现了不同医疗信息系统间的互联互通，如 5G 远程会诊、5G 远程超声波检查及 5G 应急救治等应用。未来随着 5G 应用不断深入医疗业务核心环节，5G 将助力医院提升智能化水平，充分发挥医疗大数据价值，如 5G+AI 实时辅助诊断、5G 远程手术等，进一步加速医疗数字化进程，但 5G 应用的深度主要取决于医疗行业自身的数字化转型进程，突破"互联网+医疗"的模式变革、院间及设备的数据标准化等问题。

在媒体领域，媒体行业的内容信息化、传播渠道网络化是实现 5G 应用的基础。目前媒体行业开始积极拥抱 5G，由于媒体行业的数字化水平较高，内容及网络均已实现数字化，因此目前使用 5G 主要是为了取代有线或卫星等方式，打通内容传输的"最后一公里"问题，如 5G 背包、5G

转播车等，在重大活动、体育赛事、文化娱乐等方面降低媒体行业的成本。未来要实现 5G 全面渗透媒体行业制、采、编、播各环节，需要多种技术的协同融合发展。快速实现信息的"全时"分享，从内容生产、管理和发布环节的 IP 化和云化，需要云计算、人工智能等新技术的核心支撑，这些技术的在媒体行业的应用也处于初期阶段。而 5G+VR/AR、5G+4K/8K、5G+360°观影等应用的普及，更是需要超高清视频产业、VR/AR 产业的快速发展，加快制播设备、终端产品、显示面板等产业链整体换代，进而与 5G 技术融合，实现在媒体行业的 5G 应用繁荣创新。

在工业领域，5G 与工业数字化转型的整体关系是"数字化是基础、5G 是推动剂"。首先行业数字化是 5G 融合应用发展的基础，对于数字化基础较好第二产业，如高端制造、油气、基础产品制造、冶矿等行业，由于其设备数字化水平、企业信息化水平等都较高，具备 5G 融合改造的基础，所以 5G 融合应用渗透率较高。其次，5G 是行业数字化的推动剂，行业企业从 5G 应用上看到其对人力节省、生产效率和精益化管理水平提升等方面的效果，反向会驱动其加快数字化改造。对于工业 2.0 的企业，受限于数字化水平低，只能开展外围辅助类 5G 应用，如质检环节的 5G+机器视觉、物流环节的 5G+AGV 等。对于工业 3.0 及以上的企业，全面实现企业设备、平台、生产要素的全连接和智能化生产运营成为 5G 应用的重点，5G 将渗透到核心环节，如生产加工环节的 5G+远程控制、运营管理环节的 5G+预测性维护等。工业企业的融合业务遵循从外围到核心、由点到面，实现从外围业务、单点核心业务到全面核心业务。5G 作为支撑工业网络化和智能化的关键技术，虽然与工业现有基础设施融合过程耗时较长，但 5G 融合应用能充分体现数字化转型效果，加快工业智能化的可见性、透明性、预测能力、自适应性等能力实现，推动企业完成智能化升级。

影响 5GtoB 规模化发展有很多关键要素，可以分为需求侧、供给侧和发展环境 3 个方面，如图 3-2 所示。从需求侧来看，行业自身数字化水平、对新技术的接受度、5G 应用场景需求清晰程度、应用成效可见度以及核心企业的活跃度，都是影响规模化发展的关键要素。从供给侧看，影响规模化发展的关键要素有 5G 技术相对优势、5G 产业支撑水平、行业应用成本匹配程度。同时，5G 行业应用商业模式的清晰度、5G 行业应用支持政策环境、行业应用的推广扩散渠道以及融合应用的标准化属于发展环境范畴，也是影响 5G 应用规模化发展的关键要素。

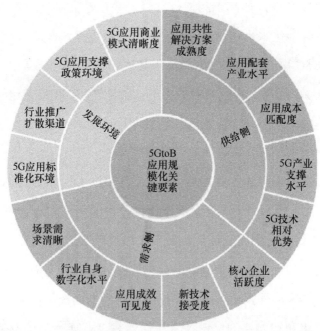

图 3-2　5GtoB 应用规模化发展关键要素（来源：中国信通院）

通过对制造业、医疗、能源、文旅等重点领域进行供给侧、需求侧和发展环境关键要素分析，得出重点领域应用规模化发展调色板，色块颜色越深代表具备该关键要素程度越高，如图 3-3 所示。

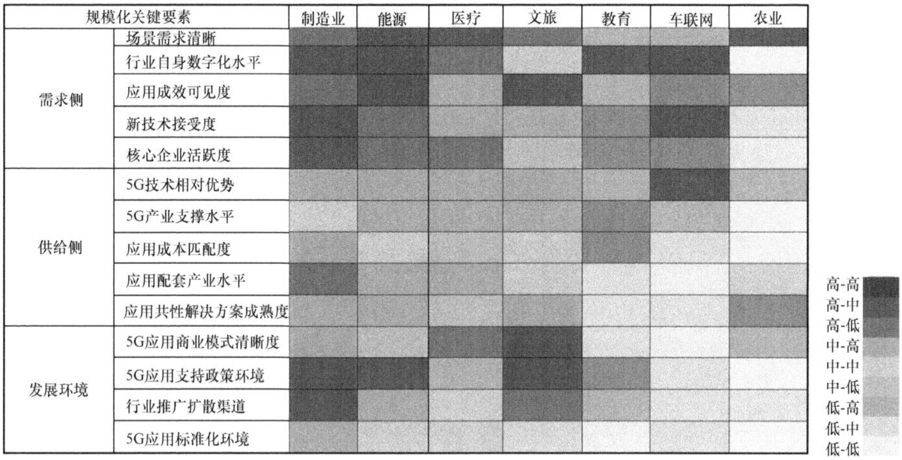

规模化关键要素		制造业	能源	医疗	文旅	教育	车联网	农业
需求侧	场景需求清晰							
	行业自身数字化水平							
	应用成效可见度							
	新技术接受度							
	核心企业活跃度							
供给侧	5G技术相对优势							
	5G产业支撑水平							
	应用成本匹配度							
	应用配套产业水平							
	应用共性解决方案成熟度							
发展环境	5G应用商业模式清晰度							
	5G应用支持政策环境							
	行业推广扩散渠道							
	5G应用标准化环境							

图例：高-高、高-中、高-低、中-高、中-中、中-低、低-高、低-中、低-低

图 3-3　重点领域应用规模化发展调色板（来源：中国信通院）

综合考虑在供给侧、需求侧和发展环境 3 个方面行业内 5G 应用的色调，得出工业制造、电力、医疗等行业内 5G 发展领先，属于先导行业；文旅、属于潜力行业；教育、农业属于待培育行业。由于交通行业涉及较宽，车联网集中应用于港口等相对封闭区域，属于潜力行业。

同时，考虑到各行业数字化水平和 5G 应用的水平，结合现阶段 5G 应用整体发展情况，根据对重点行业的分析，绘制出重点行业 5G 应用发展四象限图，如图 3-4 所示。将各行业划分为 4 类：先导行业、潜力行业、待挖掘行业和待培育行业。先导行业 5G 驱动数字化转型的程度较高，行业业务对 5G 的需求已经相对明确，行业数字化转型取得一定成效，5G 应用场景在向其他领域规模复制推广，引领其他行业发展。潜力行业的数字化水平较低，但行业企业有意愿支付 5G 应用产生的成本，行业融合应用发展有潜力。

待挖掘行业的数字化水平相对较高，有一定数字化基础，但行业对 5G 的需求不明确，需要深入挖掘，有一定改造难度。待培育行业的数字化水平较低，且行业内对 5G 需求尚不清晰。

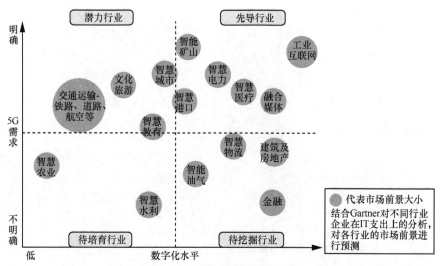

图 3-4 重点行业 5G 应用发展四象限图（来源：中国信通院）

对照 5G 应用整体发展规律，目前我国发展迅速的先导行业，如工业制造、电力、医疗等行业已步入成长阶段，5G 应用产品和解决方案不断与各行业进行适配磨合和商业探索。文旅、交通等有潜力的行业的发展紧随其后，正在探寻行业用户需求，明确应用场景，开发产品并形成解决方案，进行场景适配。当前，大部分行业处于起步阶段。待培育、待挖掘的行业，如教育、农业、水利等行业，正在积极进行技术验证，逐步向起步阶段发展。5G 行业应用规模化发展重点行业所处阶段如图 3-5 所示。因此 5G 与行业的融合是一个渐进的过程，需要遵循从试点示范到规模推广，再到大规模应用的规律，其中必然经历各种坎坷，业界需要充分认识 5G 应用发展的复杂性和艰巨性。

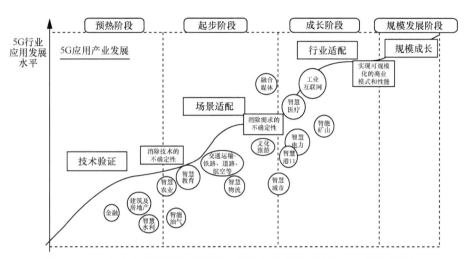

图 3-5　5G 行业应用规模化发展重点行业所处阶段（来源：中国信通院）

3.2.3　5GtoB 未来形态

5G 集成了信息通信领域最先进的技术，又是推动信息通信向前迈进的强大动力。第四届"绽放杯"大赛参赛项目关键技术分析如图 3-6 所示，定位、大数据、边缘计算、云计算、虚拟专网（网络切片）、人工智能技术的使用率均超过 40%。相比前三届大赛，定位、虚拟专网（网络切片）、上行增强、5G LAN 等技术在 5G 项目中的应用显著增加，关键技术能力继续创新提升，5G 解决方案日趋完整，支撑 5G 与更多行业领域融合发展。5G 与人工智能、物联网、大数据、云计算、高清视频等技术及产业的结合，将促进如自动驾驶、智能机器人、VR/AR 等产品突破，加快智能工厂、智慧城市、智能交通、智慧医疗等应用场景创新。但目前这些技术和产业本身也尚未完全成熟，在各行业的应用发展大多处于起步阶段，如人工智能在各行业领域的应用正在不断发展和演进，VR/AR、高清视频等产业及相关应用也刚刚起步。

	2018 年 （使用率/排名）	2019 年 （使用率/排名）	2020 年 （使用率/排名）	2021 年 （使用率/排名）
定位	NA	NA	NA	58%/1↑
大数据	18%/3	44%/2↑	52%/2=	52%/2=
边缘计算	20%/1	38%/4↓	43%/3↑	52%/2↑
云计算	20%/1	38%/3↓	40%/4↓	51%/4=
虚拟专网（网络切片）	NA	NA	19%/5↑	47%/5=
人工智能	13%/4	55%/1↑	55%/1=	46%/6↓
上行增强	NA	NA	NA	38%/7
5G LAN	NA	NA	NA	12%/8

图 3-6　第四届"绽放杯"大赛参赛项目关键技术分析（来源：中国信通院）

因此，5G 与其他新一代信息技术相互促进，构成行业应用未来发展形态。以 5G 为代表的联接技术协同云、智能和计算等，对行业应用发展具有强大的放大、叠加、倍增作用，创造更为丰富多彩的应用和服务。随着 5G 及各类新一代信息技术的不断成熟和深度融合，需要各相关技术和产业之间形成协同发展态势，即 5G+*X*toB 未来形态，进而形成系统性创新，共同使能千行百业数字化转型。

以 5G 为代表的"联接"成为了未来赋能行业转型升级不可或缺的关键因素之一，其核心目标是迈向智能联接，提供泛在千兆、确定性体验和超自动化。以云、计算/存储、智能等新一代信息技术为代表的"*X*"，云和计算/存储将成为数字世界的底座，提供强大的算力支撑；AI 将为企业赋予真正的智能，让 AI 算法、模型与智能化需求相融合，成为驱动企业迈向智能化的新引擎，帮助企业实现降本、提质、增效的目标；联接和计算通过智能发生协同和关联，智能联接向计算输送数据，计算给智能联接提供算力支撑。作为新一代信息技术载体，5G 与云、智能、大数据等关键技术协同，为行业应用提供了联接保障，将加快实现人与人的连接到物与物、人与物的连接，推动信息通信技术加速从消费领域向生产领域、虚拟经济向实体经济延伸，开启万物互联新局面，打造数字经济新动能。

3.2.4 实现 5GtoB 规模化的意义与价值

"行百里者半九十"，现在 5G 才是真正到了关键时点。5G 并不仅仅是通信技术，而是新型数字经济基础设施之首，承载起各行各业的数字化转型，带动数字经济的腾飞。根据中国信通院预测，到 2025 年，5G 将带动 1.2 万亿元左右的网络建设投资，拉动 8 万亿元相关信息消费，直接带动经济增长增加值 2.93 亿元。

5G 行业应用具有倍增效应，发展潜力巨大。5GtoB 规模化在推动数字产业化发展的同时，也将有力地提升我国产业数字化水平。数字产业化是信息的生产与使用，涉及信息技术的创新、信息产品和信息服务的生产与供给，对应信息产业部门，以及信息技术服务等新模式。5G 行业应用对行业赋能赋智，重塑产业发展模式并创造新价值。随着 5G 标准演进和产业化发展，5G 展现的技术外溢效应会远远超过前几代通信技术，将催生更多的应用场景和商业模式，通过全产业链、全价值链的资源连接，以数据流带动信息流，促进资金流、物资流、人才流、技术流等要素重组，驱动商业模式、组织形态变革，重塑产业发展模式，为数字产业化发展注入活力。产业数字化是传统产业部门对信息技术的应用，表现为传统产业通过应用数字技术所带来的产出增加、质量提高及效率提升，其新增产量是数字经济总量的重要组成部分。与前几代移动通信技术不同，5G 应用呈现"二八分布"，将主要应用在垂直行业。据测算，我国 5G 产业每投入 1 个单位将带动 6 个单位的经济产出，溢出效应显著，推动产业发展质量变革、效率变革、动力变革。面对各行各业千差万别的信息化需求，5G 既是移动通信行业的新蓝海，也是亟待探索的全新领域。推动 5G 行业应用规模化发展对各行各业均将产生深刻影响，最终构建数字经济新业态。

目前要实现如此宏伟目标，5G 行业应用发展的关键在于：创新、转型、生态。即以不断的技术创新持续进化，以积极的投入助推垂直行业进行数字化转型蜕变新生，以开放的生态构建加速融合。

第四章 5GtoB 规模化推广思路

自 2019 年 5G 正式商用以来，从现实情况来看，5GtoB 端行业网络的渗透速度及部署进度明显慢于 toC 端。数据显示，2016 年，工业以太网中的无线占比为 4%，到 2021 年，经过 5 年时间，整个工业领域无线网络的占比只提升了 3 个百分点。这主要是因为，5GtoB 端的客户是企业，与 toC 端个人客户的消费行为特征不同。在经济学理论中，企业是以盈利为目的的经济性组织，往往以"经济效益"为中心。这就导致网络基础设施重资产的建设改造速度比较慢，进而影响了整个 5G 应用推进的速度。然而，随着经济社会全面数字化转型时代到来，5GtoB 有望获得新突破，规模化发展进程必将加快。

4.1 5GtoB 规模化推广策略及方法

4.1.1 规模化推广策略

从总体思路上来讲，5GtoB 规模化推广要在投资约束与预期收益中寻找平衡，明确合适的 5GtoB 业务发展原则和策略，制定规模化推广路径和节奏。首先，面向 toB 需求侧，千行百业各有特色、诉求不一，不能"眉毛胡子一把抓"地同步推进，而是要综合考虑 5GtoB 规模化推广的关键因素，对行业进行筛选，有侧重、有先后地进行推广。其次，作为 toB 供给侧，信息通信行业的各方力量不能"单打独斗"，而是要加强 5G+XtoB 等技术的融合应用，加大"实+虚+软"各环节的生态合作，在开放中创造机遇，在合作中谋求发展，共同拓宽 5G+行业数字化升级服务新蓝海。

4.1.1.1 行业选择

现阶段，可以从 3 个维度对 5GtoB 行业进行筛选：一是能够满足行业的需求，解决行业的现实痛点；二是拥有非常广阔的未来市场空间；三是能够充分体现 5G 网络的能力。在解决行业现实痛点方面，机器视觉如果用在质检环节，可以使相关的质检准确率提升至 99%；远程控制应用可以使现场的作业人员减少 80%。在市场前景方面，现在机器视觉的整个市场规模达 65 亿元，AGV 的相关产业达到 61 亿元，产业前景非常广阔。另外，相关的机器视觉、远程控制场景也能够体现 5G 高带宽、低时延的特性。

4.1.1.2 推进节奏

在推动 5GtoB 规模化应用的实践过程中，需要按照"先易后难、先外后内"的原则分行业、分步骤、有节奏地推动。比如，第一批优先落地的应用场景，应当选择数字化水平较高、需求明显的行业客户，那些对原有系统改动比较小的应用会率先落地，因为用户本身具有很强的改造意愿去接受。第二批选择的是数字化水平比较高、变革需求待明确的行业客户，因为有一些应用场景是与原有的应用系统进行融合，涉及原有系统的改动，推动过程相对会慢一些，而且需要时间进行验证。最后一批选择的是数字化水平不高、边际需求比较低的行业客户，涉及与原有行业中多系统的融合，改造成本比较大。在 5G+XtoB 应用中，终端部署的规模是最大的，对于行业终端来说，最大的问题就是价格高，且缺乏行业特色。此外，从技术层面来看，行业终端在研发过程中需要兼备通用数据和行业特色属性，因此行业终端的种类多样，整个行业终端的市场化、差异化非常明显，最终造成整个行业终端的定制化程度非常高。

4.1.1.3　生态合作

伴随着新一轮的科技革命和产业革命，实体经济各个领域的数字化发展成为第四次工业革命的核心内容。当前 5G+XtoB 应用迎来了规模化发展的"关键期"，5G 应用持续健康发展离不开产业界各方的共同努力，要积极打造良好的生态合作氛围。一是要夯实应用发展基础。按照深度超前原则，紧贴不同的应用场景，扎实推进 5G 独立组网模式的网络建设，持续推进 5G 增强技术和标准的研发和产业化，加强关键系统的设备攻关，积极推进 5G 网络切片、边缘计算等关键技术部署，充分发挥 5G、新能力、新特性，加快弥补 5G 芯片、模组、终端等产业链短板，增强产业基础支持能力。二是深化融合应用创新。持续发挥 5G 万物互联的作用，达到融汇百业的效果。加强 5G 与垂直行业创新协同，联合开展 5G 应用探索，共建 5G 健康发展的良好生态。培育 5G+智慧电力、5G+工业互联网、5G+车联网、5G+智慧农业等新模式、新业态，推进新型信息消费的升级。面向智慧交易、智慧医疗、智慧文旅、智慧城市等民生领域，开展试点示范工作，推进 5G 应用的落地，带动形成可规模复制的模式。三是维护合作环境的公平开放。坚持技术为本、友好协商、互利共赢的原则，在国际标准、技术研发、网络建设、应用发展等方面进一步深化政府产业组织和企业等多层次的交流合作，营造开放公平透明的市场环境。以工业互联网为例，作为新一代信息技术与工业系统全方位深度融合所形成的产业和应用生态，在推动各实体产业融合升级的同时，已成为国民经济增长的新动能。在工业互联网飞速发展的带动下，中国工业制造也将迎来新一代数字基础设施的建设期，这一过程会伴随着 5G、IoT、区块链等创新技术的叠加以及与 OT（运营技术）深度融合。工业制造产业作为 5G 发展新高地，是充分释放数字经济发展新优势的核心领域。

4.1.2　规模化推广方法

5G 是全面构筑经济社会数字化转型的关键基础设施，推动我国数字经济发展转型升级的核心动能。在行业内时间方面，基于 5G 与大数据、人工智能、物联网、云计算、边缘计算等技术融合发展，将形成 5G+XtoB 放大、叠加和倍增作用，带来技术的"核聚变反应"和能力激增，从而充分释放数字化应用对产业发展的促进效能。但是以 5G 为核心的能力体系在产业领域落地的过程中面临着产品标准化程度低、落地经验少、核心领域深度应用不足、跨领域技术融合性弱、产品与生态不完善等一系列问题。因此需要一套相对标准、科学的 5GtoB 业务拓展方法，以促进产业各方形成合力，发挥 5G 在产业中的加持作用。

基于 5G 技术体系特性、商业化特征及产业落地中存在的实际问题，结合在过往 5GtoB 业务中经验总结提出"3+5+5"5GtoB 业务推广方法，如图 4-1 所示。其中"3"是 5GtoB 业务发展的三大核心要素，即孵化高品质"样板房"、加速 5G+能力产品化、拓展行业规模。第一个"5"是"五上"，指上接 5G 技术体系与产业实际业务需求，构建成熟的 5G 产品的 5 个关键环节，具体表现为明确目标领域、孵化"样板房"、闭环优化、开发产品化"商品房"、"商品房"规模化复制。第二个"5"是"五下"，指下达业务拓展交付的 5 个关键步骤，是成熟产品的经营过程，包括商机挖掘、5G 产品体系组建、方案交付、运营计费与运维支撑。

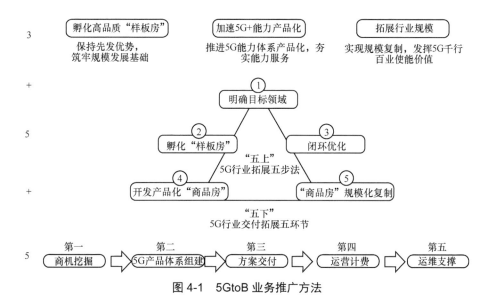

图 4-1　5GtoB 业务推广方法

4.1.2.1　三大核心要素

1. 孵化高品质"样板房"

"样板房"是 5G 业务产品的开发设计过程，是服务商理解产业与行业业务需求，融合 5G 技术与能力，构建解决方案的关键，业务需求理解与转化、5G 技术能力加持、解决方案设计是孵化高质量"样板房"的 3 个重点。其中，对业务需求的理解是解决方案能否实现落地价值的关键，而需求的转化是业务分析结构化与系统化的过程，只有实现对业务的清晰洞察才能实现技术能力的映射；5G 技术能力加持是业务与技术的完美结合，是基于 5G 能力禀赋满足业务需求的推演过程，技术能力的加持效果取决于对业务需求的解构以及能力的最优匹配；解决方案设计则是 5G "样板房"的搭建。通过打造高质量"样板房"，并基于多个龙头示范项目的反复锤炼，以加强有深度的行业理解、沉淀有品质的产品能力、创新有价值的商业模式、理顺有效率的内部流程，为"样板房"的商品化蓄力。在管理体系方面，通过细化、量化形成高质量样板房的统一标准。

2. 加速 5G+能力产品化

定制项目产品化是发挥强大的 5G+能力体系核心优势的关键，在 5G"样板房"打造取得成效的基础上，推进"专网+平台+应用+终端"5G 能力体系产品化，为产业规模拓展夯实基础。产品化过程首先要实现"样板房"向"商品房"的孵化，这个过程不但要完成解决方案的产品升级还要进一步明确其商务相关策略，如产品体系、定价体系、营销体系、渠道体系、竞争策略、销售及服务体系等，形成成熟的市场化产品。其次，市场化产品是服务商体系化协作的过程，需要前、中、后端构建清晰的协作体系，保障产品生产、供给、服务权责明确，形成基于强劲竞争力的明星产品。

3. 拓展行业规模

5G+能力产品化实现的是"0 到 1"的突破，而行业的规模拓展是"1 到 N"规模复制，其核心是构建标准化的运营体系，通过方案标准化、流程标准化、团队标准化，形成良性业务拓展生态，降低服务商一线业务拓展门槛与成本，提升业务拓展效率与服务质量。通过持续深耕目标细分行业，争取具有影响力的项目、签约有影响力的客户、办好有影响力的活动、携手有影响力的伙伴，实现重点领域 5G 应用深度和广度双突破，全面推进 5G 从"盆景"到"风景"到"钱景"转变。

4.1.2.2 "五上"：5G 行业拓展五步法

1. 明确目标领域

联合生态合作伙伴，按照自身能力储备以及对不同行业的理解，选择最优目标领域。明确目标领域本质上是对目标市场以及目标细分市场的分析与选择，产品能力的建设很难全盘通吃，锚定几个目标领域集中力量重点突破才是取胜之道。目标市场的选择要结合行业市场价值空间、行业市场竞争程度、行业业务需求的复杂度等外部因素，也要考虑自身能力储备、生态储备、产品成熟等内部因素。普遍公认优质市场具有价值空间大，市场竞争环境宽松等特征。

2. 孵化"样板房"

明确 5G 行业应用示范项目"样板房"的标准，建立与客户良好的伙伴关系，深入业务一线实现定制化产品开发。"样板房"的孵化是资源集中投入的过程，以龙头项目为抓手，集中优质产品开发资源与力量，以 3 个标准化为原则构建适合推广复制的样板房工程。产品孵化的核心是业务需求的解构与能力的最优匹配，业务需求的解构需要产业专家深入一线实践调研，形成最佳业务方案，同时配合技术专家完成解决方案的设计，以保障"样板房"的实际品质。

3. 闭环优化

反复验证场景方案，实现产品闭环优化，同时建立生态伙伴合作关系，为"样转商"规模复制创造条件。具有竞争力的产品需要经过反复的验证、实践与优化过程，产品闭环优化即以孵化的基线产品为蓝本，寻找一家或多家需求单位进行深度合作，实现基线产品的系统化部署运营，同时收集运营反馈，包括故障提示与需求迭代，同时及时完成产品优化与迭代。产品闭环优化是上述过程的多轮执行，直至产品能力达到商用级别。

4. 开发产品化"样板房"

以实现规模复制为目标，形成方案标准化、流程标准化、团队标准化 3 个标准化，为规模复制工作打好基础。第一个标准化解决方案标准化，推进细分行业应用场景标准化，制定技术需求、服务需求、业务需求标准；第二个标准化是建设流程标准化，明确售前/售中/售后全流程建设、交付标准，规范"样转商"规模流程；第三个标准化是运营团队标准化，基于前端、中端、后端服务团队的一致化协同，高效保障产品建设。

5. "商品房"规模化复制

以成熟产品为基础，基于对垂直行业深耕，实现产品的规模复制与推广，重点关注商业模式、推广方式等因素。行业服务产品商业模式与个人市场不同，往往包含着复杂的服务要素，在大多数行业场景中，客户需要的是"咨询+方案+实施+运营+服务"的融合解决方案，对服务商的综合能力提出更高的要求。推广方式上，通过举办行业论坛、发布行业产品白皮书等公开活动对产品信息进行宣传，树立产品形象，促进其快速进入市场。

4.1.2.3 "五下"5G 行业交付拓展五环节

1. 商机挖掘

深入理解 5GtoB 产品化解决方案，与实际业务需求结合，主动挖掘、跟踪、拓展垂直行业商业机会。商机挖掘是一系列系统性的市场经营活动，包含商机洞察、商机运营、商机追踪、反馈机制 4 个环节。商机洞察指一线市场人员在深入理解产品能力的背景下通过各种方式获得商机；商机运营是商机筛选、分配的环节，参照融合评估维度筛选优质商机条目，并分配给相应的前端运营团队；商机追踪则是前端运营团队对商机的跟踪运营及持续营销的过程；反馈机制是对商机营销效果的追评与优化机制，以提升拓客效率。

2. 5G 产品体系组建

将商业机会转换成项目机会，基于标准化产品体系形成解决方案组合。这一阶段是基于客户实际需求场景对既有标准化解决方案的优化与再造过程，客户的需求往往具有融合属性，是在多个标准化产品与解决方案灵活组合的基础进行轻量化定制改造形成的"云+网+平台+应用+终端"体系化产品与服务。产品体系的构建也需要明确商务方案级运营服务方案。

3. 方案交付

与客户对接，实现解决方案交付，包括项目计划与项目实施两个过程。首先启动项目计划，完成方案需求和项目策划定位，开展原型规划、需求功能说明，技术选型说明等。项目实施阶段需要跟进项目开发，及时沟通项目，确保开发对项目正确理解，并保证项目进度有序执行，同时完成项目操作稳定的开发。

4. 运维支撑

运维支撑包含部署验收上线，配置运维保障服务，包括人员、产品、方案、标准等，还包括最后的版本迭代和维护。进入运维阶段后，最重要的是维持产品的稳定，要在产品出现紧急情况时提供应急响应，这关系到用户的存留情况。需要重点跟踪用户体验，尤其是不同的版本迭代时关注用户体验与功能迭代的相关性。

5. 运营计费

配置相应的运营及计费策略，由方案设计转向业务运营服务。运营计费是商业模式的根本演进，是驱动"草本业务"向"木本业务"转换的关键环节，在大多数行业场景中，服务商应以提供持续性服务为目标，而产品交付后的配套运营服务则是最佳切入，但需要同客户明确详细的运营服务条目，并制定相应的计费策略。

4.2 5GtoB 规模化标准能力构建

5GtoB 的规模复制，是整个产业面临的难题。5GtoB 的规模复制面临两大断点：场景化能力沉淀与生态构建。目前在各个行业的典型场景项目交付，是众多产业链不同角色提供的，方法不一、标准各异、造成重复劳动，最终交付上无法持续积累能力及商业闭环。以上各种能力的建设，如何更好克服断点，成为影响 5GtoB 规模复制的决定性因素。

解决这一问题，可以从 100 多年前发生在汽车行业的一场革命中获得启发。当时的汽车生产采用手工化、定制化制造，生产周期长，价格昂贵，只有少量人能买得起。1908 年，亨利·福特在汽车行业创造性地引入了标准化流水线，在短短 6 年时间内，汽车的生产周期缩短到原来的 1/8，售价减少到 1/10 以下。从那时开始，汽车作为第二次工业革命的典型代表，才真正走入了千家万户。福特的标准化生产线有 3 个典型特征，分别为标准的零件、流程及接口。

100 多年后，当人类又一次站在工业革命发展的关键时刻，面临如何推动 5GtoB 规模复制，把 5G 应用迅速带入千行百业的时候，业界同样应该对项目中孵化的各种能力进行沉淀及标准化，形成合适颗粒度大小的"标准化模块"，成为可复制、可流通的标准产/商品，从而大力促进规模复制。

当然，5G 在千行百业的应用面对的是极其复杂的生态系统，远远超过了当年福特的标准化生产线，但是标准的零件、流程及接口的标准化实质却是相同的，分为解决方案标准化、生态标准化、行业规范标准化 3 个类型。

4.2.1 解决方案标准化

5GtoB 涉及多个利益相关方，在面向不同行业时，合作关系、交易模式、商业模式等错综复杂，需要一个面向"销售、运营、服务"的一站式标准化解决方案，提升协同效率、创新效率和运营效率。解决方案标准化从颗粒度大小上来看，可以分为 4 个层次。第一层是原子能力（速率、时延、抖动、丢包率等）；第二层是将原子能力进行打包组合的通用方案（如差异化服务、服务质量（Quality of Service, QoS）保障等）；第三层是聚合生态的合作伙伴，形成标准的行业应用；第四层是千行百业的行业解决方案。

同时，5GtoB 引入了三大转变，即从公网到专网、从外网到内网、从办公网到生产网，这三大转变也对网络产生了新的需求。为满足这些需求，5GtoB 需要面向 SLA 的全场景解决方案，包含网络规划、交付和运维服务等。要实现 5GtoB 的规模复制，需要建立一套面向 SLA 的全生命周期标准化作业工具。

4.2.2 生态标准化

生态标准化分为行业终端及行业应用两个不同的维度。按照不同的使用场景，行业终端可以分为基础连接终端、通用终端及行业专用终端。

目前 5G 终端种类不足、性能参差不齐，终端/模组的价格仍处于高位。要解决这些问题，就需要发动整个产业链共同参与，推进芯、模、端的分级分类，推进终端标准化工作，如搭建终端生态合作平台，共享软硬件资源，进行终端的联合设计、开发及迭代验证等。

5G 走向千行百业，繁荣的行业应用是 5GtoB 规模复制成功的必要条件。行业应用的标准化工作，往往涉及从复杂业务场景的建模推导出网络 SLA 需求。随后，针对相关的行业应用进行 5G 网络的互联互通测试及与网络运营使能平台、云 IaaS/PaaS 平台的适配验证等。

生态标准化的另一个关键步骤是经过验证的行业终端及行业应用，需要从场景是否可复制、是否是最佳实践等角度进行筛选，对于合格的生态伙伴在云端上架，支持一站式订购，加速生态商业价值变现，实现生态的快速推广应用。

4.2.3　行业规范标准化

行业规范标准化是 5GtoB 规模发展的重要基础。行业规范标准从规范的范围层次上，分为企业规范、团体规范、国家规范及国际规范。从功能业务的角度，则分为设备规范、网络规范、数据规范及安全规范。我国发改委等四部门联合发布了《能源领域 5G 应用实施方案》，势必加快 5GtoB 在能源行业的发展。产业链伙伴也正在一起推动钢铁、港口以及医疗行业的规范制定，已经完成 5G 港机远控、5G 无人驾驶集卡标准编制等，并发布了基于 5G 技术的医院网络建设标准、医疗装备通信规范等。

第五章　5G+智能制造

5.1　制造行业概况

随着历次工业革命与科技变革的不断演进，全球制造业先后完成了
4 次大规模迁移，形成了以西欧、东欧、北美、日本太平洋沿岸及亚洲东
部沿海为核心的世界五大工业区。当前，新一代信息技术加速创新、快
速迭代、群体突破，第四次工业革命席卷而来。为应对 5G、云计算、大
数据等新型技术对传统制造业的冲击，全球各主要经济体纷纷出台数字
化战略，期望利用数字化转型增强传统产业的核心竞争力。美国发布《关
键与新兴技术国家战略》，在通信及网络技术、数据科学、区块链、人机
交互等领域构建技术联盟，保持世界领导者地位；欧洲联盟委员会（简
称：欧盟委员会）提出了"2030 数字罗盘"计划，为未来十年欧洲成功
实现数字化转型指明了方向；日本发布《第六期科学技术创新基本计划》，
适应新形势并推进数字化转型，构建富有韧性的经济结构，在世界范围
内率先实现超智能社会 5.0。

制造业是我国重要的支柱产业。根据《国民经济行业分类》，我国制

造业分为 31 个大类。我国政府高度重视数字经济与实体经济融合，产学研用基本形成数字化转型共识。近十年来，我国制造业持续快速发展，总体规模大幅提升，综合实力不断增强，不仅对国内经济和社会发展做出了重要贡献，而且成为支撑世界经济的重要力量。据工信部统计，自 2010 年以来，中国制造业增加值已连续 11 年位居世界第一。2012 年到 2021 年，中国工业增加值由 20.9 万亿元增长到 31.3 万亿元，占中国经济总量的 30.8%，其中制造业增加值由 16.98 万亿元增长到 26.6 万亿元，占全球比重由 22.5% 提高到近 30%。在双循环制度与供给侧改革的推动下，制造业将维持当下高速发展趋势，制造业对中国经济的重要性愈发突出，光伏、新能源汽车、家电、智能手机等重点产业跻身世界前列，通信设备、高铁等一批高端品牌走向全球。

5.1.1　智能制造成为制造业发展必由之路

中国工程院院长周济提出"智能制造——制造业数字化、网络化、智能化是新一轮工业革命的核心技术，应该作为制造业创新驱动，转型升级的制高点、突破口和主攻方向。"这是中国制造行业发展的必由之路和不二选择。智能制造的不断提升与突破，将为制造业发展构筑新的动力，带来四大效应。一是融合效应。智能制造既包含信息技术和制造技术的融合，又推动新兴产业与传统产业的融合。在当前服务业占比大幅提升的背景下，制造业与服务业的有机融合，能够有效促进整个经济结构的变迁和生产效率提升。二是先导效应。全球智能制造发展方兴未艾，我国如果在制造行业先行一步，在全球范围内率先大规模推进智能制造及其应用，突破关键技术壁垒，与我国已初具优势的互联网产业相结合，很有可能在制造业领域形成新的竞争优势，抢占未来竞争制高点。三是协同效应。随着智能制造在企业中的广泛应用，分工协作的模式将发生重大变革，移动互联网、大数据、云计算、物联网等新兴技术渗透到传统制造业的各个环节、各个领域，企业之间逐步形成一个智能化协同制造网络，将为制造业带来全产业链价值的提升。四是创新效应。智能制造带来企业生产制造技术的重大变革创新，彻底重构生产制造模式，促进产业的新旧交替，形成大量新的场景需求和投资机遇，推动整个制造业乃至经济的快速增长。

5.1.2　智能制造架构及特点

随着信息技术的高速发展，制造业智能化水平不断提升。根据工业和信息化部、财政部发布的《智能制造发展规划（2016—2020 年）》的定义，智能制造是基于新一代信息通信技术与先进制造技术深度融合，贯穿于设计、生产、管理、服务等制造活动的各个环节，具有自感知、自学习、自决策、自执行、自适应等功能的新型生产方式。智能制造可分为 5 层结构，层层传导。设备层执行生产任务并上传现场数据。产线层将现场数据进行预处理并向上层汇报。工厂层接收处理后向企业层反馈生产情况。企业层运用生产管理软件进行分析处理后向下层下发工作计划，再依次传导至设备层，对生产设备进行有效控制与检测。设备、控制、车间与企业层形成由点到线再到面的递进关系。协同层是单一企业与其所处的商业生态环境中其他参与者的实时互通，形成综合的数据平台，达到"万物互联"的状态，更利于全产业链优化发展，如图 5-1 所示。

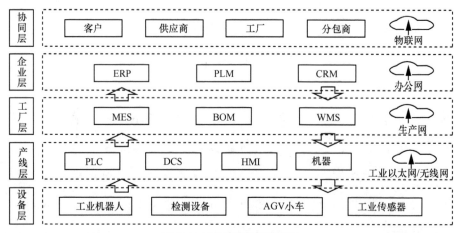

图 5-1　智能制造层级结构

　　智能制造重新定义制造业体系,赋予制造业体系多组织协同与高效率特性,帮助制造业重构商业生态模式。传统制造业体系为单一直线型,分析消费者需求,并针对痛点进行产品研发与生产制造,最后将产品投放至市场并进行营销活动,各环节互动有限,更多为单一传导模式,信息反馈速度较慢,导致传统制造业生产体系较为低效。智能化制造业体系产生较大改变,由直线流程式改为各环节互动的环式结构,向一体化的组织单位发生转变,信息实时反馈与工艺、研发之间呈双向往来关系,更利于生产研发部门根据消费者需求定义产品特性,实现"对症下药"。自动化采购可有效降低生产成本与生产周期,柔性化生产与营销活动实时互动可使生产有效响应市场环境变化,避免产能过低或过高对企业带来的负面影响。企业引入智能制造系统可有效提升工厂工作效率,帮助企业提升生产效率与能源利用率,同时带来运营成本、产品不良率与研制周期的降低,智能制造的应用将帮助中国制造业重塑竞争优势。对社会而言,智能制造的推广可带来相应的环保效应,能源利用率的下降及用水量的减少对促进可持续发展具有重要意义。

5.1.3 制造行业产业链梳理

制造行业产业链主要分为三大板块，上游为核心零部件供应商，可细分为硬件层与软件层，中游为智能制造企业，企业可通过供应智能制造装备或提供解决方案参与中游市场，下游为汽车、3C 电子、重工业等对自动化生产设备需求量较高的细分领域，如图 5-2 所示。

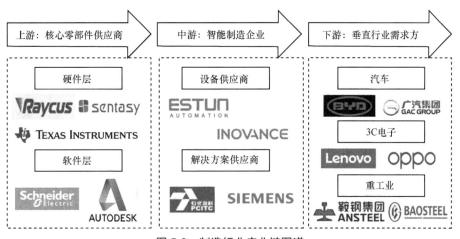

图 5-2 制造行业产业链图谱

制造行业上游的硬件层囊括传统硬件与新兴硬件两部分，以镜头模组为代表的传统硬件国产化率较高，且供应充足。而智能传感器、高功率激光器等新兴硬件国产化率有待提升。传感器是智能制造设备需求较为广泛的核心零部件，在传统传感器制造行业，我国市场处于供需平衡状态，在智能传感器领域，部分核心技术与其他国家技术仍存在差异，整体仍处于快速迭代创新的阶段，但在智能传感器市场的占有率逐年上升，在自动驾驶等领域高景气度的带动下，我国涌现多个专业传感器初创企业，带动智能传感器技术升级创新，未来随着关键技术的研发突破，在智能传感器领域的市场份额将进一步提升。作为另一大制造行业的新兴硬件，我国激光器市场呈持续增长趋势，出货量逐年提升，低功率激光器国产化达到九成以上，但智能制造设备所需的高功率激光器国产化率仍不足四成，当前我国在高功率激光器领域的对外依存度较高。

制造行业上游的软件层以各种类型的工业软件为主，工业软件主要分为研发设计和生产管控两种类型。研发设计类工业软件是智能制造的核心，它操控产品全生命周期的数据，定义产品整个制造流程，从研发、管理、生产、产品等各个方面赋能。中国企业在研发设计类工业软件领域的竞争力仍较为薄弱，国内企业仅占设计类工业软件市场份额的两成左右。生产管控类工业软件的市场占比与研发设计类相似，以西门子、施耐德、通用电气为代表的老牌工业企业在技术与产业基础上具有较大优势，我国厂商近几年开始陆续崛起，国电南瑞、宝信软件、和利时等企业占据了一定的生产管控类工业软件市场份额，工业软件市场未来有望实现国产化。

制造行业中游的设备商受成本影响较大，解决方案定制化趋势明显。智能制造新兴设备中研发与硬件是主要成本支出，占比分别约为 50% 和 35%。不同行业对零件特性需求不同，零部件供应商需依据客户需求进行定制化生产，导致智能制造设备厂商在一定程度上受上游零部件供应商制约，难以产生规模效应以降低成本。同时，研发成本是智能制造设备供应商的重点支出，工业细分领域过多，且设备要求不尽相同，设备通用性低，需根据具体领域进行调整，智能制造研发人员学历门槛普遍偏高，导致企业研发投入较高。对于智能制造解决方案供应商而言，当前制造业企业进行智能化转型时，是选择自助购买相关智能制造装备，还是直接购买智能制造解决方案依托第三方进行厂房改造，两者区别不大。

且提供智能制造解决方案相比直接售卖制造设备并无利润优势，依据客户定制化需求，解决方案供应商的投入成本也随之上升。但随着智能制造不断深入制造业，覆盖面不断拓宽，智能制造企业经验得到积累，解决方案的利润有望得到提升，届时智能制造市场将以提供解决方案为主。

制造行业产业链在下游渗透率较高，整体呈现由下游逐渐向上游延伸的趋势。下游产业链中，以 3C 电子与汽车为代表的下游产业市场化程度更高，消费者信息反馈更加及时，下游企业更积极地分析消费者偏好与需求，从而对企业产品进行迭代升级，该领域对生产效率的要求更高，对效率的高要求推动制造技术进步，从而提升智能制造在其行业内的渗透率。汽车与 3C 电子对自动化生产设备的需求量较大，其中汽车制造所需设备数量与价格远高于 3C 电子产品，在智能制造下游应用中汽车类市场份额占比高于渗透率更高的 3C 电子。金属冶炼与材料制造等行业的上游工艺技术更新速度慢，渗透率不及汽车制造与 3C 电子，其用工需求较大，但工作环境较为恶劣，并存在较高的事故风险。而工业机器人工作环境要求低，可在相对恶劣的工作环境持续作业，引入工业机器人可有效降低工作过程中的事故率。随着智能制造技术提升，制造业设备成本下降，工业机器人将在重工业领域大范围推广，智能制造在重工业中的应用市场存在较大上升空间。

5.2　制造行业数字化转型趋势及问题

随着新一代信息技术的高速发展，数字化、网络化、智能化已经几

乎覆盖制造业、能源、医疗、交通等所有传统行业，并在各个行业逐渐
形成了自身的发展趋势。智能制造、无人驾驶、智慧能源等一系列新模
式新业态，正在赋能各行各业，成为发展的新潮流。在数字化时代，具
备冒险精神的技术型创新公司和数字巨头正不断改进它们的商业模式，
利用各种新型的数字技术优势，将数据视为差异化资源，突破传统工业
的物理型边界，成为传统制造业企业强大的竞争对手。对制造业行业来
说，传统制造企业加快数字化转型进程无疑是巩固自身优势，掌握发展
主动权的必经之路。

制造业数字化转型离不开政府的顶层引导。"十四五"规划中对产业
数字化做出了清晰的解释，提出要"深化研发设计、生产制造、经营管
理、市场服务等环节的数字化应用，培育发展个性定制、柔性制造等新
模式，加快产业园区数字化改造。"制造业数字化转型能够加速数据的自
主流动，实现制造业全要素、全产业链、全价值链的多角度连接。制造
企业的数字化转型目标是在不断变革和发展的内外部环境中，保持更强
健、更持续的生命力和竞争力。要实现在制造行业的不断发展，认清传
统制造业在数字化转型中存在痛点与断点是重中之重。

5.2.1 创新主体分散，无法形成合力

我国制造业技术进步当前仍主要依靠发达国家技术引进来实现。大
部分技术创新属于引进模仿再创新，这导致我国制造业技术创新能力整
体较低。从创新链看，我国创新活动长期以来主要围绕提高加工组装质
量和效率展开，尚处于全球创新链外围。我国制造企业"短平快"式技
术创新多，而原创性、颠覆性技术创新少。

究其原因，一是以出口为导向的传统代工发展模式使很多制造企业无

须投资于研发设计和品牌建设便能获取稳定的生产利润，导致企业在实践中积累的研发设计能力不足。二是过去制造业出台的创新政策，对企业消化吸收再创新的支持和引导不够，使企业设计与设备制造能力未能同步提高，致使我国制造业企业长期陷入"引进—落后—再引进—再落后"的恶性循环。三是对知识产权保护不够，导致"侵权易、维权难"，影响了企业创新的积极性。四是很多企业陷入创新主体分散以及联盟创新动力不足的困境，缺少共享资源成为其关键问题。

制造业的研发创新可以分为高端装备研发与低端装备创新两部分。随着外资高端制造企业的独资公司增多，我国制造业通过学习再创新模式受到影响。逆向研发模式制约了我国原创基础知识的积累，高端装备制造业的核心技术仍普遍落后于制造业强国。因为涉及高端装备的核心技术知识很难通过拆散后研究获得，且其高技术知识的集成复杂性也难以逆向获得，所以高端装备制造业很难通过引进消化吸收再创新这种逆向研发获得核心技术。在低端装备制造业领域，逆向研发和我国低成本劳动力的结合满足了我国消费品和低端工业品的需求以及国际市场的需求，但打破高端装备制造业的产业瓶颈需要对技术长期的正向研发和制造知识进行积累。

在技术创新中，积累技术研发数据非常重要，这些数据不仅是技术研发的经验积累，更是突破式创新的基础。研发人员可以借助高质量的数据库，很快做出新产品方案。在跨国企业中，研发人员近一半的工作时间用于建立研发数据库，而中国的制造业企业在研发方面大多不具备数据库支持。同时由于缺少信息开放与资源共享机制，我国制造业企业普遍欠缺研发积累和技术资源共享的经验，技术研发资源重复建设问题十分严重。

5.2.2 人口红利消失，成本上升

我国劳动力人口逐年减少，且随着高等教育普及率持续提升，新增劳动人口就业偏好发生转变，制造业面临用工荒与成本高问题。劳动力短缺在工作环境恶劣的重工业行业更为严重，传统制造业急需依托智能制造技术进行转型，缓解劳动力短缺带来的影响。我国制造业从业人员工资逐年增长，2021 年平均工资同比增长 6%，企业面临用工成本压力增加的困境，且我国制造业平均就业工资远高于越南、泰国、马来西亚等东南亚国家，人工成本优势减弱，为重塑竞争优势，制造业需从劳动密集型向技术密集型转变，以智能赋能制造成为行业发展的必由之路。同时，在新一代信息技术的不断发展下，新型的工业机器人成本回收期持续收缩，且工业机器人与制造业就业人员的平均工资差距逐渐缩小，工业机器人替代效应明显。对于金属冶炼、矿山开发等危险系数较高的行业，企业使用工业机器人可有效减少事故发生率，规避人工风险成本，随着工业机器人成本的持续下降，工业机器人在制造业领域的渗透率将大幅上升。

5.2.3 智能制造人才培养机制不健全

制造行业迈向中高端，人才是核心支撑。根据教育部、人力资源社会保障部和工信部联合发布的《制造业人才发展规划指南》，未来制造业十大重点领域将面临大量的人才缺口。到 2025 年，新一代信息技术产业领域和电力装备领域的人才缺口都将超过 900 万人；高档数控机床和机器人领域人才缺口将达 450 万人；新材料领域人才缺口将达 400 万人；节能与新能源汽车领域人才缺口将达 103 万人；航天航空装备、农机装备、生物医药及高性能医疗器械三大领域都面临 40 万人以上的人才缺口；

海洋工程装备及高技术船舶领域人才缺口将达 26.6 万人；先进轨道交通装备领域缺口将达 10.6 万人。

从企业实际发展的需求来看，近三成制造业企业认为，使用智能设备生产的最大难题是人才，担心现有的基础措施或人才无法配套、适应新的智能制造生产流程。因为企业不仅需用机器换掉简单工人，还需要技术工人，特别是能够独立操作各种智能机器人的工人和维修机器的高级技术人员。越来越多企业面临"设备易得、人才难求"的尴尬局面。

制造业发展与数字化转型需要的人才可以分为 4 类。第一类是具有全球视野和创新思维的企业家。第二类是具有科学、技术、工程和数学背景的科技人才，他们是产业技术创新的主体。第三类是掌握精密制造工艺技术的工匠人才。第四类是拥有多学科知识的复合型人才。目前，我国四类人才供给明显不足，对推动我国制造业迈向中高端形成了重大制约。此外，从历史的角度看，人才与科技基础、文化传统、工业及经济水平等基本因素密不可分。创新思路、批判思维和动手能力的训练不足或科学培养方法的缺乏，导致突破性的、原创性的人才匮乏。

同时，在制造业不断智能化的同时，智能制造变革了企业的专业岗位设置。制造业对应的专业人才培养处于缺失状态，一些传统岗位在生产中的作用将逐渐弱化，甚至消失，而数字化建模、精益专员、逆向造型、3D打印、精密测量与检验等新型岗位越来越重要。这些岗位目前在高校范围内并没有对应的专业，岗位员工主要由企业自行培养。目前的教育培训机制难以满足智能制造对复合型人才的巨大需求，智能制造所需的专业知识分散在不同的专业中，培养适应智能制造生产模式的复合型人才对高职教育提出了新的挑战。目前我国的教育与培训导向是专业化的，难以满足智能制造对专业性、通用性、融合性技能的复合型人才需求。

5.2.4　企业融资渠道不畅

智能制造的发展、企业的智能化升级都离不开资金的支持，目前仍存在政府引导性产业基金不健全、企业融资渠道不畅、新创企业所需的早期投资以及资源整合所需的并购资金均显不足等问题。

智能制造属于资金密集型行业。资金规模与实力是智能制造行业的重要壁垒之一。以智能制造装备为例，智能制造成套设备涵盖研发、设计、生产、安装、调试以及客户验收等多个阶段，项目实施周期一般较长，产品生产周期一般短则几个月，长则超过一年，而新开发产品的周期更长。在业务结算、智能制造装备企业标准零部件采购方面，主要采用货到全额现款结清方式，而销售客户一般采取分期付款的方式，包括预付款、发货款、验收款、质保金等，货款回收周期较长。因此该行业企业一般均面临较大的资金压力，而且越是在业务快速发展阶段，企业面临的资金压力越大。

5.3　制造行业 5GtoB 规模化复制场景及典型案例

5.3.1　高清视频类应用

5.3.1.1　业务需求

目前传统电子信息制造业，面临着迫在眉睫的问题，首先，"人口红利"逐渐消失，新生代劳动力对传统制造工作持有附加值低、工作枯燥重复等观点，导致制造业严重的用工荒。人力缺乏、人工成本增加对制造业构成很大的压力，正在逐步蚕食中国制造业在世界舞台上的竞争力。

其次，上游产业客户的更高要求和下游产业的技术革新，迫使制造领域加快改革步伐，柔性工厂成为必选项。实现自动化生产、智能化制造是我国摆脱用工荒、增强竞争优势、提高生产效率、完成产业升级的必然选择。

高清视频类应用作为研发、生产、质检、安全管理等环节的重要应用，诸多制造企业已开展相关应用实践。在研发设计环节，一方面，科研人员结合现场画面和数据，利用 5G 远程在线协同完成实验；另一方面，设计人员利用各类虚拟现实终端通过 5G 的大带宽、低时延特性接入沉浸式虚拟环境，异地协同修改设计图纸。在生产制造环节，远程设备操控员根据生产现场高清视频画面及各类数据，远程实时对现场工业设备进行精准操控；质量检测环节，质检终端利用 5G+机器视觉，根据边端、云端算法对高清图像的识别与分析，实现产品缺陷实时检测、自动分拣和质量溯源；安全管理环节，智能监测系统通过 5G 进行实时数据采集，视频监控图像识别自定义报警，实现生产现场全方位智能化安全监测和管理。

当前制造工厂中的高清视频类应用通常采用有线/4G+硬盘存储的部署方式，该方式具有以下痛点：一是固定回传成本高，采用视频光端机+裸光纤或 XPON+"猫"方式，价格昂贵，节点扩展不灵活。二是 PoE（Power over Ethernet）供电在线率低，维护成本高。三是现有 4G 上传带宽有限，难以支撑多路高清视频应用。5G 技术可以解决安防布局施工难、维护成本高及灵活性差的问题，提供随时部署的能力，并提供更高速的稳定上行带宽，支撑高清视频、更精细视觉识别等应用，可借助云存储、云运算等云服务能力支撑海量数据存储，开展视频 AI 分析。

5.3.1.2 网络方案

生产制造过程存在各类重要智造场景监控需求，包括生产线运行、关键工位员工操作、各类工业机器人操作等。视频监控已不局限于监视、录像、回放等传统功能，而向字符识别、人脸识别、行为分析、物体识别等智能化方向发展。这对视频流的清晰度以及流畅度提出了更高的要求。

无线视频监控系统包括无线摄像机、无线网络、视频监控平台。现场监控视频通过无线网络上传至云端，实现视频、图片、语音、数据的双向实时传输。同时结合 AI 行为分析算法自动识别现场不合规行为并实时报警，大大提高作业安全规范性。

5.3.1.3 业界生态

由于 5G 标准中支持大带宽特性的标准成熟较早，因此高清视频类应用目前已在制造领域普遍展开。电信运营商提供网络、频谱、云资源，实现端到端的连接；华为等 5G 解决方案供应商或制造行业中原有的大型综合性解决方案供应商提供通信设备及 5G 端到端解决方案；在终端层面，主要需要模组、网关、高清摄像机等视频类终端。

在网络建设上，根据不同行业用户对业务/数据隔离度、网络性能等方面的差异化需求，5G 行业专网建设有多种模式，包括广域专网及局域专网等。

在平台建设上，海尔、创维等企业通过集成搭建 5G 工业互联网平台，主要面向制造行业中小企业提供通用平台和定制化服务，以规模优势获取商业收益。可能受限于不同工业体系的专业性与复杂性，其侧重面向需要传统工业向数字化转型的中小企业用户，面向特定用户特定场景的个性化增值服务，其商业价值主要集中在为客户量身定制和个性化实施，但最终将向通用化能力延伸。

在质检、安防监控等应用开发上，需要由海康等人工智能方案提供商提供 AI 中台沉淀算法、知识、方法、经验，通过人机协同实现精准预测和快速解决问题。

5.3.1.4 商业模式

模式一：ICT（Information and Communication Technology）项目建设模式。根据客户需求，将创新应用产品进行端到端打包销售，并采用 ICT 项目方式进行交付，向客户提供端到端的解决方案。

模式二："以租代建"模式。由政府或用户规划项目，由运营商投入资金，对项目进行建设，所有权归运营商所有；项目建成后，以租赁的方式，交给用户使用。

运营商提供端到端网络连接和工业边缘云 MEC，按照本地分流专线、工业边缘云的资源租赁和无线网络信息服务、各类工业终端的 5G 连接等维度包月或分年度收取一定的服务费用。

对于行业用户来说，只需要提出覆盖区域等要求，由运营商负责网络勘查、设计、建设、优化和维保等服务。5G 云化机器视觉、高清视频监控等视频类工业应用系统可以从运营商购买服务，由运营商负责端到端的集成交付。

5.3.1.5 典型案例

某厨卫家电制造企业工厂内的检测识别系统基于视频流的智能图像识别系统，利用最新的深度学习与大数据技术，自动识别烟火、工作服、安全帽等特征，对现场安全监督提供有力保障。通过分析园区、厂区等环境的视频监控数据，结合人工智能、大数据分析、图像识别等技术，进行设备安全分析、人员安全分析、环境安全分析，提高运维人员的问题感知能力、状态管控能力、主动预警能力和应急处置能力。

此外，该企业还利用 5G+AI 对生产的微波炉产品进行质检。微波炉面板冲压件压制后，需对冲压件的外观进行检查，当前采用的是前后左右和顶部各放置一个相机进行离线式视觉检查，工控机零星部署，投入大、不易进行算法优化。利用 5G 技术结合 AI 质检算力云化部署，可解决产生的不良返工造成人工浪费，通过图片实时传输、AI 云端处理，实时训练 AI 模型，提升检测效能，节省工控机投入、运维成本。

5.3.2 AR 类应用

5.3.2.1 业务需求

在 5G 网络的支撑下，AR 在工业制造领域得到更好的应用与场景落地，主要包含 AR 远程巡检运维与 AR 复杂装配指导两类应用。

对于 AR 远程巡检运维，现代化工厂生产车间各种设备的 24h 运行，以及多样化的生产流程，对设备的正常运转有很高的要求。设备稳定高效运行和安全的生产车间，是生产型企业最为重要的问题。每年全国制造业由于巡查不仔细，未及时发现设备损坏，以及未及时察觉周边环境安全隐患，造成巨大财产和生命损失。目前在智能制造领域，现实场景巡检需要手工记录问题，维修需要专家到场，效率低，开销大，在非常时刻严重影响生产效率。5G+AR 远程巡检运维系统通过 AR 眼镜端和平台端的通信实现与现场音频、视频、图像、文字的实时互动，看到、听到现场情况，实现远程互动，以进行指导、问询、设备维修等工作。通过系统实现自动化运维服务，从部署到用户日常使用，为系统提供全面可靠的监测、响应、分析、管理机制，有效提高业务系统的支撑能力；

实时反馈数据与后台数据进行对比，实现应用服务管理闭环。

对于 AR 复杂装配指导，培训人员可以通过 AR 方式实现系统零件识别、模块组装指导等操作，从而提升培训效率，降低培训成本，减少质量问题出现的频次。

AR 类应用通常对网络性能要求较高，比特速率、时延、准确定位定姿和移动性将成为影响 AR 应用使用体验的重要指标，边缘计算和存储对充分发挥 AR 优势具有至关重要的作用。因此，相对于 Wi-Fi，5G 在可靠性、移动性方面有明显优势。在部署方面，5G MEC 的应用可以替换传统的 AR 应用服务器，为 AR 类应用提供虚拟机环境，行业用户不再需要购买和安装硬件服务器，整个系统的部署和维护的简洁性可大大加速此类应用的规模化发展。因此，5G+AR 类应用在智能制造行业将率先实现规模复制。目前在一些制造类企业，AR 应用已初显成效。

5.3.2.2 网络方案

考虑 AR 类应用场景对网络功能和性能的需求（超大上行带宽，超大下行带宽）较高，单个上行带宽在 10Mbit/s，时延在 20ms 以内，需要 VR/AR 服务器下沉部署，并且配合核心网用户面网关功能（UPF）下沉，从而实现流量优化。

MEC 通过将计算存储能力与业务服务能力向网络边缘迁移，使应用、服务和内容可以实现本地化、近距离、分布式部署，从而一定程度地满足了 5G eMBB、URLLC 以及 mMTC 等技术场景的业务需求。同时 MEC 通过充分挖掘网络数据和信息，实现网络上下文信息的感知和分析，并开放给第三方业务应用，有效提升了网络的智能化水平，促进网络和业务的深度融合，AR 类应用网络方案如图 5-3 所示。

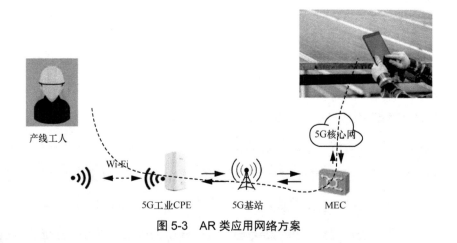

图 5-3　AR 类应用网络方案

5.3.2.3　业界生态

在制造行业的 AR 类应用场景中，网络、频谱需要依靠运营商；通信设备，以及 5G 端到端解决方案，需要 5G 解决方案商；在终端应用上，需要 AR 终端设备商整合相关方案。从服务看，运营商和 5G 解决方案商提供 ICT 产品的设备和服务，包括网络、云、边缘机房；终端设备商提供基础的硬件，包括 AR 眼镜以及控制软件、操作系统等。

对于运营商来说，电信运营商拥有 5G 频谱和网络两项稀缺资源，同时拥有较强的生态组织能力以及通达全国各县市、覆盖各行各业的庞大营销网络。可保证速率、时延、准确定位定姿和移动性将成为影响制造行业 AR 服务体验的关键网络指标，边缘计算和存储对充分发挥 AR 在制造业中的应用优势起着至关重要的作用。

对于 5G 解决方案商来说，AR 计算主要在端侧的 AR 设备进行，但未来的 AR 会是端边云紧密结合的形式，大量的工业生产数据天然适合云部署，而精确辅助定位定姿、局部工业数据、特定 3D 场景渲染适合边缘计算。

对于 AR 终端设备商来说，AR 终端主要应用于车间安防与监控、远程专家业务支撑，制造场景的生产流程、生产任务分步指引等场景，传统的电子点检系统信息多数显示在手持设备上，需要点检员手动执行核对巡检项目、记录并填写数据和提交后台数据库等，点检员双手无法得到解放，工作效率低下。且点检工作量非常大、数据实时性比较差，点检人员通常无法实时获得巡检标准，更难定位缺陷。AR 在智能制造中的广泛应用将为 AR 终端设备商带来广阔的发展机遇。

5.3.2.4　商业模式

5G 时代的到来，运营商、平台企业共同探索商业模式。在 5G 专网方面，运营商提供如"BAF（Basic-Advanced-Flexible）"等多量纲模式，企业对 5G 专网资源按单点菜。

在平台方面，运营商利用 5G MEC 和切片能力为企业提供计算平台和应用网络服务能力，为企业提供 GPU、AI 等能力时收取平台维护或 App 调用等费用；另一方面，与云资源捆绑销售，提高业务黏性和整体收入。

在行业应用方面，结合集团 IT 通用服务平台的能力，运营商可以提供"端到端"套餐式应用解决方案，也可通过 SaaS 或 App 订阅方式为企业生产、管理提供相应的服务。

在终端方面，可由行业内合作伙伴直接按项目方式进行部署和收费，或由运营商作为集成商进行统一交付和收费。

对运营商和解决方案商而言，5G 应用到生产流程中，单一网络流量经营的商业模式已经无法满足客户的需求，在 5G 商业化初期，电信运营商根据技术成熟度、市场需求开发现阶段最大程度满足工厂个性化需求，并依据投入的成本叠加适当利润形成成本定价的商业模式,通过联合 AR 设备商、第三方运维服务商等生态伙伴为企业客户提供网络服务,同时,5G+AR 需大量使用边缘计算服务,由于靠近生产现场、安全可靠、弹性灵活等特点,边缘计算成为运营商在 AR 应用场景下的主要抓手。

对 AR 设备供应商来说,直接销售设备及配套的软件和服务是其最基本的商业模式。其产品和服务模式有两种,一是销售"硬件+软件+服务",二是为行业客户提供定制化开发,集成其他产品为客户提供一体化解决方案。AR 设备供应商所需的关键资源能力是对 5G 技术的深入理解和对传统制造行业存在痛点的深入辨析,如果面向工业行业深度定制,附加值高,但同时存在客户面较窄、能支付高昂价格的企业较少等问题。

5.3.2.5　典型案例

海尔集团工厂结合卡奥斯工业互联网平台开展诸多 5G 先进制造应用场景实践,包括 AR 远程故障诊断与培训指导等应用。针对 AR 远程故障诊断场景,工厂产线维修人员佩戴 AR 眼镜,通过摄像机拍摄第一视角的音/视频,经 5G 网络传输到远程的专家端进行故障诊断,专家在看到眼镜端采集的视频后,可即时实施 AR 标注、冻屏标注等系列操作,将指导信息实时反馈到操作员的视线中,从而加速了现场设备故障的解决。

在 AR 复杂装配的培训指导场景中,例如滚筒洗衣机的装配培训,传统培训一般需要 5～7 天,且由于缺少有经验的员工,培训多是一对多模式,难以保证培训效果。在每个生产线放置 1～2 台 AR 眼镜,AR 眼镜通过内置的 5G 模组接入 5G 基站,将算力部署在 MEC 侧后,减小了 AR 眼镜的质量,并实现了数据本地计算。同时,AR 眼镜与数据中心的 5G MEC 服务器对接,获取组装过程的模型、步骤、标记信息等后台实时数据，指导工人逐步操作，实现一对一的单独指导，提高培训效率。

初步测算，海尔集团工厂利用 5G+AR 的新方案可实现设备装配时间缩短 25%；维修服务成本降低 40%，极大提高了海尔集团工厂的生产效率。

5.3.3 AGV 厂区物流应用

5.3.3.1 业务需求

随着仓库周转率和订单量的增加，人工叉车的成本较高、货物损坏率高，工业信息化的发展推动仓储 AGV 和自主移动机器人（Autonomous Mobile Robot, AMR）成为自动化物流的主要实现方式。仓储 AGV 的应用，不仅提高了仓库货物流转的自动化水平，还实现了由"人找货"到"货找人"的拣选方式的改变，同时通过与传统的物流传送分拣系统的深度融合，可实现较小空间内更细化的分拣需求。激光视觉混合导航的 AMR 是一种基于激光和视觉传感器融合数据，进行即时定位与地图构建（Simultaneous Localization Mapping, SLAM），以实现自主移动而无须物理导向器或标记的机器人。AMR 部署具有高度灵活性，被广泛应用于仓库、工厂等。随着业务增长，AGV、AMR 系统种类越来越多、规模越来越大，设备与控制系统、运维平台的通信量也随之增大。

传统工厂内物流运输业务存在以下痛点。一是 Wi-Fi 信号阻断。信号在遇到门、墙、货架时容易出现丢包。二是 Wi-Fi AP（Access Point）切换问题。以上两个问题会导致 AGV 停顿 5～10s，极端情况下会导致任务中断，需手动触发重启，影响物流效率。5G 技术解决车间到车间内的仓库、仓库到车间门口 AGV 的 Wi-Fi 信号阻断、Wi-Fi AP 切换的问题，带来稳定可靠连接，节省 AGV 运行的独立 Wi-Fi 网络部署成本。5G 不仅能够满足 AGV、AMR 对无线网络通信的带宽、可靠性及通信时延的要求，还能利用 5G 网络切片技术，实现厂区按照专网与公网业务的安全隔离，定制化分配资源。AGV 搬运机器人的精度可控制在 5mm 左右，能够使货物摆放更加有序整洁规范。

工厂在智能化进程中，仓储物流与生产环节面临智能化升级改造的难题。车间内部面积大，各车间之间距离远，且生产过程中的物料以及成品种类多、重量大，跨多楼层作业，增加了仓储作业的难度和强度。

5G 赋能 AGV，自动仓储物流系统在智能制造生产系统中大大提高了产品生产的质量和效率。实现了仓储搬运基本无人化、出入库单据电子化、仓库管理可视、物料进出智能化，改善了车间运营能力。通过作业无人化实现仓储管理人工成本降低，主要包括以下 5 个方面。

- 仓库数据实时真实准确，支持呆滞物料损耗智能预警，降低仓储物资财务管理风险。
- 仓储数据实时共享，订单发货智能提醒，实现发运资源协同服务质量提升。
- 成品信息自动采集，支持批号一键追溯，实现管理快速响应。
- PC、平板计算机、手机、大屏多场景数据智能交互，仓库物资实时智能分析，实现高效管理和决策。
- 新制造打造仓储工业旅游场景，构建品牌活力从成本领先走向产品领先。

5G 原生的移动性优势，解决传统 AGV 漫游丢包引起的 AGV 停车、拥堵甚至整个生产物流瘫痪问题。5G 助力 AGV 实现智能调度技术架构如图 5-4 所示。

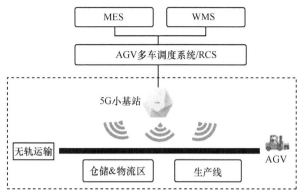

图 5-4　5G 助力 AGV 智能调度技术架构

5G 在 AGV 的整体调度中，可以发挥如下优势。

- 利用 5G 低时延和移动漫游切换优势，降低 AGV 漫游丢包问题。

- 5G 授权频谱，解决传统 AGV 无线通信非授权频谱带来的互相干扰问题。

- 5G 基站间 Xn 交互，保证 AGV 跨基站移动切换的业务连续性。

- 5G 与 MEC 结合，优化了 AGV 的使用体验。

- 协同能力加强，高速网络支持，使 AGV 具备自组织与协同能力，速度更快，动作更流畅，效率更高。

- 安全性提高，5G 高可靠、超低时延的特性使 AGV 实时感知工人的动作，灵巧地进行反馈和配合，同时始终与工人保持安全距离，保证人机协作的安全。

- 远程实时控制能力增强，在高温、高压等不适合管理人员进入的特定生产环境，管理员可以在监控中心通过 5G 网络对 AGV 进行实时远程操作，同步安全地完成预定工作目标。

- 实现数据实时采集和分析，协助数字孪生。广连接、低时延的 5G 网络可以将工厂内海量的生产设备及关键部件进行互联，提升生产数据采集的及时性，为生产流程优化、能耗管理提供网络支撑。通过 5G 网络智能 AGV 系统生成的生产记录日志可以实时看到移动轨迹、停靠情况等整体运行状况。

5.3.3.2 网络方案

由于 AGV 业务要求网络具备低时延、高可靠特性，需要机器人和 AGV 服务器下沉部署，并且配合核心网用户面网关下沉。两者都建议下沉到本地数据中心（Data Center, DC）。另外，网络端到端从接入网、承载网、核心网需要充分考虑冗余备份，满足高可靠性要求。

在网络方案上，5G 网络覆盖整个定位区域终端，向上连接定位平台，基于基础位置信息实现人员、物料监控、呈现与管理等应用场景，AGV 厂区物流应用网络方案如图 5-5 所示。

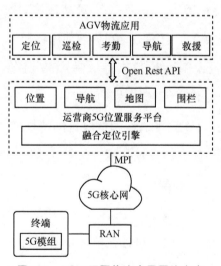

图 5-5 AGV 厂区物流应用网络方案

通信网和定位网可以合二为一，提高网络利用率，有效分摊网络建设及维护成本。对于终端侧，基于 5G 的无线定位技术，通过网络定位装备了 5G 通信单元的移动设备；对于网络侧，结合通信和定位的建网要求，部署一张 5G 网络可同时满足无线数据通信和精准位置服务需求，并有效节省客户总体投资。

5.3.3.3　业界生态

在制造行业的 AGV 厂区物流应用场景中，网络、频谱需要依靠运营商；通信设备以及 5G 端到端解决方案，需要 5G 解决方案商；在终端应用上，需要 AGV 设备商整合相关方案。从服务看，运营商和 5G 解决方案商提供 ICT 产品的设备和服务，包括网络、云、边缘机房；终端设备商提供基础的硬件，包括 AGV 以及控制软件、操作系统等。

运营商作为网络提供商，提供连接的服务，联合 5G 方案提供商实现 5G 专网集成。厂区往往以 5G+用户驻地设备用户驻地设备（Customer Premise Equipment, CPE）方式对 AGV 实现远程控制，同时辅以异构网和精准定位，实现 AGV 的精准控制。

AGV 主要供应商目前有两种发展方向：一种是与大型企业深度合作或依靠股东方背景，积累锻炼其综合解决方案的完整度与通用性；另一种是专注某一场景，深耕其特定需求。目前 AGV 整体存在产品同质化严重的问题，伺服系统、控制系统、减速器是 AGV 的主要构成，伺服系统的核心是要求 AGV 具备快速响应与驱动精度的能力，目前控制系统中的即时定位与地图构建（Simultaneous Localization and Mapping, SLAM）技术与视觉复合导航能力处于国外垄断状况。国内 AGV 供应商仍聚焦在本体制造环节，该环节利润较低，AGV 供应商的核心竞争力将通过软件设计能力区分，具备一定自主研发软件能力的 AGV 供应商将占据市场主导地位。

5.3.3.4　商业模式

随着 5G 技术在工业领域的推广应用，凭借 5G 技术高可靠性、大带宽、高速率等优势，在 AGV 应用中，对与 5G 明显特征相关的功能需求越来越强烈，例如 AGV 漫游通信的稳定性、装/卸货的视觉识别、自动避让障碍物、AGV 的远程监控等，这势必使将来的 AGV 更加智能，更加准确地完成行走和搬运任务。

对于 AGV 制造商而言，主要有 4 种盈利模式。第一，对现有制造行业客户提供具体应用场景的改造升级服务，增加售后改造升级服务订单与利润。第二，对新规划立项客户提供成熟的、有实施案例的 5G+AGV 柔性智能解决方案，依托制造商在 AGV 研发创新的先发优势，提高项目竞争力及溢价能力。第三，依托 5G 高可靠低时延，实现 AGV 调度系统与控制器等的云化，降低 AGV 制造成本。第四，将专业工程师的经验和能力赋能现场同事或客户方维保工程师，极大提高 AGV 维保效率，降低 AGV 运维成本。

对于制造企业而言，5G+AGV 的大规模使用，将提高企业的整体生产效率，减轻工人繁重的体力工作，改善工作条件和环境，降低生产风险。AGV 代替人工，可保障员工作业安全，降低企业的员工使用成本，避免工作人员疏忽或者疲劳造成的工伤事故和损失；另外，在一些比较危险的工作当中，采用 AGV 操作，精确度更高，稳定性更好，安全性更强。

对于运营商和其他技术提供商而言，AGV 在制造业的广泛应用将提高对网络能力的需求，运营商将提供虚拟专网和边缘计算等主要能力，技术提供商可提供包括芯片模组、核心元器件、网络设备、网络测试、终端设计等产业和服务。

5.3.3.5 典型案例

海尔集团在青岛市即墨区日日顺物流产业园区开展诸多 5G 先进制造场景实践，包括 5G+AGV 等场景。首先，与传统无线网络相比，5G 网络在可靠性和网络移动性管理等方面优势显著，不会发生网络掉线等问题，使物流场景下 AGV 系统更稳定。其次，原有的 AGV 集群调度系统受传统无线网络的制约，存在 AGV 集群调度系统对 5G 终端的监控信息不完善、缺少视频及图像数据、决策规划非最优等缺点，现在通过在 5G MEC 平台使用深度学习、神经网络、决策树等 AI 算法实现对 5G 终端的管控及非结构化环境的实时动态最优规划等，提高 AGV 系统的智能化水平。最后，在生产车间及园区中，通过视觉、无线等多种技术进行融合定位和障碍物判断，经低时延 5G 网络上传位置和运动信息，实现 AGV 的精准送料和自动避障，提升产线自动化水平。

海尔日日顺物流采用 5G+AGV 的新方案后，可实现生产网络稳定性提升 10%，生产作业效率提高 27%，加速推动日日顺物流在数字化、网络化、智能化迈上新台阶。

5.3.4 政策与标准

工业是 5G 行业应用的主阵地。作为新基建之一，工业互联网推动了企业从封闭式创新走向开放式创新，加速了制造业领域的创新发展。目前，我国工业互联网已步入发展的关键时期。为了促进工业互联网产业的发展，近年来，国家相关部门相继出台一系列政策，加大工业互联网行业应用赋能、区域落地推广力度。《"十四五"智能制造发展规划》《工业互联网创新发展行动计划（2021—2023 年)》《建材工业智能制造数字转型行动计划（2021—2023 年）》《国家智能制造标准体系建设指南（2008 年版）》等政策不断推动工业互联网产业创新发展，详情见表 5-1。

表 5-1　与智能制造相关政策

发布时间	政策名称	主要内容
2021 年 12 月	《"十四五"智能制造发展规划》	以新一代信息技术与先进制造技术深度融合为主线，以提升创新、供给、支撑能力和应用水平为着力点，加快构建智能制造发展生态，深入推进制造业数字化转型、智能化升级。加快工业互联网、物联网、5G、千兆光网等新型网络基础设施规模化部署
2021 年 1 月	《工业互联网创新发展行动计划（2021—2023 年）》	深化"5G+工业互联网"，支持工业企业建设 5G 全连接工厂，推动 5G 应用从外围辅助环节向核心生产环节渗透，加快典型场景推广
2020 年 9 月	《建材工业智能制造数字转型行动计划（2021—2023 年）》	鼓励企业积极探索"5G+工业互联网"，促进工业互联网与建材工业深度融合
2018 年 10 月	《国家智能制造标准体系建设指南（2018 年版）》	截至 2019 年，累计修订 300 项以上智能制造标准，全面覆盖基础共性标准和关键技术标准，逐步建立较为完善的智能制造标准体系

2022 年，工信部等十部门联合发布的《5G 应用"扬帆"行动计划（2021—2023 年）》指导下，行业将打造更多"5G + 工业互联网"典型应用场景。一方面扩大"5G + 工业互联网"应用，稳妥有序开展 5G 和千兆光网建设，打造"5G + 工业互联网"升级版，挖掘一批产线级、车间级等典型应用场景，推动 5G 全连接工程建设；另一方面，提升企业数字化技术应用能力，深入实施制造业数字化转型行动，推动工业互联网平台进园区、进企业，培育一批系统解决方案供应商。

5.4　总结与展望

作为新一代无线通信技术，5G 将为智能制造生产系统提供多样化和高质量的通信保障，促进各个环节海量信息的融合。未来，随着 5G 网络与制造业的融合走向纵深，5G 带来的变革不仅是生产过程的优化（如可控性的提高、运营效率的跃升、生产成本与能耗的降低等），更将带动一系列革命性的新产品、新技术和新模式在制造业中的普及。可以预见，制造业智能化升级将更全面、更深入，以 5G 为核心的融合创新将成为我国制造业高质量发展的强大动力和有力支撑。

第六章　5G+智慧港口

|||||||||||||||||||||||||||||| 6.1　港口行业概况 ||||||||||||||||||||||||||||||

6.1.1　港口行业主要作业环节

6.1.1.1　港口行业界定

港口是位于海、江、河、湖、水库沿岸,具有水陆联运设备及条件以供船舶安全进出和停泊的运输枢纽。港口是水陆交通的集结点和枢纽处,是工农业产品和外贸进出口物资的集散地,也是船舶停泊、装卸货物、上下旅客、补充给养的场所。港口作为交通运输的枢纽和对外交流的窗口,在促进国际贸易和地区发展中具有举足轻重的作用。

全球约 90% 的贸易由海运业承载,港口是其中重要的一环。港口已经成为经济的"晴雨表",是现代经济的"血液"。随着全球经济一体化的不断加速和现代物流的出现,原有的港口功能出现转换和升级,呈现明显的历史性和区域性特点。从 1992 年开始,联合国贸易和发展会议(简称贸发会议)在有关报告中陆续提出了所谓第一代港口、第二代港口、第三代港口和第四代港口的概念，港口发展代际及本质特征见表 6-1。从港口代际的递进可以看出，港口从最初的区域间商品流通中心，伴随全球商贸业和航运业的繁荣，转型为贸易中心和商业中心，逐渐成为具备货物仓储、运输贸易信息服务、货物配送等多元化服务的物流、贸易、工业与金融中心。进入 21 世纪以来，港口成为兼具信息化、网络化与敏捷化的综合服务中心[1]。

表 6-1　港口发展代际及本质特征

港口代际	经济、社会背景	主要功能	本质特征	港口类型
第一代港口（18 世纪以前）	世界性经济和贸易初步发展	货物装卸、仓储	水水（河海）、水陆换装	腹地型港口
第二代港口（18 世纪初—20 世纪中叶）	规模化工业开始形成	服务于临港工业	原材料及产品的无缝直接进出海通道	大型专业化或货主码头
第三代港口（20 世纪 50、60 年代）	现代物流循序发展，信息技术广泛应用	与物流业为主的现代服务业结合	现代服务等服务业	区域服务型物流港
第四代港口（20 世纪末至今）	集装箱运输网络形成，物流链整体进入竞争状态	以全球海洋主航道为干线的班轮化运输	具有上下游业务关系的港航或港际联盟	非属地或连锁型码头

6.1.1.2　港口作业主要环节

港口的作业流程环环相扣，具有操作工序复杂、操作过程多变、人机交叉和劳动密集等特点。传统的集装箱装卸工艺根据"作业线"完成，包括船舶–岸边集装箱起重机（装卸桥）—集装箱拖挂车（集装箱卡车，简称集卡）—集装箱龙门式起重机（俗称龙门吊）—港口作业流程—堆场工艺系统，港口作业流程如图 6-1 所示。港口作业可分为六大主要环节，分别为船只进/出港（货船将集装箱运至港口）、岸桥装/卸货（完成集装箱装/卸货并搬至水平运输区）、集卡运输（完成岸桥区到堆场区的搬运）、堆场管理优化（完成集装箱堆码）、集卡出/入港（完成集装箱出/入港运输）和陆港联运（港口与其他运输体系的联动）。不同的作业环节所应用到的装卸作业设备有所不同[2]。

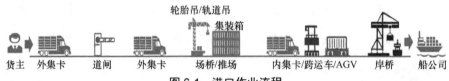

图 6-1　港口作业流程

（1）装卸船机械

装卸船机械通常指岸边集装箱起重机，又称岸桥或装卸桥，岸桥是集装箱码头的专用设备，采用吊装—吊卸的方式进行集装箱船舶的装/卸船作业。岸桥可沿着固定轨道运行至不同的位置，通过小车的起升、运行，利用专属吊具吊起集装箱，从而完成对集装箱船上不同贝位的集装箱装卸作业。岸桥的配备数量与港口集装箱吞吐量和集装箱船的装载量有关。

（2）水平搬运机械

水平搬运机械负责将集装箱从铁路装卸线运送至堆场或码头前沿、从堆场运送至码头前沿或者在堆场内部进行水平运输，集卡是最常用的水平搬运机械。在自动化程度比较高的集装箱码头，水平搬运机械通常采用 AGV。目前 AGV 技术已经非常成熟，使码头集装箱运输可以实现无人化，极大程度减少人工成本。此外，在底盘车装/卸工艺系统、跨运车装/卸工艺系统、正面吊机装/卸工艺系统中，底盘车、集装箱跨运车和正面吊运机承担了水平搬运的功能。

（3）堆场作业机械

在堆场内部进行的作业均由堆场作业机械完成，我国目前新建专用集装箱码头堆场主要使用的装卸搬运设备是轨道式龙门起重机（Rail-mounted Gantry, RMG）和电驱动轮胎式龙门起重机（Electric Rubber Tyre Gantry, E-RTG）。RMG 是在集装箱码头和集装箱中转站堆场进行装卸、搬运和堆码集装箱的专用机械。RMG 采用电力驱动，因其节能、环保、成本和故障率低，是目前新码头首选的堆场作业机械。E-RTG 是一种依靠电力驱动的、轮胎沿平整地面作水平纵向或横向运动、用来翻箱或装/卸集装箱作业的集装箱码头专用起重设备，能适应各类集装箱码头堆场的装/卸作业，尤其是大型集装箱码头堆场作业。

在跨运车装/卸工艺系统和正面吊机装/卸工艺系统中，跨运车和正面吊运机用作堆场作业机械。此外，常用的堆场作业机械还有集装箱叉车、空箱堆高机等。

（4）装卸车机械

装卸车机械指在铁路装卸线完成集装箱班列装卸车作业的机械，可以由堆场作业机械承担，通常情况下，轨道式龙门起重机作为装卸线上的基本装/卸机械，以正面吊运机为辅助机型。

当前全球港口面临劳动力成本攀升、劳动强度大、工作环境恶劣、人力短缺的难题，降本增效进行自动化改造成为全球港口共同的诉求。同时本轮数字化技术（如人工智能、大数据、物联网、5G、自动驾驶）的成熟为港口自动化提供了新的动力。集装箱码头使用更高水平的自动化设备提高生产率并确保竞争优势。

6.1.2　我国港口行业发展现状

6.1.2.1　我国港口高质量发展步伐加快

近几年，国家"一带一路"倡议为我国港口实现全球化发展提供了历史机遇，"双循环"新发展格局为港口高质量发展带来新机遇，"交通强国建设""探索建设自由贸易港"等为港口进一步体制机制变革创造了机遇，而互联网、大数据、云计算和区块链等技术不断成熟，结合港口自身的海量货物贸易数据，共同为港口与经济社会深度融合、全面提升港口服务提供了技术机遇。目前，我国沿海港口整体完成了向第三代港口转型，部分港口完成了第四代港口的转型。以枢纽港为核心，依托大型国际码头运营商，打造区域或全球性的港口服务网络是第四代港口的主要特征，也是港口高质量发展的重要体现。

据交通运输部数据统计，2020 年全国港口货物吞吐量完成 145.5 亿吨，港口集装箱吞吐量完成 2.6 亿标箱，港口货物吞吐量和集装箱吞吐量都居世界第一位。2020 年全国内河货运量完成 38.15 亿吨，到 2020 年年底，全国内河航道通航里程超过 12 万千米，居世界第一。

据上海国际航运研究中心数据显示，全球前二十大港口货物吞吐量排名中，中国港口占据了 15 个席位。其中，宁波舟山港再次成为了世界最繁忙港口，其 2020 年的货物吞吐量超过 11.7 亿吨，连续 12 年位居世界第一。上海港加速推进港口高质量发展，排名虽仍位列第二但吞吐量已连续两年停滞增长，而唐山港煤炭、铁矿石、粮食等散货与集装箱吞吐量维持高速增长势头，2021 年或即将超越上海港。山东港口集团资源整合发挥协同效应，青岛、日照、烟台三港稳步增长。天津港推进一流港口建设，吞吐量小幅增长。北部湾港受益于西部陆海新通道战略持续释放发展潜力，吞吐量维持高速增长，一举迈入前 20 榜单位列 19 名。

6.1.2.2 劳动力短缺与成本压力带来转型压力

港口长期以来属于劳动密集型产业，随着人口红利收紧、新一代劳动力就业理念转变、港口城市生活成本提升，港口招工难、用工贵的问题日益突出。

我国港口内集卡司机劳动力短缺问题日益凸显。中国道路运输协会数据显示，我国港口内集卡司机以 40～50 岁的中年男性为主，缺口总量占行业总需求 20%。由于劳动强度大，工作条件艰苦，当下"90 后""95 后"青年从事卡车运输工作的意愿不强。随着"70 后"货车司机逐渐退休，年龄断层问题将更加凸显。

卡车司机疲于高强度满负荷工作的矛盾凸显，直接影响物流运输效率。《基于大数据的中国公路货运行业运行分析报告（2020 年）》提到我国集卡卡车司机劳动时间长、从业环境差，普遍存在工作时间不规律、精神高度紧张等问题。每周工作时长平均约为 49h，高于我国平均劳动力周工作时长。

各港口集装箱吞吐量不断上升，造成众多码头运输能力不足。交通运输部数据显示，2014—2020 年中国港口集装箱吞吐量逐年上升。2020 年，全国港口完成集装箱吞吐量 2.6 亿英尺标准箱（Twenty-feet Equivalent Unit, TEU），比上年增长 1.2%。其中，沿海港口完成 2.3 亿 TEU，增长 1.5%。上海港、舟山港、深圳港、广州港和青岛港为中国集装箱吞吐量排名前 5 的港口，该 5 个港口的集装箱吞吐量都有不同程度的增长。其中，上海港全年吞吐量为 4350 万 TEU，同比增长 0.4%，排名全国第一。舟山港和深圳港全年吞吐量分别为 2872 万 TEU 和 2655 万 TEU，同比增长 4.3% 和 3%，位列第二、第三。受制于码头的人力及基础设施建设，大多数码头出现运能不足的困境。德鲁里（Drewry）发布的《全球集装箱码头运营商年度回顾和预测》报告显示，未来 5 年，全球集装箱港口操作能力将保持年均 2.5% 的增长，但是同期全球需求却将保持平均每年

5%的增长,码头操作能力的平均利用率将从目前的 67%增加到 75%以上,预示着全球集装箱港口操作能力不足的现状将一直持续。薄弱的港口基础设施建设和操作能力，成为了当前国际航运业面临的最大挑战之一，如何降本增效成为各港口管理面临的首要难题。

6.1.2.3　港口运营管理精细度需求提升

港口是一个多要素集中的封闭场地，涉及人、车、物、船等多重要素，也涉及能耗、维护、运营等多个方面，各个码头的经营情况需要以月报、季报、年报的形式汇报，中高层领导需要实时掌握整个港口集团以及各个码头多维度、精准的经营数据，以便公司领导全面了解经营情况，并对未来的经营决策提供足够的支撑。

要满足对码头生产的作业活动和对应的人力、能源等消耗精细管理的需求，需获取全港及全码头人员、设备及能耗的数据，且需精确到每条船、每个岸桥甚至每个集装箱对应的资源消耗情况，以便精确分析，进一步合理降低港口的运营成本。

6.1.2.4　港口无线通信系统多网多制式

传统港口的无线通信系统主要由 2.4GHz 及 5.8GHz 的 Wi-Fi 网络和千兆以内的数字集群等系统组成。

- 2.4GHz Wi-Fi：作业数据回传，用于港机设备回传作业状态信息、故障信息、风速等传感器信息，传输至中控室，以三维动画形式呈现。

- 5.8GHz Wi-Fi：回传摄像机数据，用于岸桥司机室视频监控及理货视频监控。

- 1.4GHz 专网：下达指令，理货员收到理货视频信息，判断后通过

1.4GHz专网向拖车下发指令。

- 400MHz专网：语音集群，用于港口所有区域语音调度。

随着无线电技术的迅速发展和广泛应用，各行业各领域对频谱资源的依赖程度不断加深，黄金频段资源已基本分配殆尽，频谱资源供需矛盾日益突出。400MHz窄带数据传输网络采用封闭技术，已逐步被淘汰。2.4GHz/5.8GHz无线局域网络受其技术特性影响，采用的是非授权的频段，存在覆盖差、信号抗干扰差、承载业务有限、维护成本高等问题，很难达到电信级的高可靠性标准。专网网络可解决智慧港区大部分的无线数据传输需求，但受到带宽限制，无法满足智慧港口无人驾驶集卡、机械设备远程控制等大带宽、低时延的无线数据传输需求。

6.2　港口行业数字化转型发展趋势及问题

随着创新技术的不断应用，港口信息化、自动化、智能化不断深入，港口行业已进入全面提速的数字化发展时代。港口从单一的物流节点，逐步转变为经济、贸易、金融发展的催化剂，对周边区域和腹地经济具有巨大的辐射功能。港口之间的竞争从单纯的规模竞争逐步转变为创新能力、物流服务能力、航运服务能力及与周边资源整合能力的全方位竞争，更加注重港口协同创新能力、综合服务能力和生态协作能力。近年来，全球各大港口以打造技术密集型、知识密集型的智慧港口为愿景，已然把数字化转型作为其战略核心。

6.2.1　全球港口竞相推动数字化转型

早在 2011 年，鹿特丹港就提出了 2030 年港口发展战略愿景，从港口集疏运体系、物流服务、投融资环境、空间资源、生态环境、港产城融合、人文环境、创新能力、政策环境、区域经济 10 个方面进行了关键因素分析，并结合全球港口发展态势，勾勒了未来"智慧港口"的技术路线。近年来，鹿特丹港逐步加强数字化技术应用和港口生态圈打造，重点从提升港口运营效率、完善港口集疏运体系、创新港口价值链服务、推进国际贸易便利化、加强港口与城市的融合、深入推进港口绿色可持续发展等方面，积极推进智慧港口建设，取得实质性进展。

新加坡港于 2015 年提出"2030 年下一代港口"规划（Next Generation Port 2030, NGP 2030）规划应对全球港口竞争，利用新一代技术提高港口的效率和土地利用率，并保障港口作业安全性。规划以大士港智能港口建设为核心，将各类先进的港口技术应用于大士港，主要包括自动化码头、智能船舶交通管理系统和港口数字化社区，并关注清洁能源的使用、港口水域生态保护和港城协调发展等，努力打造一个稳定高效、可持续发展的未来港口。2020 年 6 月，新加坡海事和港口管理局推出了《海事数字化手册》，旨在帮助海事公司加快其数字化转型的进程。

6.2.2　我国港口数字化转型由点到面铺开

为推动智慧港口的建设和发展以及贯彻落实《交通运输信息化"十三五"发展规划》，交通运输部于 2017 年印发了《关于开展智慧港口示范工程的通知》，明确将依托信息化，重点在港口智慧物流、危险货物安全管理等方面，选取一批港口开展智慧港口示范工程；同年，交通运输部公布了 13 家"智慧港口示范工程名单"。目前,各示范工程均在有序推进,智慧港口示范工程已取得了丰硕成果。随着 5G 技术的应用推广,我国智慧港口纷纷步入 5G 时代。例如,2019 年 7 月,厦门远海码头启动智慧港口 5G 应用建设,截至 2019 年年底,厦门远海码头港区已实现 5G 网络的全覆盖;2020 年上半年,宁波市梅山港区已实现 5G+龙门吊远程控制规模化应用,并成功试验 5G+无人驾驶集卡应用。

6.2.2.1　全自动化码头建设,开启新局面

上海港是中国乃至世界港口智慧化推进的领头羊,从码头自动化到业务无纸化,始终走在行业前列。上海港依托"超级大脑"——ITOS(Intelligent Terminal Operation System)掌控码头自动化集装箱码头装/卸、堆存、转运、进出道口等全场景、全流程运行。目前已完成我国首个拥有完全自主知识产权的超大型自动化集装箱码头智能操作系统的升级研发,推进码头运营效率再次大幅提升,实现整体岸桥平均台时效率提升 10%以上,单体码头年吞吐能力提升 50%以上,人均劳动生产率提升至传统码头的 213%。2021 年,上港集团与华为公司联合,在全球港口首次将第五代固定网络(The 5th Generation Fixed Network, F5G)技术应用在港口超远程控制作业场景,实现桥吊操作员在百千米之外的上海市区办公室内,也能保障自动化码头高效运转。

位于青岛港的亚洲首个全自动化集装箱码头,在 2017 年 5 月 11 日正式投入商业运营。目前平均单机效率达到 36.2 自然箱/小时,最高达到 47.6 自然箱/小时,全面超越人工码头,作业效率比国外同类自动化码头高 50%以上。青岛港全二期建设采用全球首创氢动力自动化轨道吊,自重轻、能耗低、绿色环保、安全高效;采用全球首创 5G+自动化技术,实现码

头全覆盖，并成功实现 5G 网络下的岸桥、轨道吊自动控制作业及高清视频大数据回传等场景应用。

6.2.2.2　港口陆运业务协同，提高作业效率

厦门港集装箱智慧物流平台作为我国第一个港口集装箱物流平台，以设备交接单电子化为主线，整合码头、船公司、船代、客户、堆场、物流公司等港口物流六大服务领域的参与方相关信息资源，打通"壁垒"，实现了从船代订舱开始到集装箱进码头闸口前、从进口办单到提货还箱的各方物流信息汇集与实时共享。依托该平台，集装箱拖车过闸口，图像自动采集、识别、验残、自动放行，全程无人值守，码头闸口通过时间由原来的 90s 缩短至 26s，全流程物流效率提升 20%[3]。

上海港在"智慧港口"方面不断探索实践，利用新技术提升港口服务品质。一是通过互联网+技术，在港口、航运、货主、代理、口岸部门间建立统一服务平台，实现客户网上受理，降低了物流成本和时间。二是建设一站式查询服务网站——"港航纵横"，整合上海港 7 个集装箱码头以及上港集团在长江支线 8 个码头、内河支线 2 个码头的数据，加强长江经济带船、港、货、箱各种物流资源的协同。三是打造"e 卡纵横"集卡服务平台，对集卡和货物运输需求进行配对，有效减少信息不对称造成的集卡空驶和货物滞留问题，均衡码头作业强度，提高港口物流效率。2020 年，将区块链技术引入上海港集装箱智能预约系统，对现有"e卡纵横"的信息发布、在线支付、堆场预约等功能进行提升再造。

大连港以口岸为核心，整合多项联运业务信息资源，构筑内陆综合集疏运体系，推动上下游物流节点作业协同和信息共享，有效支撑了集装箱铁水联运业务。建设基于跨系统业务流程服务协同的"壹港通"智

慧物流跨界服务大平台，实现以港口为中心的"一站式"综合信息服务的新模式。

6.2.2.3　多种新技术结合，加速港口转型升级

宁波舟山港梅东公司智能集卡正式投入编组独立整船作业，成为国内少有的实现"装卸设备远控+智能集卡"自动化规模化作业的集装箱码头。在无须对传统港口设施进行大改造的情况下，智能集卡可完美融入实际作业场景，并覆盖主要场景 176 种工况，适用于各类箱型的装卸船和移箱作业。同时，自动驾驶系统通过对障碍物的精准识别和行为预测，可实现自主避让、超车、绕行，在港区错综复杂的作业场景中顺畅运行，为传统港口的智慧化改造开创了全新模式。

天津港集团自主设计研发基于 AI 的"智能水平运输管理系统"，协同 TOS（Terminal Operation System）、场桥、岸桥、智能水平运输机器人（Artificial Intelligence Robot of Transportation, ART）、自动锁站、自动充电桩等关键资源；采用全新一代港口"智慧大脑"实现全局调度最优，相比传统码头作业效率提高 20%以上；对全球领先的无人集卡进行再升级，大规模运用自主研发 ART，率先在港口突破 L4 级别无人驾驶瓶颈；落地全球港口首个"5G+北斗"全天候、全工况、全场景融合创新商用方案，实现工业网络通信专网、厘米级定位，搭建港口泛在智能应用的最佳场景，构建虚拟数字孪生码头；打造全球首个"零碳"码头，设施设备采用电力驱动，由"风光储荷一体化"系统实现绿电自主供应，全程零碳排放。

6.2.3　5G 应用场景相关技术发展趋势

随着船舶日益大型化、港口吞吐量不断增加，自动化集装箱码头成

为未来集装箱码头发展的必然趋势。近年来，厦门港、青岛港、上海港的自动化集装箱码头陆续投入使用。

6.2.3.1 全面感知

港口基础设施覆盖整个港口，从水下到陆上，利用物联网技术感知并采集港口各个作业环节、设施设备和货物信息，是实现港口业务数字化的基础手段，也是实现港口智慧化的前提。目前在港口的运输环节，集装箱的信息采集、跟踪监控及供应链管理，采用视觉识别系统，可以读取集装箱的箱号，采用射频识别（Radio Frequency Identification, RFID）技术可以读取集装箱以及集卡上的电子标签，采集集装箱信息，通过无线通信网络自动采集存储到中央信息系统。

在港口中，每天数以百计的大型货轮、数以千计的大型集装箱、数以万计的人员流动，在如此异常繁复的环境中，摄像机作为重要的远程监控设备，可以保证运输生产和货物安全。车辆摄像机对集装箱编码 ID 进行 AI 识别，自动理货；运营管理中的摄像机可以进行车牌号识别、人脸识别、货物识别管理。

6.2.3.2 全域互联

自动化码头装/卸工艺流程为岸桥—AGV—自动化轨道式龙门起重机（Automatic Rail-Mounted Gantry, ARMG）。对于卸船任务，岸桥将集装箱装载到指定 AGV 上，由 AGV 水平运输到堆场中交由 ARMG 放箱；对于装船任务，ARMG 将集装箱装载到指定 AGV 上，由 AGV 水平运输到岸桥作业区交由岸桥装船。目前 90%以上的岸桥、场桥为人工现场高空作业，具有远程控制需求。部分新建港口场桥（轮胎吊）用光纤部署，但光纤易磨损、改造升级成本高、难度大；少数信息化港口采用 Wi-Fi 或

LTE-U（LTE-Unlicensed），但可靠性、时延、速率等性能欠佳[4]。

港口装/卸远程控制是 5G 重要应用场景，充分利用 5G 网络的大带宽、低时延、高可靠性实现岸桥、场桥远程控制、高清视频回传等业务。

另外，传统港口集卡一直是人工驾驶，司机机械式劳作，容易疲劳驾驶，影响运输效率和安全。港口无人运输是智慧港口的重要组成部分，是智慧港口建设的基石。随着港口自动化的发展，采用 AGV/智慧型引导运输车（Intelligent Guided Vehicle, IGV）和 5G 无人驾驶集卡进行运输，可以大幅度降低人力成本，实现 24h 作业。同时基于 5G 大带宽、低时延、高可靠和广连接特性，同时结合高精度定位与车路协同等技术实现 AGV/IGV/集卡无人驾驶以及实时路况回传，使得 AGV/IGV/无人驾驶集卡的运行数据能够实时传输到后台控制中心，由控制中心监管运输进度，对集卡的位置、姿态、电量、载重等数据进行监控，并实时查看车辆的感知与规划信息。在集卡发生故障或需前往临时区域（非常规路线中的区域）时，即可切换 5G 远程接管，保障其运输、驾驶安全。

6.2.3.3 融合平台

港口的网络架构特点是每个专业码头有自己的局域网、无线网络和相关的业务系统；整个港口集团由多个分公司和码头组成，通过港口集团园区网和骨干网互联，每个专业码头部署符合自身需要的业务云。港口集团设有办公网、云数据中心，提供基础资源服务、运营运维、应用数据的一站式服务能力，集成各码头专业云和集团公有云，构建混合云管平台。

5G 应用带来的不仅是 5G 连接和终端，更重要的是海量数据将通过 5G 网络上传到云端，通过大数据、人工智能等，形成数据资产，成为生产关键要素，并在生产的各个环节中加速流通，作为企业生产、销售、决策的重要依据。

6.2.3.4 港口产业 5G 融合发展政策

为全面提升我国港口发展水平，实现从世界大港向世界一流强港的转变，自 2019 年《交通强国建设纲要》开始，国家陆续出台一系列政策推动智慧港口发展，有力地推动智慧港口的建设和发展。随着 5G 技术的应用推广，我国智慧港口也纷纷步入 5G 时代。

2019 年 11 月，交通运输部等九部门联合印发《关于建设世界一流港口的指导意见》，提出建设智能化港口系统，加强自主创新、集成创新，加大港作机械等装备关键技术、自动化集装箱码头操作系统、远程作业操控技术研发与推广应用，积极推进新一代自动化码头、堆场建设改造。建设基于 5G、北斗、物联网等技术的信息基础设施，推动港区内部集卡和特殊场景集疏运通道集卡自动驾驶示范，深化港区联动。

2020 年 7 月，工业和信息化部等十部门联合印发《5G 应用"扬帆"行动计划（2021—2023 年）》，提出研制适用于港口集装箱环境的 5G 辅助定位产品，加快自动化码头、堆场库场数字化改造和建设。推动港口建设和养护运行全过程、全周期数字化，加快智慧港口基础设施建设，推广 5G 在无人巡检、远程塔吊、自动导引运输、集卡自动驾驶、智能理货等场景的应用，助力港口智能化。

2021 年 8 月，交通运输部印发《交通运输领域新型基础设施建设行动方案（2021—2025 年）》，提出推进厦门港、宁波舟山港、大连港等既有集装箱码头的智能升级，建设天津港、苏州港、北部湾港等新一代自动化码头，加强码头桥吊、龙门吊等设施远程自动操控改造，加快港站智能调度、设备远程操控等应用。推进无人集卡、自动导引车等规模化应用，实现平面运输拖车无人化。建设港口智慧物流服务平台，加强港口危险品智能监测预警。结合 5G 商用部署，协同推进对港口的网络覆盖，推广车联网、船联网技术应用，推动建设泛在感知、港车协同的智慧互联港口。

6.2.4　港口行业数字化转型发展难点痛点

随着港口业务量的不断增长及对自身发展的考量，港口对采用新技术、新理念完成数字化转型有了新的诉求。港口自动化、数字化、智能化发展水平被视为提升核心竞争力的重要手段，也成为降低物流成本、提高物流效率的关键所在。新冠肺炎疫情在对港口生产运营造成巨大影响的同时，也进一步提升了码头经营者对智慧港口的认知与发展意愿，并促使其加速推进 5G 技术、区块链、边缘计算、人工智能和计算机视觉等先进技术的应用，促进传统码头转型升级。

随着智慧港口建设的深入，业务协调、管理和技术融合等建设发展不平衡的挑战逐步显现，信息不共享、标准不统一、协同不顺畅的问题日益凸显。港口集疏运信息共享不充分，尤其在供应链与集疏运的公路铁路信息共享方面存在着比较大的障碍，影响港口生产作业和组织效率；港口服务模式灵活性比较低，受港口内部系统繁杂、相互协同和信息共享程度不高等因素的影响，提供个性化的定制服务比较少，客户服务体验有待进一步提升；港口物流链业务协同能力不高，港口还未形成更大范围的跨业务、跨组织、跨部门、跨系统的在线协同。全程物流信息共享和业务协同较困难，特别是客户门到门、端到端的全程可视化信息服务有很大的发展空间。

6.2.4.1 港口自动化改造成本高

目前自动化港口均为新建港口，如要在已运营的港口中推动自动化改造，前期投资大。自动化码头的投资成本主要由两部分构成：一是码头基础设施建设成本，即操作设备购买成本。基础设施建设成本的投入主要在设备定位方面，目前，大多数企业采用在码头地面镶嵌磁钉的方式，数万枚磁钉埋在码头地面，形成一条无形的轨道为地面上的自动导引车提供位置信号和行进路线信号，这种物理信号传输方式的建造成本昂贵。在 5G 技术成熟之前，是唯一可行的定位办法，随着 5G 技术的不断成熟，利用全球定位系统（Global Positioning System，GPS）无线信号实现精准定位将成为可能，自动化码头的建设成本必将大大降低。

操作设备的制造成本，考虑其自身的复杂性和先进性，相比传统的操作设备，其昂贵的价格也有其合理的一面，而且随着技术的不断发展和进步，自动化码头的设备制造成本不断降低，也是一种必然趋势。

6.2.4.2 港口集疏运信息共享不充分

目前很多港口已建立综合性信息服务平台，但缺乏规划，导致系统统一性不足，与集疏港的铁路、公路信息共享存在一定障碍，尤其是在供应链与集疏运的公路铁路信息共享方面还存在比较大的障碍，无法有效发挥联动效能，影响港口生产作业组织效率。

港口亟须改变原本封闭的运作模式，转向与港口物流价值链上下游各方协同与合作，突出资源的开放与共享以及参与者间更紧密的协作。转变港口发展理念，将战略重点从控制港口资源转为精心管理港口资源，从优化内部流程转向与外部互动，从增加客户价值转为将生态系统价值最大化，加快重构多边界、系统化港口生态圈。

6.2.4.3　港口物流链业务协同能力不高

目前来说，在各港口进行的智能化改造项目，如港口闸口的智能化改造、岸桥理货系统智能化，较多是科技公司牵头、基层码头推动，缺乏集团全局性的顶层设计，重复建设情况居多，系统互联没有实现，难以形成规模效果。因此，在港口还未形成更大范围跨业务、跨组织、跨部门、跨系统的在线协同。

港口管理方应充分利用港口处于物流链中心的优势，加强物流链上下游资源整合与集成，促进物流链相关方的业务协同与高效衔接。加快完善互联互通的港口信息服务平台，充分利用数字化技术打通物流链中的产业壁垒，促进港口服务链中的物流、信息流、资金流的高效运转，重塑终端货主和物流参与方的服务体验。积极推进跨行业、跨部门、跨区域的高效协同的物流链服务，实现更高层面的优化资源配置。

6.2.4.4　尚无成熟的智慧港口解决方案

目前我国的智慧港口建设均以示范工程的模式推进，后续推广中，首先，不同港口存在不同的建设需求和目标，需要不同的改造策略和方案，要形成研发、推广和合作产业链尚有一定距离；其次，智慧港口中新技术应用广泛，涉及物联网、云计算、大数据、5G、北斗、地理信息系统（Geographic Information System, GIS）等新一代信息技术，应用平台众多，包含综合信息服务平台、业务协同平台、多式联运平台等，技术标准待统一，可靠性和稳定性有待检验；最后，港口运营商角色不同，自动化改造需要多管理主体协调，平衡各方诉求。

6.3　港口行业主要 5GtoB 规模化复制场景及典型案例

6.3.1　龙门吊远程控制

6.3.1.1　业务需求

货物在港口的转运一般通过集装箱进行打包装/卸，因此集装箱的吞吐量成为现代化港口规模和效益的一项重要衡量指标。传统的集装箱港口一般采用龙门吊进行集装箱理货，并且使用光纤网络进行龙门吊多路视频信号的传输。集装箱码头中，轨道吊、轮胎吊是使用最为广泛的两种龙门吊。轨道吊在堆场内轨道上移动；轮胎吊装有轮胎，机动灵活地实现转场作业。目前存量码头多使用轮胎吊，新建码头多使用轨道吊，轮胎吊在存量码头中占比高。

传统龙门吊司机是特殊工种，在距离地面 30m 高的司机室操作，每天工作 10～12h 且需向下俯视 90° 操作重型机械，作业条件艰苦，现场操作容易疲劳有安全隐患。同时，港口为保证 24h 作业，每台龙门吊配备 3 名司机轮换，一个码头通常需要上百名龙门吊司机，人工成本较高，与货物吞吐量不断增长的现代化港口发展不适应。随着人工成本的不断攀升，以及自动化技术的快速发展，越来越多的集装箱码头公司针对正在使用的龙门吊开展远程控制技术改造，以探索传统码头设备的自动作业模式。麦肯锡数据显示，传统集装箱码头人工操作提箱效率为 25～27 箱/h，优秀码头可达到 30 箱/h，自动化码头可显著提升提箱效率 30% 以上。

整个龙门吊远程控制系统主要包括 4 个子系统，即远程通信系统、视频监控系统、单机控制系统和中控系统。通过四大子系统的共同运行，即可实现龙门吊的远程控制和半自动运行，整个工作流程如下：码头操作系统（Terminal Operating System, TOS）自动派发指令给中控子系统，中控子系统将指令分解，并根据指令信息自动选择最合适的龙门吊，同时转发指令的分解信息给该龙门吊的单机子系统。单机子系统接收到指令分解信息后，再自动转化为执行步骤并自动执行，指令完成后，单机子系统返回指令完成信息发送给中控子系统，中控子系统再将指令完成信息发送给 TOS，完成整个工作流程，并等待下一个指令分配[5]。

6.3.1.2 网络方案

装/卸作业的远程控制实现依托 3 个关键技术。

一是高速数据传输速率，为了使控制者能够全面清晰实时地了解现场的情况，利用摄像机进行视频数据采集。其中高清视频的传输需要大带宽保障视频内容上行传输的流畅性和实时性；控制者佩戴的高清 VR 眼镜或者 MR 眼镜也需要大带宽保障视频内容下行传输的流畅性和实时性。

二是低时延，中央控制室与龙门吊之间交互行为指令的实时下发，这需要网络具有低时延以保障中央控制室的命令可以通过传感器实时控制龙门吊。

三是高可靠性，目前装卸作业要实现集装箱的装、卸、进、提、移所有动作，远程控制中作业指令通过系统自动发送，通过无线的方式被传送到各个作业机械的无线终端显示屏，作业司机完成动作后，需要完成无线终端上指令的确认。若控制信号出现问题，将引发一系列误操作，从而导致事故的发生。

四是龙门吊与中央控制室之间通信网络的快速便利部署，若龙门吊与中央控制室之间使用有线网络，虽然网络时延和带宽可以得到某种程度的保证，但有线使得龙门吊的活动范围受到限制，而且在港口数字化转型中无法便捷实现快速网络部署。

在 5G 解决方案出现之前，无线信号传输一直是影响港口智能化的主要问题。4G 以及 Wi-Fi 技术无法满足港口生产对带宽和时延的要求；龙门吊若铺设光纤，智能化改造成本高、难度大，且光纤部署在常年移动作业的龙门吊上，每年都有一定的磨损量，这对常年驾驶龙门吊的司机而言，光纤信号的衰减将影响吊臂位置判断。而 5G 与边缘计算等新技术为港口自动化、智能化提供了最佳连接方案，为"智慧港口"建设注入了新动力。

超高可靠、低时延通信是 5G 典型应用场景之一。3GPP 于 2020 年 6 月正式发布 5G Rel-16 标准，相比 Rel-15，Rel-16 标准的关键性能、应用能力和网络基础能力均显著提升。关键性能方面，Rel-16 对低时延和高可靠性能进行了增强，实现空口单向时延小于 1ms、可靠性达到 99.9999%。此外，Rel-16 增强了网络数据承载能力，特别是毫米波通信能力，扩展毫米波应用场景。网络基础能力方面，Rel-16 持续增强 Rel-15 的若干基础功能，显著提升网络自组织、自动化运营、米级定位等。

轮胎/龙门吊控制台工位实现对轮胎吊 N 对 N 灵活控制，轮胎/龙门吊安装多路高清摄像机，同时采集轮胎吊主要设备、吊具等运行状态参数，通过 5G 通信回传至外高桥港区中控台，由远端人员判定操作，并下发控制命令，港口 5G 远程控制网络方案如图 6-2 和图 6-3 所示。

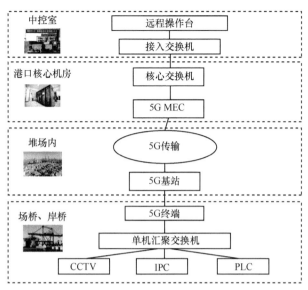

图 6-2　港口 5G 远程控制网络方案 1

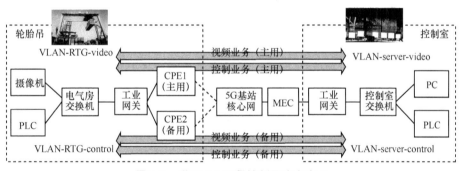

图 6-3　港口 5G 远程控制网络方案 2

6.3.1.3　生态及商业模式

　　港口连接着生态系统利益相关者和供应链，因此需要具有可持续发展的核心竞争力。推动港口现代化的因素有 5 个：人口、可持续发展、商业贸易新模式、全球环境变化以及新技术发展。要取得成功，港口必须充分利用新技术应对新需求，实现各种场景的互联互通，更高效地处理和利用大量数据，建立完善的生态系统，使可持续发展成为竞争优势。

在港口的龙门吊远程控制场景中,网络、频谱需要依靠运营商;5G 端到端解决方案,需要 5G 解决方案供应商;在终端应用上,需要重工机械制造商整合远程控制相关方案。从服务看,运营商和 5G 解决方案商提供 ICT 产品的设备和服务,包括网络、云、边缘机房;重工机械制造商提供基础的硬件,包括龙门吊、传感器、摄像机以及远程控制软件、操作系统等。在我国目前的港口 5GtoB 的解决方案中,有如下 3 种建设模式。

模式一:通常是大型港口,港口整体信息化基础良好,数字化转型需求强烈。在自动化改造过程中,港口管理方一直积极主动推进。此种模式中,运营商联合 5G 解决方案供应商形成 5G 通信方案及应用集成;重工机械制造商联合实现龙门吊远控系统改造集成,最后交由港口管理方集成双方方案。

模式二:通常是大型港口,港口整体信息化基础良好。过往的自动化改造中,重工机械制造商处主导地位。这种模式下,由重工机械制造商实施项目总集成,完成龙门吊远程控制整体解决方案。运营商作为网络提供商,提供连接的服务,联合 5G 方案提供商实现 5G 专网集成。

模式三:以小型港口为主,运营商一直致力于推动港口数字化转型。运营商作为系统集成商提供端到端集成服务,其中,5G 解决方案供应商形成 5G 通信方案及应用集成,重工机械制造商联合完成龙门吊远控系统改造方案。

根据行业发展阶段、方案成熟度及企业对行业理解和技术积累的不同情况,在实际项目中可以采用最能够发挥各方资源和优势的方式。

5G 技术在港口的大规模应用为各参与方带来新利益点。对监管部门而言,新技术改变了现有港口生产作业模式,使各港区的安全程度明显提高。同时智能化系统在港口安全监管中可以促进信息的高效传输，并提升管理的效率，让安全监管取得更加理想的效果。

对港口而言，码头生产运营各环节的人力成本大大降低，真正实现了港口服务从劳动密集型向自动化、智能化的革命性转变。

对重工机械企业、子系统提供商而言，目前国内、国际港口新建空间有限，自动化改造带来新的发展点，推动重工机械企业及相关子系统提供商实现由小到大、由弱到强的快速发展。例如，中国振华重工集团生产的岸桥、轨道吊等重型设备在集装箱码头全球市场份额居于首位。

5G 支撑吊机远程控制，为网络、应用、终端发展三方面都带来新机会。网络方面，基站建设是基础，工信部公布的最新数据显示，中国已建成 5G 基站近 140 万个，形成全球最大 5G 独立组网网络。应用方面，5G 专网作为高质量服务行业用户的重要手段，为行业提供差异化的网络定制服务，以及提供创新驱动、云网融合、安全可信的 5G 服务。终端方面，随着 5G 行业应用不断涌现，5G 终端形态尤为丰富，产业链可提供包括芯片模组、核心元器件、终端设计等产品和服务，通过一次性及服务年费等多种方式进行收费。

6.3.1.4　产业标准

2018 年 6 月，中国港口协会正式发布《岸边集装箱起重机远程控制系统技术条件》（T/CPHA 1-2018）和《集装箱门式起重机远程控制系统技术条件》（T/CPHA 2-2018）两项团体标准。

《岸边集装箱起重机远程控制系统技术条件》（T/CPHA 1-2018）的主要内容包括：一是规定了岸边集装箱起重机远程控制系统的系统构成、技术要求和试验方法，适用于岸边集装箱起重机远程控制系统的设计、制造、改造和使用。二是远程控制系统由视频监控系统、运行和定位系统、吊具姿态系统、智能识别系统、信息管控系统、远程操作台和安全保护系统等各分系统构成，各分系统又由不等数量的子系统构成，比如智能识别系统由集装箱、集装箱牵引车、船形扫描、舱口 4 个子系统构成，并规定了配置要求。标准除了一般要求以外，标准都对各个系统提出了具体的技术要求。

《集装箱门式起重机远程控制系统技术条件》（T/CPHA 2-2018）的主要内容包括：规定集装箱门式起重机远程控制系统的系统构成、技术要求和试验方法，适用于集装箱门式起重机远程控制系统的设计、制造、改造和使用。远程控制系统由视频监控系统、运行和定位系统、安全保护系统、信息管控系统、远程操作台和智能识别系统等分系统构成，各分系统又由数量不等的子系统构成，比如运行和定位系统又包括起升定位、小车定位、大车定位、大车自动纠偏、远程转场、集装箱牵引车引导、自动着箱 7 个子系统，并规定了配置要求。除了一般要求以外，标准都对各个系统提出了具体的技术要求。其中，对于信息管控系统的系统接口，标准规定了码头生产管理系统与作业安全协作控制模块交互信息内容及格式要求。

6.3.1.5　典型案例

宁波舟山港是国家的主枢纽港之一，是我国重要的集装箱远洋干线港、国内最大的铁矿石中转基地和原油转运基地。其含 19 个港区，生产泊位约 620 座，其中万吨级以上大型泊位近 160 座，5 万吨级以上的大型、特大型深水泊位约 90 座。舟山港作为业界首个完成 5G 轮胎吊远程操控验证并常态化投产的港口，基于 5G 技术的轮胎吊改造和验证，验证了

5G 可同时满足多台轮胎吊远程操控所要求的大上行带宽和稳定的低时延。利用 5G 技术改造龙门吊控制方案后，人力成本降低 70%，效率提升 30%[6]。

2021 年 10 月，山东港口首台 5G 远程操控挖掘机在日照港石臼港区东 10 泊位正式入舱开展船舶清舱作业。投入使用的挖掘机 5G 远程操控平台，采用了挖掘机姿态反馈系统，实现远程操控平台与舱内挖掘机操作室的 1:1 还原。借助现场作业环境采集反馈系统和车身姿态及状态采集反馈系统，操作人员在平台能够感受真实的作业环境，实时了解设备真实状态，就如同观看 4D 电影一般，保证了操作人员的作业安全，极大提升了工作环境舒适度。此外，操作人员还可以通过远程指令信号切换，实现同一操控台对现场多台挖掘机的控制，提升了作业效率。在远程操作挖掘机设备时，运用独特的指令动作信号双通路控制模式，可以及时判断人员的误操作或信号故障，出现异常时进行互锁，保障设备的作业安全[7]。

6.3.2　无线视频监控

6.3.2.1　业务需求

全球经济一体化进程以及国际市场的不断融合，使港口码头成为了大型货运周转中心，每天数以百计的大型货轮、数以千计的大型集装箱、数以万计的人员流动，在如此繁复的环境中，如何保证运输生产、货物、设备以及人员安全，成为港口码头管理人员最为关注的问题。

港口货物查验目前较多依靠监管人员的主观经验，对查验流程中出现的问题需要很多人力进行监管，造成人力资源紧张。港口货物查验点众多且分散，查验点之间缺乏信息共享，区域物流枢纽数据交换不畅，对外信息服务能力薄弱；堆场检查辅助工具较少，缺乏先进的技术和设备，资源集约化程度低，致使现场查验处于相对粗放的状态，查验指令针对性和可操作性较弱，在一定程度上影响了堆场查验的效率。

目前对大多数港口而言，生产现场运行车辆以及日常运维人员较多，安全生产管理人员无法掌握现场车辆和人员的实时位置，当人员及车辆靠近危险区域时无法进行实时预警，导致无法及时进行管控；港口需要及时和定期对大型机械巡检，包括岸边集装箱起重机、轨道吊、轮胎吊、门座式起重机和卸船机等，因其工作环境湿度大、易被腐蚀，需通过巡检预防故障。目前日常巡检工作缺乏应用信息化手段，港机设备维保检查依然采用人工攀爬的方式，不仅耗时耗力，同时还存在人工检查难以到达的高空盲区，存在安全隐患，极大地增加了现场安全生产的压力。日常巡检信息缺乏统一的平台进行可视化精细化管理，无法快速、准确反馈巡检状况，纸质记录容易丢失，无法精确统计巡检线路检查情况以及时间是否按照计划进行。

为更好地提升港口综合管理能力，提高对突发事件的协调处置能力，港口亟须更新完善一体化管理系统，升级设备设施巡检系统，完善码头地面、空中一体化监控，实时智能分析，辅助港区安全、智能运营管理。

- 安全防护：货物识别管理，实现绊线检测、物品移走、人脸识别实时分析，联动告警。
- 运营管理：车牌号识别、人头计数、人群密度实时分析，辅助园区运营效率。
- 自动理货：吊车摄像机对集装箱编码 ID 的 AI 识别，自动理货。

- 智能巡检：利用无人机、机器人快速智能巡检。

- 港区事后智能分析：行为检索、视频摘要事后智能分析，解决人力、时间成本。

6.3.2.2　网络方案

港区 5G+视频监控的需求如下。

- 监管人员可远程实时观看设备工作进度及工作情况。

- 多视角、保障设备操作员及其所在环境的安全性，通过无线监控拓宽操作员的视野，避免出现视线死角，从而提高作业安全性。

- 捕捉堆场内货物信息，用于自动理货。

目前港口视频监控最大痛点是摄像机有线安装，位置固定且维护困难，部分区域（如广场等）光纤铺设成本高昂，角落布线困难；Wi-Fi 等技术容量不足、稳定性差；现有的无人机巡检依托 4G 通信，采集图像、视频等实时数据存在困难，如实时回传，将消耗大量流量，如要保证实时性，则要降低视频清晰度；另外部分港口已建设集装箱生产信息管理系统、场地视频监控系统、流机移动监控系统、门禁管理系统以及出入口控制系统等生产辅助系统，因系统开发厂商各不相同使这些系统仅能实现各自的单独管理功能，港区信息化应用较为初级，工作效率不高。现利用港口 5G 网络的部署，实现宽管道、实时性高传输路径，保证工业相机、视觉处理器等具备无线连接条件，助力港区码头集装箱理货应用的自动化改造，降低企业人工成本。

港区 5G+视频监控方案，通过在园区入口、货场、集装箱区级等部署高清球机捕捉现场画面，实时获取设备、人员及货物信息，通过 5G 网络回传至中央控制室，经过分析、识别、大数据处理等，实现运营管理、安全防护、理货等工作。通过 5G 网络覆盖，将视觉系统单元配置为无线传输，替代传统有线连接方式；基于 5G 虚拟专网和良好的网络覆盖，实现随时随地远程监测，在港区即可远程查看港口内各项数据，实现可视化多维度管理，港区视频监控网络方案如图 6-4 所示。

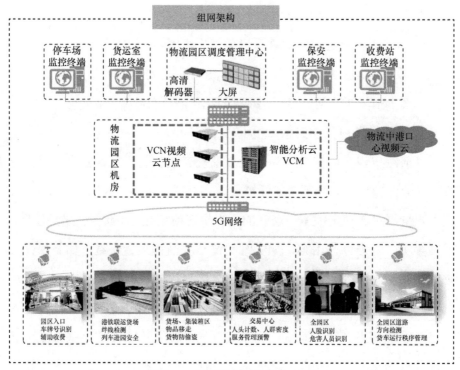

图 6-4 港区视频监控网络方案

在龙门吊智能监控应用中，安装于港口龙门吊驾驶室内的高清监控摄像机，将采集的驾驶室内实时视频图像回传到 5G MEC 平台，通过视频监控，对司机面部表情、驾驶状态进行智能分析，如发现有疲劳、瞌睡等异常现象则立即预警，解决了在 4K 超高清视频监控场景下带宽不足和时延高的问题，提供更清晰视频图像，提高智能分析效率和实时响应速度，从而降低港口生产事故率，保证港口作业安全和驾驶员生命安全。

集装箱智能理货场景中，通过安装在桥吊前端的高清摄像机，获取实时信息，经过数据处理，对桥吊下关键作业信息进行智能识别，实现作业箱号识别、拖车车顶号识别、ISO 码识别、作业状态自动确认、异常作业处理情况记录、存储作业视频录像等，保存完整箱体图片以供集装箱验残等功能。实现集装箱堆场的可视化管理，主要包括集装箱的进/出场、装/拆箱管理，箱号锁定、箱号自动校验、箱位管理、超期箱管理、坏箱维修、商检箱管理等，并对各个操作的费用进行自动统计，并留有数据接口，可以根据需要输出数据和实行网上堆场箱信息的实时查看等操作，另外还可以根据输入进/出堆场集装箱的相关信息自动生成各种日常报表所需的数据。

5G 无人机巡检中，无人机可以感知周边环境，规划最优巡检路径、自主导航；同时搭载 4K/8K 高清摄像机、热成像摄像机，利用 5G 网络高速率、低时延、大规模连接的优势，对岸桥吊、轨道吊、装卸船机等多种港机设备进行监测和数据采集，一键上传后进行专业图像诊断，及时发现设备的裂缝、锈蚀、零件脱落等问题，自动生成评估报告，全面覆盖人工检测盲区，全方位记录设备健康状态。通过集航线影像、自动巡检、稳定拍摄等功能于一体的 App 软件系统，地面人员可以随时随地获取巡检状况，大幅提升效率与精度。从效率上，无人机大约 2h 就能自动巡检一台岸桥吊的 40 个检测区，较人工巡检效率提升 8 倍以上；从精度上，无人机可以采集高清图像，发现人眼难以发现的故障隐患。

6.3.2.3　生态及商业模式

在港口的无线视频监控场景中，网络、频谱需要依靠运营商；5G 端到端解决方案，需要 5G 解决方案供应商；在终端应用上，需要视觉设备商整合监控相关方案。从服务看，运营商和 5G 解决方案供应商提供 ICT 产品和服务，包括网络、云、边缘机房；视觉设备商提供基础的硬件，包括传感器、摄像机，以及控制软件、操作系统等。在我国目前的港口无线视频监控的解决方案中，有如下两种建设模式。

- 模式一：通常是大型港口，港口整体信息化基础良好，数字化转型需求强烈。在自动化改造过程中，港口管理方一直积极主动推进。此种模式中，运营商联合 5G 解决方案供应商形成 5G 通信方案及应用集成；视觉设备商联合现场机械厂商集成无线视频监控，最后交由港口管理方集成双方方案。

- 模式二：以小型港口为主，运营商致力于推动港口数字化转型。运营商作为系统集成商提供端到端集成服务，其中，5G 解决方案供应商形成 5G 通信方案及应用集成；视觉设备商联合现场机械厂商集成无线视频监控形成方案。

根据行业发展阶段、方案成熟度及企业对行业理解和技术积累的不同情况，在实际项目中可以采用最能够发挥各方资源和优势的方式。

5G 技术在港口的大规模应用为各参与方带来新利益点。对监管部门和港口而言，全港区实现 24h 无盲区监控，特别是对货物存放区各货柜、货物的实时监控，防止盗窃事件的发生；另外还要对装/卸作业区进行实时监控，有效推进港口巡检无人化、监控全天化、视频高清化和分析智能化，大大提升智慧港口安全生产水平。

对视觉设备商、子系统提供商而言，目前在港口应用受到通信技术限制，无法大面积部署，自动化改造带来新的发展点，推动视觉设备商、子系统提供商在人脸识别、行为识别、车牌识别、目标分类等场景中应用更加普及，重构智能安防体系，扩大业务范围。Gartner 预测，2020—2022 年，室外视频监控将成为全球 5G 物联网解决方案最大市场，在 2020 年时达到 5G 物联网端点装机总数 70%，就数量而言未来三年将分别达到 250 万台、620 万台、1120 万台。

6.3.2.4　产业标准

2015 年 7 月，我国交通运输部发布《港口视频监控系统联网技术要求》（JT/T 982-2015）。本标准规定了港口视频监控系统联网的联网架构、音/视频编解码、接口与控制协议和编码规范的技术要求。本标准适用于港口视频监控系统的设计开发、联网运行和维护管理。其他类似系统可参照使用。

2020 年 12 月，中国超高清视频产业联盟发布《5G 超高清监控摄像机通用技术规范》（CUVA 006-2020）。该标准涉及分辨率、码率、丢帧率、单码流峰均比等多个 5G 超高清摄像机技术指标，从前端视频采集、媒体压缩编码、应用层传输协议要求到传输性能要求等全面定义 5G 超高清摄像机技术要求，同时给出功能及性能要求测试方法，提供可靠的测试评估依据，适用于采用 5G 超高清监控摄像机的视频监控应用场景，涉及 5G 网络传输的其他监控场景均可参照执行。

6.3.2.5　典型案例

福州港务集团江阴港区成功上线福建省内首个 5G"智慧港口"平台，

"智慧港口"实现了既关注整体又兼顾局部的大范围立体监控模式，构建最先进的 AR 实景作战指挥平台，远程通过 AR 全景摄像机获取的江阴港区实时全景视频，方便生产调度人员对作业线进行实时指挥、作业方式调整等，已成为港区作业指挥的一种先进手段。安装于港口岸桥驾驶室内的高清监控摄像机，将采集的驾驶室实时视频图像，通过 5G 快速回传到 MEC 平台中，通过视频监控智能分析，对司机面部表情、驾驶状态进行智能分析。平台监控一旦发现有疲劳、瞌睡等异常现象就会立即预警，解决了在 4K 超高清视频监控场景下带宽不足和时延高的问题，提供更清晰的视频图像，提高智能分析效率和实时响应速度，从而降低港口生产事故率，保证港口作业安全和驾驶员生命安全[8]。

山东港口日照港部署无线视频监控系统，实现了从舱口至门机驾驶室、从驾驶室至集团监控平台的高清图像实时传输与互通，使理货工作更安全、更高效。只需将智能理货车停在指定理货查验区，系统就可以通过两侧球机对车辆及货物进行观测、识别，并将识别结果与件杂货系统中的数据进行核对，无误后即可放行，理货员只需要对理货结果进行确认审核。系统全面完成后，实现理货作业本质安全，杜绝人机交叉的隐患；每车理货时间由 3min 缩减到 10s，效率大幅提升[9]。

6.3.3　港口无人运输

6.3.3.1　业务需求

作为全球贸易大国，中国进出口需求强劲。根据交通运输部数据，2021 年 1—10 月全国港口货物吞吐量为 1286974 万吨，同比增长 7.8%。其中，10 月份全国港口集装箱吞吐量为 2452 万 TEU。在吞吐量大幅上涨的情况下，如何降低成本是港口运输一个比较重要的难题。

卡车司机短缺问题严重。卡车司机占据整个港口运输成本的 50%以上，卡车司机需要的驾驶经验和驾驶资格要求高，卡车司机需要至少 A2 等级以上的驾驶证，导致了港口卡车司机的严重短缺。有报告显示，目前每位卡车司机人力成本平均 15 万～20 万元/年，并且逐年上涨。按照此标准计算，我国港口每年用于卡车司机的人力成本大概在 500 亿～1000 亿元。另外，港口通常需要 24h 作业，意味着司机需分班轮换，容易产生疲劳驾驶的现象，造成安全隐患。除了降本，港口转型的原因还有增效。传统的有人驾驶，难以进行整体调度，存在排队混乱、抢行加塞等问题，加之半程空载、作业时间不易把控等问题，严重影响运输效率。

水平运输自动化是港口实现降本增效的核心。近年来，我国港口自动化作业水平不断提升，当前港口垂直运输通过自动化轨道吊已经实现较高水平的自动化作业，但水平运输自动化仍是港口自动化升级的核心痛点。现有解决方案中，AGV 场地改造难度大，单车价格高昂，自动驾驶跨运车由于堆箱高度限制，不适用于我国港口。

利用无人驾驶替换卡车司机，既能节约人力成本，也能消除很多的不确定因素，中控台能很好的统筹整体作业、装卸流程、运行时长和路径以及通行次序。大势所趋之下，近几年来，相关企业都开始布局港口无人驾驶。根据松禾资本的报告，无人驾驶从全球规模占比来看，排在第二位的赛道便是港口，占比为 11.3%，产业规模在 2020 年已达到 279 亿美元左右。港口无人驾驶运输系统是 5G 技术的关键应用方案之一，5G 高速率、低时延、支持大连接的特征，结合高精度定位和车路协调，可实现内置式卡车自动驾驶和实时传输。对简单的港口运输环境，自动驾驶更易于实现。

6.3.3.2 网络方案

港口主要包含两方面的运输类型，一种类型是港口内封闭区域的集装箱以及干散货运输，承载船侧和内部堆场的货运；另一种类型是半封闭区域的接驳，承载内部堆场和外部堆场或者仓库的货运。港口的环境比干线道路、快递物流更为复杂，不仅有大量堆垛的集装箱、码头专用设施等固定物体，还有吊装、油气、货运、客运、作业等多种车辆等移动作业工具，这对无人驾驶集卡的分辨识别能力要求更高，可容忍误差更小，必须从系统的设计阶段就注重具备更高的精度。且整体高湿度、高盐度、温差大，均对应用技术提出了高要求。

港区无人运输方案与应用场景紧密相关。一是智能化方面，充分考量人、车、物交织的复杂环境，无人驾驶集卡上配备了激光雷达、毫米波雷达、超声波雷达、高清摄像机、卫星定位模块等先进技术，特别是超声波雷达可以检测到所有物体，与激光雷达和毫米波雷达各有所长的特点不同，对于倒车等移动方式更实用，有利于港口环境运输；二是网络方面，采用基于 5G 网络及 V2X 技术，使车端、路端的协同感知能力不断加强，实现了无人驾驶集卡与港区自动化生产设备、系统的互联互通。同时，还可加入云端计算和远程监控服务，实现系统实时优化、智能调度管控和远程遥控驾驶，为无人驾驶集卡的安全运营提供多维保障；三是技术上与 AGV、IGV 有很大不同，AGV 要在行驶路线上铺设磁钉，IGV 的定位精确度相对稍差，而无人驾驶集卡集中了技术优点，规避了 AGV、IGV 的技术短板，成本上也更为节约。

港区无人运输方案需要实时路端感知、车路协同、车车协同、实时视频等应用功能，单台集卡对网线传输网络的上行带宽需求将达到 20～

30Mbit/s 和稳定 20ms 以内网络低时延，繁忙时会有 40 多台集卡并发作业，对上行带宽总需求将达 1200Mbit/s。5G 技术可以为这类应用提供更好的网络支持。3GPP 5G Rel-16 在港口已验证其性能和稳定性很好地满足了智能集卡对数据无线传输的需求，辅以 CPE 支持双发选收功能，进一步提高了信号传输质量和时延的稳定性。5G 成为港区无人运输方案全功能应用网络传输解决方案的首选。

6.3.3.3 生态及商业模式

在港口的无人驾驶场景中，网络、频谱需要依靠运营商；5G 端到端解决方案，需要 5G 解决方案供应商；集卡的无人驾驶方案，需要自动驾驶方案商整合现有集卡生产商、控制系统等相关方案。从服务看，运营商和 5G 解决方案供应商提供 ICT 产品的设备和服务，包括网络、云、边缘机房；自动驾驶方案商及集卡生产商提供可上路运行的无人集卡，以及控制软件、操作系统等。在我国目前的港口无人驾驶解决方案中，有如下两种建设模式。

模式一：通常是大型港口，港口整体信息化基础良好，数字化转型需求强烈。在自动化改造过程中，港口管理方一直积极主动推进。此种模式中，运营商联合 5G 解决方案供应商形成 5G 通信方案及应用集成；自动驾驶方案商联合现场集卡厂商做无人驾驶方案集成，最后交由港口管理方集成双方方案。

模式二：通常是大型港口，港口整体信息化基础良好。过往的自动化改造中，自动驾驶方案商处主导地位。这种模式下，由自动驾驶方案商实施项目总集成，完成无人驾驶整体解决方案。运营商作为网络提供商，提供连接的服务，联合 5G 解决方案供应商实现 5G 专网集成。

在港口的无人驾驶场景中，原则上选择能够发挥各方资源和技术能力优势的模式。

5G 技术在港口的大规模应用为各参与方带来新利益点。对监管部门而言，无人驾驶集卡提高了作业安全性，极大规避了事故。对港口而言，在传统的有人驾驶作业中，码头方面难以对各车辆进行整体调度，因而经常会发生排队混乱、抢行加塞等问题，加之半程空载、作业时间不易把控等问题，运输效率受到严重影响。而在无人驾驶作业中，中控调度平台能够把码头作业每一个业务节点的数据全部自动化采集，极大地优化码头的调度效率。以宁波招商大榭码头为例，在作业数据化后，整体效率初步估计可以提高 30%～40%。对船运公司而言，船舶在码头停留的时间可以减少 30%；相应地，码头的吞吐量从 300 万 TEU 提升到 400 万～500 万 TEU，甚至 600 万 TEU。

对无人驾驶方案商和集卡厂商而言，港口自动驾驶是典型的封闭场景+低速运营的场景，是自动驾驶率先商业化落地的典型场景。目前，国内港口集卡牵引车保有量超过 2.5 万辆，但大多数港口码头仍主要使用有人驾驶集卡方式，港口内集卡自动驾驶渗透率不到 2%。预计到 2025 年，中国港口内集卡 L4 级自动驾驶渗透率将超过 20%，L4 级港口自动驾驶内集卡应用规模达到 6000～7000 辆，中国港口自动驾驶总体市场规模将超过 60 亿元，占全球市场约 30%。港口自动驾驶落地快、商业模式清晰，预计未来 2～3 年会实现大规模商用。无人驾驶领域投入高，回报周期长，在港口的实际运营既可以实验技术，也能带来收益，在短期内可以实现商业运营。

5G 支撑无人驾驶，提供通信立体覆盖方案，实现 5G 无缝覆盖，支撑各项业务应用。产业链各方可通过一次性收费以及服务年费形成收益。

6.3.3.4　产业标准

2021 年 5 月，东风汽车集团、中远海运港口、中移（上海）信息通信科技联合发布了《港口无人驾驶集装箱卡车性能和测试方法》企业联合标准，这是首个针对港口无人驾驶集装箱卡车性能和测试方法的标准。该企业联合标准共分 4 个部分，分别为驾驶场景和行驶行为要求、无线通信和信息安全要求、车辆功能和性能技术要求、车辆测试和试验方法。每个部分均包含标准的适用范围、规范性引用文件、标准的术语和定义及具体的技术性能要求。该标准适用于智能网联港口无人驾驶集装箱卡车自动驾驶系统的开发过程，已获得交通运输部智能交通产业联盟立项。

6.3.3.5　典型案例

宁波舟山港作为全球最大的港口，联合宁波移动和华为公司展示了 5G 智能集卡与常规集卡混编作业模式，向世界一流强港的目标又前进了一大步。5G 技术应用辅助智能集卡发挥其超级"人工智能大脑"的各项功能，智能集卡等待岸桥把集装箱放置到车上后，自动启动车辆，如"老司机"一般识别周围的集装箱物体、机械设备、灯塔等，可以自主做出减速、刹车、转弯、绕行、停车等突发状况的各种决策，并根据智能调度系统提供的最优运行路线精准驶入轮胎吊作业指定位置，实现满足港口封闭区域内水平运输的需求[6]。

2020 年 5 月，全国首个"5G+无人驾驶赋能智慧港口"厦门远海码头启用，东风商用车无人驾驶集卡于此亮相，并完成 5G 智慧码头全业务场景的现场验收；厦门港已实现 5G 网络连续覆盖，全区域 5G 综合覆盖率达 98.89%。港区内开展 5G 边缘计算与切片专网建设，实现了驾驶行为分析、AGV 远程控制、自动驾驶、港机远控等 5G 场景应用,大幅提升了港区的作业效率和作业安全[10]。

广州港作为中国华南地区最大的综合性港口,正着力打造世界级全自动化码头——广州港南沙港区四期工程。2021 年 5 月,港口联合调试成功,岸桥按照信息系统自动发布的指令精准地抓取船上的集装箱,自动放置在无人驾驶智能导引车上,导引车通过智能算法,自动规划路径,将集装箱运往堆场,轨道吊自动对位,自动抓取集装箱后放到指定位置[11]。

6.4 总结与展望

5G 技术在港口的应用已得到不少场景的验证,可尽快实现规模化推广。港口物理空间相对独立,应用 5G 打造智慧港口具有巨大的实践意义。从目前 5G 智慧港口案例可以看到,吊机远控场景切实解决港口吊机司机工作条件艰苦、安全风险大的痛点;智能理货针对港口出入货物量大且繁杂,货物精细管理压力巨大构建;智能安防和无人机巡检则切实解决了港口安防压力大、人力巡检工作量巨大且工作环境恶劣的痛点。随着 5G 商用化的持续推进,在现有合作成果的基础上,进一步丰富业务验证场景,扩大试点规模,全面验证各类典型应用的 5G 承载能力,打造 5G 垂直行业应用标杆。同时随着各应用场景的成熟技术和商业模式的固定化,5G 智慧港口解决方案可以复制到国内外各港口,带动整个行业技术的换代升级,同时带来巨大的商业利益。

6.5 参考文献

[1] 赵冰, 王诺. 港口代际的本质特征及其演化规律研究[J]. 中国港口, 2010(5): 50-51, 44

[2] 刘翠莲. 港口装卸工艺[M]. 大连: 大连海事大学出版社, 2013.

[3] 提质增效降本 打造港口生态圈[EB]. 2018.

[4] 顾海红. 港口输送机械与集装箱机械[M]. 北京: 人民交通出版社, 2010.

[5] 柳长满, 张传捷, 陈微波, 等. 国内沿海自动化集装箱码头关键技术发展趋势[J]. 中国港口, 2021(1): 17-23.

[6] 华为无线网络. "5G 智慧港口"新突破！宁波舟山港联合中国移动和华为打造世界一流强港[EB]. 2021.

[7] 栗晟皓. 山东港口日照港首台 5G 远控挖掘机投入使用[EB]. 2021.

[8] 福建省人民政府国有资产监督管理委员会. 福建省首个 5G "智慧港口" 平台上线[EB]. 2019.

[9] 隋忠伟. 山东港口日照港外理公司实现智能理货全覆盖[EB]. 2021.

[10] 中国移动通信集团有限公司. 无人驾驶的卡车如何精准作业？带你打卡不一样的新码头[EB]. 2020.

[11] 中国联合网络通信集团有限公司. 中国联通为 5G 智慧港口建设再添新动能[EB]. 2021.

第七章 5G+智慧矿山

||||||||||||||||||| **7.1 矿山行业概况** |||||||||||||||||||

7.1.1 矿山行业发展现状

矿产资源是地壳在其长期形成、发展与演变过程中的产物，是自然界矿物质在一定的地质条件下，经一定地质作用而聚集形成的。不同的地质作用可以形成不同的矿产。矿产资源有几个特点：非可再生性，任何一种矿产资源，其储量都是有限的，并且具备一定的不可替代性；开采难度大，大多数矿产资源的形成都需要特定的地质环境，开采时容易造成生态环境的破坏；分布不均衡，而且往往是生产力发达的地方矿产资源少。

常见的矿产资源包括能源矿产、金属矿产、非金属矿产、水气矿产。不同的矿产资源具有不同的性质、用途和形成方式，需要采用不同的开采形式和开采方法。

全球的矿产资源分布极不均衡，多种矿产资源的储量集中在少数国家，例如美国是全球煤炭储量最丰富的国家，截至 2020 年年底，美国的煤炭探明储量为 2489.41 亿吨，占全球总量的 23.2%[1]。开采矿产资源需要雄厚的资金和先进的技术，发展中国家虽然矿产资源储量相对丰富，但是矿山勘探及开发程度相对较低，为发展本国经济，大多倾向于改善本国矿业投资环境，吸引外资勘探、开发本国资源，因此跨国矿业公司发展非常迅速，他们积极参与矿产勘探，不断扩张自身上游资源储量，拓展资源型矿山的服务年限，并依靠并购重组不断做大做强，利用资金优势、技术优势和管理优势建立规模优势、产品优势和成本优势。近年来，随着勘探技术的进步和矿产资源开发利用技术、综合利用技术的不断进步，更多的新型矿产资源被发现，更低品位的矿产和共生/伴生矿产资源得到开发利用，矿产资源开发利用效率不断提高。

中国是矿产资源大国，也是采矿业大国，截至 2020 年年底，已发现矿产 173 种，其中，能源矿产 13 种，金属矿产 59 种，非金属矿产 95 种，水气矿产 6 种[2]。中国的矿产品类比较齐全，勘查开发体系比较完整，主要矿产品产量和消费量都在世界前列（例如中国大陆地区的煤炭产量占全球的 50.7%，煤炭消费量占全球的 54.3%，都超过了全球其他国家的总和[1]），但大多数矿产资源人均占有量不足世界平均水平的一半。目前中国的采矿业仍存在一些矿产资源过度开发、无序开发、低效开发的问题，安全责任事故时有发生，造成了一定的环境污染。例如，根据国家矿山安全监察局调查统计，2020 年中国共发生煤矿事故 123 起，死亡 228 人。

7.1.2 矿山行业主要作业环节

矿产资源开发一般包括采矿、选矿和冶炼等工业生产过程，不同的矿产资源、同一种矿产资源的不同矿区，采矿的方式有所不同。常见的开采方式分为露天开采和地下开采两种方式，埋藏浅的厚大矿体多采用露天开采方式，埋藏深、厚度小的矿体多采用地下开采方式。露天开采方式的基建投资低，适合使用大型设备，生产效率高，生产成本低，矿石的损失率和贫化率小，作业条件相对安全，但并不是所有矿体都适合用露天开采方式，此时需要采用地下开采方式，同一个矿区可能在前期使用露天开采方式，后期转为地下开采方式。

露天开采的主要作业环节一般包括穿孔、爆破、采装、运输、排土等工序。穿孔工序是第一道工序，主要采用牙轮钻机、潜孔钻机等设备在适当的位置钻孔，为爆破做准备。爆破工序是在穿孔完成后，往钻孔内重填炸药，借助炸药爆破时产生的力量崩落矿岩的过程。采装工序是指用单斗或多斗挖掘机、轮斗挖掘机等采掘设备将矿岩从整体母岩或松散爆堆中采集出来，并装入运输设备的过程，是露天开采的中心环节。运输工序的基本任务是将采出的矿石运送到选矿厂、破碎站或贮矿场，把剥离的岩土（废石）运送到排土场，主要采用自卸汽车、胶带运输机、轮式装载机、轨道运输机等设备进行运输。通过大型采装与运输设备的联动，构建轮斗式挖掘机—胶带运输机系统、推土机—格筛—胶带运输机系统、前端式装载机—移动式破碎机—胶带运输机系统、挖掘机—汽车—破碎机—胶带运输机系统等，可以实现采装工序和运输工序的无缝衔接，实现连续开采，大大提高开采效率。露天开采的一个重要特点是要剥离大量覆盖在矿体上部的表土和周围岩石，并将其运往专门设置的场地排弃，这是排土工序。

地下开采首先需要进行开拓工序，从地表开掘一系列的巷道到达矿体，以形成矿井生产必不可少的通行、通风、提升、运输、排水、供电、供风、供水等系统，以便将矿石、废石、污气、污水运排到地面，并将设备、材料、人员、动力及新鲜空气输送到井下。第一步主要采用平硐开拓法、竖井开拓法、斜井开拓法、斜坡道开拓法或联合开拓法等，并建设副井、通风井、溜井、充填井、石门、井底车场、井底硐室等辅助开拓工程。第二步是采准工序，是在已完成开拓工作的矿体中掘进，确定采区，并形成回采所必须的行人、凿岩、通风、出矿等条件。第三步是切割工序，为大规模回采矿石开辟自由面和补偿空间。第四步是回采工序，是进行大量采矿的工作环节，包括凿岩和崩落矿石、运搬矿石和支护采场等作业。这几个步骤，开始是依次进行，当矿山投产以后，为能够持续生产，仍需继续开凿各种井巷，如延伸开拓巷道，开凿各种探矿、采准、回采巷道等。

7.2　矿山行业数字化转型发展趋势及问题

7.2.1　矿山行业数字化转型发展趋势

随着各种高新技术的引入，采矿设备逐步向大型化、自动化和智能化方向发展，采矿方法逐步向规模化、连续化和少人化方向发展，生产装备不断改进，生产工艺不断优化，生产效率不断提高，生产成本不断降低，安全系数不断提高，环境污染不断减少。露天开采的比例不断提升，地下开采的比例不断下降。

"十四五"期间是中国采矿业转型发展的关键时期，《中华人民共和国国民经济和社会发展第十四个五年规划和 2035 年远景目标纲要》[3]中提出，要合理控制煤炭开发强度，推进能源资源一体化开发利用，加强矿山生态修复，推动资源型地区可持续发展示范区和转型创新试验区建设，实施采煤沉陷区综合治理和独立工矿区改造提升工程，提高矿产资源开发保护水平，发展绿色矿业，建设绿色矿山，加强战略性矿产资源规划管控，提升储备安全保障能力，实施新一轮找矿突破战略行动，加强矿山深部开采与重大灾害防治等领域先进技术装备创新应用，推进危险岗位机器人替代。在重点领域推进安全生产责任保险全覆盖。

2021 年 6 月，国家发展和改革委员会、国家能源局、中央网信办、工业和信息化部联合发布的《能源领域 5G 应用实施方案》[4]中指出，5G 具有高速率、低时延、广连接等特征，是支撑能源转型的重要战略资源和新型基础设施。5G 与能源领域各行业深度融合，将有效带动能源生产和消费模式创新，为能源革命注入强大动力，应拓展能源领域 5G 应用场景，探索可复制、易推广的 5G 应用新模式、新业态，支撑能源产业高质量发展。特别地，在智能煤矿+5G 方面，建设煤矿井上井下 5G 网络基础系统，搭建智能化煤矿融合管控平台、企业云平台和大数据处理中心等基础设施，打造云-边-端的矿山工业互联网体系架构。利用 5G 的高速率、低时延、广连接、高可靠等特性，重点开展井下巡检和安防、无人驾驶等系统建设和应用，探索智能采掘及生产控制、环境监测与安全防护、虚拟交互等场景试点应用，促进智能煤矿建设。

2021 年 7 月，工业和信息化部等十部门联合印发的《5G 应用"扬帆"行动计划（2021—2023 年）》[5]中指出，应加快可适应采矿环境具有防爆等要求的 5G 通信设备研制和认证，推进露天矿山和地下矿区 5G 网络系统、智能化矿区管控平台、企业云平台等融合基础设施建设。推广 5G 在能源矿产、金属矿产、非金属矿产等各类矿区的应用，拓展采矿业远程控制、无人驾驶等 5G 应用场景，推进井下核心采矿装备远程操控和集群化作业、深部高危区域采矿装备无人化作业、露天矿区实现智能连续作业和无人化运输。

因此，作为"十四五"规划的开局之年，2021年是5G赋能采矿业数字化智能化转型的开局之年，积极引入数字技术、信息技术和智能技术，有助于采矿业高质量安全发展，建设绿色矿山和无人矿山，并提高矿产资源开发保护水平。

7.2.2　矿山行业面临主要痛点和数字化转型需求

矿山行业面临的主要痛点和数字化转型需求主要有以下4个方面。

1. 安全事故

采矿是一个高风险行业，一旦发生安全事故，会造成重大人员伤亡。矿区往往是黑暗密闭空间，含氧量低，存在易燃易爆气体，发生事故后人员难以逃脱和实施救援。由于安全风险高，越来越多的人不愿意从事井下工作，招工难、用工难问题日益凸显。采矿行业企业非常重视引入高新科技，减少井下工作人员或工作时长，对生产环境和生产过程进行智能感知和智能监控，增加井下通信设施、通信手段和定位能力，尽量保证安全生产，并在发生事故时可以第一时间展开紧急应变和有效的撤离/救援。

2. 环境污染和生态破坏

采矿业环境污染问题主要包括大气、水、土壤的污染，例如爆破和开采时产生的温室气体排放和粉尘污染，伴生元素释出造成的土壤污染，废水排放造成的地下水和地表水污染等。另外，采矿容易造成采空区的地面塌陷或下沉、山体断裂或滑坡、水土流失和土地沙漠化、破坏生物栖息地以及海水侵入等环境破坏问题。通过强化对采矿生产过程的监督，增加对环境的监控力度，提升开采的自动化和智能化水平，减少尾矿的比例，能够推进矿产资源开发和环境的协调发展。

3．生产环境动态复杂

采矿的生产环境十分复杂，且在动态变化中。例如地下开采时，生产环境需要根据地质构造进行设计和调整，掘进面每日前进 5～10m，综采面则日回采 8～10m[6]。智能化采矿设备和相关基础设施需要支持灵活部署、自动配置、可移动性、可远程管理等特性，并且需要适应相应的生产环境，例如防尘、防爆、防震、防水、抗高温等。

4．低效率和高成本

近年来，采矿业需求增速放缓、环境制约要求趋紧、生产和管理要素成本上升、矿产品价格处于下行周期，例如 2020 年全球煤炭消费量下降了 4.2%，属于 6 年来第 4 次下降；煤炭价格（中国秦皇岛现货）在 2020 年下降了 3.25%，与 2011 年的高点相比下降了 34.7%[1]。采矿业亟待强化与新技术的融合创新，推动采矿业提升产业层次、优化生产工艺、减少浪费、节约能源、降本增效、增强竞争优势，加快高质量发展。

7.3 矿山行业主要 5GtoB 规模化复制场景及典型案例

5G 网络具有速率高、容量大、时延低、可靠性高、安全性高、定位精度高、部署灵活等特性，能够实现实时高清视频传输、低时延远程控制、快速高精度定位、实时信息交互、自动化网络配置和智能化运维，同时避免了有线网络工期长、费用高、调整难度大、容易断裂等问题和

Wi-Fi/4G 网络覆盖不好、容量不足、时延高等问题，是智能矿山的重要使能技术。5G+智能矿山的典型应用场景如下。

（1）智能采掘与生产控制

将 5G 工业模组与采掘传输装备深度融合，实现关键大型装备对 5G 通信的支持；部署基于煤矿 5G 网络的生产实时性控制平台和调度指挥系统，实现煤矿采掘和生产中各类信息的实时交互和远程控制，减少现场作业人员。

（2）环境监测与安全防护

部署 5G 智能头盔、传感设备、监控设备、巡检机器人和救援机器人，实现井下可视化通信、实时高清视频传输、环境监测数据采集、井下人员及装备定位，实现安全巡检、污染监控、灾害预警和灾难救援。

（3）无人矿卡的自动驾驶

5G 赋能高级驾驶辅助系统，开展矿山无人驾驶系统建设与应用，实现可编队运行的无人矿车，有效解决车辆自动避障、跟车、会车及自主路径规划等问题，大幅提高效率和降低成本。

这些应用场景都需要构建一张能在矿山高粉尘、易燃易爆恶劣环境下工作的 5G 精品网络，并积极部署 5G 网络切片、边缘计算、企业专网等 5G 独立组网特性和上行载波聚合/上下行解耦、回传一体化（Integrated Access Backhaul, IAB）、低时延高可靠、高精度定位、智能运维等增强技术，以满足矿山安全高效高质量智能化生产的需求。

在这些场景的商业模式上，目前主要有 3 种模式。一是按照项目制，实施"交钥匙"工程。矿山出资，提出建设内容和标准，运营商/集成服务商负责建设和交付，验收合格后，矿山支付费用。二是运营商/集成服务商总承包，甲方按产量付费。运营商/集成服务商总承包，提供智能矿山需要的设备、系统、人员，负责建设、调测、运营。矿山按照开采运输量，根据双方谈好的单价，定期支付费用。三是双方共同建设，按收益进行分成。双方采用共建方式，约束双方的建设内容，共同完成项目的投入和建设。项目投产后，根据双方谈好的分成比例，定期分红。

7.3.1 智能采掘与生产控制

7.3.1.1 行业需求

采掘装备的远程操控以及矿井生产过程的远程控制，能够大幅减少采掘现场的作业人员，降低各类安全事故的风险，改善工作环境，同时生产效率得到提升，但这一场景对通信技术的上行带宽、时延、部署灵活性、可靠性和安全性都有非常高的要求。

首先是网络上行带宽问题。智能采掘和生产控制需要大量高清摄像机，以地下煤矿为例，需要传输视频的点位包括皮带机的中部、机头尾、落煤点、受煤点，机电酮室的配电室、配电点、泵房、排水点，车场的前部、中部、后部，采煤工作面的架载视频、采煤机机载视频，掘进工作面的机载视频等。以 300m 采煤工作面为例，如需 20 路视频并发传输，每路为典型 1080p 分辨率，上行带宽需求约为 120Mbit/s；以 400m 皮带监控区域为例，如需 15 路视频并发传输，每路为典型 1080p 分辨率，上行带宽需求约为 90Mbit/s[7]。未来随着智能化水平的提升，对摄像机的分辨率、帧率、三维成像能力、数量等方面会有更高的要求，将对上行带宽提出更高的要求。矿用设备由于需要满足防爆要求，发射功率需要控制在一个比较低的水平，因此 5G 是刚需。

其次是网络时延问题。远程操控是无人化少人化的关键路径，对确定性时延有非常严格的要求。为了实现有效和高效的远程操控，端到端时延需要控制在 50ms 以内，以免出现卡顿，也避免工人长时间工作出现眩晕和呕吐。4G、Wi-Fi、微波的时延都在 100ms 以上，通过引入 5G 技术，能够将端到端时延控制在 30ms 以内。

最后一个不容忽视的问题是网络的部署灵活性问题。掘进面和综采面以 5～10m/天的速度推进，生产环境在快速动态变化，通信网络需要能够快速部署、快速投入使用和快速重新配置，并且尽量避免使用线缆。

可靠性和安全性需求对于矿山业务是非常重要的，短暂的中断或者一个微小的安全问题都可能造成重大的经济损失，甚至导致不可挽回的生产事故。

5G 技术在智能采掘和生产控制中的应用，是新一代信息技术围绕矿山"少人化、无人化"目标的核心应用。5G 作为新一代移动通信技术，具备低时延、大带宽、广连接的特性，通过与边缘计算、机器视觉、AI 等技术的融合应用，做好矿山传输基础网络支撑，实现矿山设备及数据的互联互通，实现采掘过程的远程控制和智能控制，实现核心生产过程的实时控制，支撑矿山智能化工作的进一步实现。无论对矿企，还是对运营商和设备制造商来说，这一场景都是当前共同期望解决的问题以及合作的方向，是解决矿山安全问题的核心和生产效率提升的关键，能够满足企业对投资回报率的相关要求，并促进整个生态产业链紧密合作、共同发展。

7.3.1.2 网络方案

为了满足智能采掘和生产控制场景的需求，需要在矿山进行 5G 专网建设，并配备 5G 端侧接入设备。矿山 5G 网络由 5G 无线网、5G 核心网、5G 承载网组成，具体方案基于智能采掘与生产控制场景对大上行、低时延、部署灵活性、高可靠和高安全的具体要求进行设计确定。5G 端侧接入包括传感设备、摄像机、控制器、工控机等自动化控制部件，以及接入路由器（Access Router, AR）、5G 用户驻地设备（Customer Premise Equipment, CPE）等网络接入设备。5G 无线网需要考虑通过矿山专用 5G 防爆防尘基站覆盖矿区，根据矿区具体情况研究覆盖解决方案。5G 核心网需要引入网络切片、MEC 和 UPF 等技术，实现业务的相互隔离、边缘处理和本地分流，降低时延并提升安全性。5G 承载网要考虑环形组网，并采用灵活以太网（Flexible Ethernet, FlexE）技术物理隔离和虚拟专用网络（Virtual Private Network, VPN）逻辑隔离等方式保证业务安全性。

通过引入超级上行技术，将 3.5GHz 时分复用（Time Division Duplex, TDD）上行与 2.1GHz 频分复用（Frequency Division Duplex, FDD）上行结合，实现上行全时隙调度，可以将基站近点速率提升 20%～60%，远点速率提升 2～4 倍，空口时延降低 30%，更好地满足业务应用对网络指标的要求。同时，该技术还可搭配使用有源无源一体化（Active+Passive, A+P）极简站点，在不额外增加抱杆的基础上提升天线挂高，进而能够提升覆盖 20%。

为了降低无线站点搬迁对现场作业的影响，可以结合矿区实际情况，利用拖曳式智能液压升降塔提高基站迁移的时效性和准确性。在矿山无法引电和部署光缆的场景，可以引入微波回传和蓄电池供电等方案，通过微波代替原有的光缆进行信息回传，采用电缆和蓄电池交替供电减少对电缆的依赖。

7.3.1.3 业界生态

5G 技术在智能采掘与生产控制场景的应用，是信息通信技术与矿山工程技术的融合应用，涉及矿山工艺方法、装备改造、信息系统应用等物理层应用，同时涉及 5G 专网、边缘数据中心等网络层、信息资源层的基础技术应用，需要通过系统工程方法进行解决方案架构及相关产品的提供，对项目实施的系统工程管理能力提出较高要求。

随着我国社会经济发展和矿业复苏，与智能开采相关的高新技术得到了应用，但是国内矿用设备的无人化智能化研究仍有所不足。

通信网络方面的技术准备基本就绪，矿用 5G 专用网络的基本架构得到较为广泛的共识，防尘防爆基站、工业网关、工业摄像机、CPE 等产品已经商用落地，同时针对矿区特殊情况的网络覆盖方案也有许多创新和突破，但目前相关设备的成本仍比较高，与矿用装备的结合也有待加强。随着 5G 技术在智能采掘与生产控制场景应用中的规模化推广，这些问题有望得到解决。

7.3.1.4　政策与标准

矿产行业要求机械化、自动化、信息化和智能化，智能采掘和生产控制场景有助于实现矿山的"四化"建设，响应无人矿区的政策要求，这一场景的应用示范、落地商用与复制推广，将深化能源供给侧结构性改革。

采矿行业对智能采掘与生产控制场景的重要性有高度认知，以煤炭工业为例，在《关于加快煤矿智能化发展的指导意见》[8]中提出煤矿智能化发展的 3 个阶段性目标：到 2021 年，建成多种类型、不同模式的智能化示范煤矿，初步形成煤矿开拓设计、地质保障、生产、安全等主要环节的信息化传输、自动化运行技术体系，基本实现掘进工作面减人提效、综采工作面内少人或无人操作、井下和露天煤矿固定岗位的无人值守与远程监控。到 2025 年，大型煤矿和灾害严重煤矿基本实现智能化，形成煤矿智能化建设技术规范与标准体系，实现开拓设计、地质保障、采掘（剥）、运输、通风、洗选物流等系统的智能化决策和自动化协同运行，井下重点岗位机器人作业，露天煤矿实现智能连续作业和无人化运输。到 2035 年，各类煤矿基本实现智能化，构建多产业链、多系统集成的煤矿智能化系统，建成智能感知、智能决策、自动执行的煤矿智能化体系。

在《煤炭工业"十四五"高质量发展指导建议》中要求，"十四五"期间大型煤矿和灾害严重煤矿基本实现智能化，实现开拓设计、地质保障、采掘（剥）、运输、通风、洗选、物流等系统的智能化决策和自动化协同运行，井下重点岗位机器人作业，露天煤矿实现智能连续作业和无人化运输。智能化开采产量达到全国原煤产量的 30%左右。

智能采掘与生产控制场景涉及装备、网络、检测、数据、管控等技术，需要多学科、多技术创新与相互交叉的解决方案，涉及多个平台、多种设备、多样业务和多类数据的标准化需求。目前 5G 在煤矿应用的标准主要集中在矿用 5G 通信系统方面，行业标准和团体标准有《煤矿用 5G 通信系统通用技术条件》《煤矿用 5G 通信基站》《煤矿用 5G 通信基站控制器》《煤矿用 5G 通信系统用通信终端》《矿用 5G 通信系统使用及管理规范》《煤矿 5G 通信网络设备接入通用技术条件》等。

7.3.1.5　典型案例

1. 攀钢矿业 5G 远程采矿

四川攀西地区是中国乃至世界矿产资源最富集的地区之一，是我国第二大铁矿区，蕴藏着上百亿吨的钒钛磁铁矿资源，钒资源储量占中国全国储量的 52%，钛资源储量占中国全国储量的 95%，同时还伴生钴、铬、镍、镓、钪等多种稀有贵重矿产资源，综合利用价值极高。长期以来，攀钢集团矿业有限公司下属的采矿作业区存在作业环境差、条件异常艰苦等困难，矿上工人仅周末回一次城区，年轻人不愿意到矿区工作。

当前露天矿山采运工艺流程主要包括穿孔、爆破、铲装、运输等环节，其中穿孔依赖钻机进行中深孔打孔，爆破是在孔内填埋炸药并引爆，将矿岩破碎至一定程度，便于后续的铲装环节工作，铲装使用电铲进行矿料的装车，运输依赖矿用卡车在电铲完成装料后运往破碎站进行破碎后，通过皮带运输至料仓。采运作业主要依赖工人驾驶钻机、电铲、矿卡等移动装备完成作业，由于作业环境较为恶劣（高温、粉尘等），采面人员劳动强度大，工作危险性高，采运作业招工困难，同时由于设备的使用依赖于工人的经验，设备的综合利用效率比较低。近些年，虽然通过社会化的方式解决了采面作业的部分运输工作，但一方面针对高价值的钻机、电铲等设备，仍旧需要有经验的工人在现场进行操作；另一方面，社会化方式只是暂时将问题进行了转移，未从根本上解决矿山采运工作的安全性、从业人员"老龄化""招工难"等问题，因此，矿山迫切需要新的解决方案。

实现露天矿山采面工作"少人化、无人化"，围绕工艺流程的钻机、电铲、矿卡等设备的无人化是关键。通过对钻机、电铲的远程操控，将工人从工作环境恶劣的矿区向舒适的室内转移，并不断优化，提供更便捷的作业方式，提高作业效率；实现矿卡在特定环境的自动驾驶，将司机解放，转变驾驶模式，简化驾驶操作，实现一人对多台矿卡的管理，提升生产效率；基于采运作业装备的远程操控及自动驾驶，通过技术实现采运装备稳定运行，并配套相应的管理措施，实现露天矿采面作业的本质安全、高效生产。

实现露天矿采运作业装备的"少人化、无人化"是一个复杂的系统工程，需要针对露天矿实际的作业环境及作业流程开展方案设计及技术实现，从系统结构的视角看，这些工作包括钻机、电铲、矿卡等装备侧改造及设计、无线传输基础网络支撑、安全且稳定的计算及存储资源保障、可靠且实用的远程操控及自动驾驶软/硬件环境建设等工作。在这些工作中，针对矿山生产现场要求网络广域覆盖，并支撑移动装备应用以及场景恶劣、复杂、多变的情况，现有的有线、无线网络技术均难以满足业务要求，无线传输基础网络支撑成为瓶颈，通过 5G 技术在露天矿穿孔采掘运输设备远程智能化应用，解决露天矿采面工作设备远程操控及无人驾驶中的高清视频大带宽上行、控制指令低时延高可靠，既是 5G 技术应用的刚需，也是实现露天矿采面工作"少人化、无人化"的必然选择。

基于攀钢矿业现状，2021 年 3 月攀枝花移动联合华为等生态伙伴，为矿区打造了一套量身定做的 5G+智慧矿山解决方案。基于攀枝花铁矿露天矿场穿孔、采运管理现状，结合实际生产工艺流程，围绕本质安全、降本增效等核心建设目标，针对作业面钻机远程操控、电铲远程操控等核心场景，在 5G 及边缘计算技术支撑下，解决露天矿采面工作设备远程操控中的高清视频大带宽上行、控制指令低时延高可靠等问题，实现钻机、电铲的远程控制，并做好矿山传输基础网络及边缘计算资源支撑，为矿山设备及数据互联互通打下基础。项目建设包括钻机、电铲 5G 网络建设、5G 边缘数据中心及远程操控中心、远程操控等方面建设内容。

依据典型无人矿山装备改造情况，以支撑业务高效运行为目标，考虑装备侧视频数据采集传输需求，包括视频采集、编码、网络传输、解码、刷新显示等环节，5G 网络通过有效降低网络传输时延及抖动，提供大带宽上行，保障 5G 无人矿山场景的高效运行。

露天矿远程采矿智能化应用是一个复杂的系统工程，从架构层面，包含应用层、物理层、网络层、信息管理层。网络层、信息管理层作为复杂系统实现的基石，包括 5G 网络、5G 边缘数据中心两部分内容，应用层主要指远程操控、物理层包含装备改造、远程操控中心两部分内容。

（1）5G 专网建设

5G 网络由 5G 端侧接入设备、5G 无线网、5G 承载网、5G 核心网组成，方案需要基于业务低时延、大上行、高可靠和高安全等相关要求进行设计确定。5G 端侧接入包括传感设备、摄像机、控制器、工控机等自动化控制部件，以及接入路由器、5G+CPE 等网络接入设备；5G 无线网即 5G 基站及其无线覆盖小区，通过 5G 基站覆盖矿区，实现矿山移动设备实时连接。5G 承载网采用 FlexE 物理隔离和 VPN 逻辑隔离的方式，实现业务安全，组网采用环形组网，实现高可靠性。5G 核心网包含矿区 MEC 和运营商 5G 核心网大网，在矿区新建 MEC 平台，实现矿区业务低时延接入，MEC 部署在 5G 边缘数据中心一体化机箱/机柜。5G 网络提供项目所需的专网环境，提供 5G 网络规划设计及分析服务，提供基础的调测及网络维保服务，保障相关数据及控制指令的正常传输，为矿山设备及数据互联互通奠定基础。

（2）5G 边缘数据中心建设

5G 边缘数据中心通过满足工业级标准建设一体化机箱/机柜，集成 5G 网络及边缘计算基础软硬件资源，满足系统对生产数据的通信安全性和网络实时性诉求，支撑 5G 无人矿山智能化控制系统相关应用。

- 一体化机箱/机柜：一体化机箱/机柜具备一体化集成、安全可靠、节省机房占地面积和节约能源、安装省时、省力、省心、架构兼容、快速灵活部署和完善的监控等特点，适用于矿区现有机房条件，可进行无缝部署。

- 边缘计算基础硬件：通过边缘计算基础硬件，在 5G 移动网络的边缘层提供 IT 服务环境和计算能力，实时完成移动网络边缘的业务处理。边缘计算基础硬件支持单用户大带宽、高吞吐量、高性能集成度，采用多核多并发的调度处理，支持单用户大带宽以及混合流量的高性能，通过软/硬件结合提升处理能力，降低单比特转发成本。

（3）远程操控系统

远程操控系统具体包括电铲远程控制系统、牙轮钻机远程控制系统。采集矿卡、电铲、牙轮钻机实时位置信息、状态信息和视频信息，提供控制、监控、预警、任务调度等功能。系统一方面基于中控系统实现牙轮钻机、矿卡、电铲设备的接入和监控；另一方面提供相关设备的远程遥控舱，实现对各类设备的远程实时操控作业。

中控系统提供高精地图、设备定位、安全监控、调度管控 4 个主要部分，各部分相互配合，形成稳定可靠的智能化采矿系统。同时，系统提供接口，可以与外部矿山生产制造执行系统（Manufacturing Execution System, MES）、卡调系统对接，支撑相应的管理和调度功能。

高精度地图子系统通过无人机的自动化飞行与图像采集，自动创建矿区的高精度二维正射影像地图或三维实景模型地图，供其他智能化终端定位导航使用。监控大屏基于二维高精度地图或三维矿山实景模型，直观显示当前各设备的实时位置、工作状态等数据。

全球导航卫星系统（Global Navigation Satellite System, GNSS）定位系统依靠全球定位系统（Global Positioning System, GPS）、北斗、格洛纳

斯、伽利略等定位导航卫星系统，结合实时动态（Real Time Kinematic, RTK）定位基站，为电铲、矿卡等移动设备提供高精度定位定向数据。

安全监控系统提供了车、铲、钻各类状态实时参数，并设置报警规则，一旦发生异常及时告警。

（4）远程操控中心

远程操控中心配置远程驾驶舱。通过远程操控及自动驾驶系统接收所有设备的实时数据，进行信息存储、分析与可视化呈现，并提供人机交互界面以及装备远程操控和自动采矿任务下发能力。

整体解决方案涉及矿山工程技术与网络通信、信息技术的融合应用，是一个复杂的系统工程，包括网络层、信息管理层、物理层、应用层等工作内容，复杂度高，涉及多学科、多领域、多厂商的整合集成及伙伴协同。

2．同煤浙能麻家梁煤业有限公司 5G 智能矿山

近几年，各大矿业集团先后提出实现煤矿开采智能化要求，随着煤矿生产智能化程度的提高，高清视频回传系统、高密度传感器接入系统、智能机器人巡检系统、智能协调控制系统等共同组成的设备群，需要通过中心控制系统进行统一协调处理和快速反馈控制，大量的数据采集和传输、海量的接入设备以及极低时延的控制操作，对网络传输的质量和能力提出了前所未有的要求，大带宽、低延时、高可靠的无线网络成为实现煤矿智能化开采的重要环节和纽带。

网络是智能矿山建设的基础，当前行业内主要采用光纤+工业以太网构建环网实现数据传输，无线覆盖大多采用 Wi-Fi 方式，部分示范矿井部署了 4G。但是井下环境复杂，以光纤为主体的工业环网存在易损坏、难维护的问题，而 4G 网络不能有效地支持低时延要求的各种控制信号的传

输，Wi-Fi 网络则在面对跨 AP 区域数据传输时有明显的时延。诸多问题表明，现有的井下网络严重制约矿山智能化的发展。

同煤浙能麻家梁煤业有限公司依托 5G 和无线电接入网 IP 化（Internet Protocol-Radio Access Network, IP-RAN）等新技术，构建高可靠的承载网络，基于已通过防爆认证的多模基站设备实现煤矿的有效覆盖，对需要大带宽、低时延应用的工作面、掘进面等场所以 5G 信号覆盖，利用 5G 切片技术实现不同系统数据在一张网中的稳定专网传输，为推进智能矿山建设奠定重要的网络基础。既降低了井下通信时延、提高了传输带宽、增强了对移动作业的支持能力，又能及时掌握工作现场的生产动态，使危险因素变得可知，使操作过程变得可控。

在应用方面，基于 5G+高质量网络，叠加边缘计算平台，对煤矿各系统进行智能化建设，包括智能皮带感知、窄带物联网（Narrow Band Internet of Things, NB-IoT）+全面感知、多媒体通信调度、高清视频采集、智能视频分析、远程控制等多项智能化应用，实现煤矿人、机、物、环等全生产要素的智能互联管理，形成井下通信、物资管理、安全监测、集中控制、智能生产工具等 N 种场景的应用解决方案，其中，在智能采掘和生产控制方面的用例主要包括以下内容。

- 运用 5G 大带宽的传输特性，增强井下视频监控质量，将大巷、硐室、工作面的高清工业视频图像实时回传。
- 基于高清视频的智能分析，实现关键场景的违章检测，自动识别违章行为并预警，及时进行生产控制。
- 发挥 NB-IoT 技术特点，进行传感器的无线化改造，使其在无电源线、无网线环境下工作，增强对煤矿各场景的数据采集和网络感知能力，以便进行生产决策和控制。

- 基于 5G 利用 VR/AR 技术，通过网络实现一线人员和后台专家的远程连线，强化远程设备检修调试的能力。

- 发挥 5G 网络低时延的特点，为变电所、水泵房、瓦斯抽放等场所的远程操控，无人值守提供技术基础。

- 基于全覆盖的 5G 无线信号，实现危险区域机器人巡检的控制，远程及时采集温度、气体、设备状态的信息。

在实施过程中，麻家梁煤矿在网络、平台及应用等方面实现了多处创新。

1. 打造高可靠的煤矿井下一张网

通过 5G 下井安装测试工作，获得上传速率 200Mbit/s，时延低于 20ms，有效覆盖半径达到 300m 的实测数据，基本掌握了 5G 在井下覆盖规律，基于实测数据设计智能矿山整体网络，总体建设思路是：

- 采用阻燃和抗冲击光缆构成安全可靠的基础网络；

- 引入 IP-RAN 技术构建井下电信级万兆环网；

- 采用 5G 基站对重点应用场景进行覆盖，实现综采工作面多数据源信息回传、掘进面高清视频回传等应用。

从而满足智能化矿山对承载网络的全部需求，实现"一张网"的智能化管理运营模式。

2. 打造边缘计算核心平台

作为智能化建设的关键技术支撑，实现对煤矿工作中具体事件和数据的就近分析，直接掌控各类矿端设备并做出条件反射式的高速、准确反映。核心云搭载智能平台，汇聚收集矿端数据和边缘云分析结果，不断增强边缘云反映能力，从而提高整个系统的灵活性、运行效率和智能化水平。

3．以高性能的传输网络为核心，探索 5G 环境下应用的突破点

基于云-管-边-端结构，开展全方位技术研究和应用部署，重点聚焦瓦斯监控、智能视频回传和分析、重大设备故障预判等系统，处理煤矿企业在全面感知、智能控制、安全生产和运营管理等方面的需求。

麻家梁煤矿实现了多重网络一次性建设，减少了企业建设多种网络的重复投资，节约多套网络建设成本。通过强有力的网络保障为煤矿智能化建设提供更多无线化应用的可能，而智能化直接带来了生产效率的提高，吨煤生产成本大幅度下降，实现了经济效益的提升。同时，无线网络建设有效减少煤矿井下光缆电缆数量及设备数量，所有新建系统的数据传输可以就近无线接入，使新建系统的投资成本降低；实现企业的减员增效，大幅降低下井人员数量；实现"少人则安、无人则安"。5G 助力的远程集中智能控制技术让矿工远离危险工作环境，让家人和社会安心；同时推动社会生产力的发展，解决相关方面技术人才的就业问题。

7.3.2　环境监测与安全防护

7.3.2.1　行业需求

安全生产是煤炭企业的第一要务，2019 年中国煤炭百万吨人员死亡率为 0.083，是美国的 5 倍，澳大利亚的 11 倍，处于世界产煤中等发达国家水平。如何利用移动通信技术，实时连续高效率高精度监测人、机、环各类生产以及安全数据，在保证安全的情况下减少人工抄表和现场检测，改善劳动生产环境，减少下井人员，降低生产安全事故，是 5G 在智能矿山中的重要应用场景。

以煤矿为例，环境监测与安全防护场景常用的传感器有甲烷传感器、一氧化碳传感器、二氧化碳传感器、温度传感器、湿度传感器、负压传感器、风速传感器、液位传感器、设备开停传感器、风门开闭传感器、管道流量传感器、烟雾传感器、粉尘浓度传感器等。

除了安全预警外，一旦发生事故，要第一时间展开救援，此时可靠的网络保障能够通过监控摄像机和定位能力帮助配备了智能头盔和智能手持终端的矿工快速脱险脱困，并帮助救援机器人、无人机等救援设备在矿区展开紧急救援。

很多矿山在开采过程中，容易忽视开采活动对周围环境的破坏作用，例如煤矿周围地表植被的破坏，会严重影响当地的生态环境，给当地人们的生活造成巨大的影响。在煤矿开采的过程中，不可避免地会对水资源造成浪费甚至污染，需要监控和保护地下水资源的原始流径，及时排出矿井内的涌水。加强环境监测和安全防护，建设绿色矿山，是采矿行业可持续高质量发展的必然要求，也是国家"碳达峰、碳中和"战略的必然要求。

7.3.2.2　网络方案

煤矿智能化改造的目标是少人甚至无人，这个目标的达成依赖于地面人员对地下环境的充分感知和深度理解。环境感知首先依赖于海量的传感器（温度、湿度、瓦斯、气压等传感器）数据，5G网络必须具备深度覆盖和泛在物联技术将传感器信息及时准确地传递到地面。深度的环境理解依赖于高清的静态、动态图像回传，这些图像可广泛应用于煤层识别、三维地图绘制、无人支护、紧急救援等各种场景，并帮助地面操作人员搭建数字孪生环境。

为了满足环境监测与安全防护场景的需求，要特别重视 5G 网络的覆盖问题，提供无死角高性能覆盖。地下环境复杂，存在粉尘、瓦斯等多种杂质，对设备的隔爆功能和发射功率提出要求（无线设备射频阈功率不超过 6W）。地下工作环境多为狭长线状分布，无线传播环境与地面差异大，地下低发射功率和特殊传播环境容易造成覆盖受限。此外，地下线缆部署困难，空间狭窄且作业面移动，随意部署站点容易造成线缆拉扯，因此存在选址难问题，导致覆盖进一步受限。

信号中继器可直接放大信号强度，扩展覆盖距离，包括直放站、满格宝等多种设备形态，信号中继器可多级级联，叠加定向高增益天线等，实现井下稀疏基站部署时的较优信号质量。同时，信号中继器仅需连接供电线缆，线缆磨损影响较小，适用于液压支架等安装环境。移动式基站可通过 4G/5G 无线网络回传，无须依赖有线传输资源，一方面实现业务移动时网络的快速移动和部署；另一方面避免光纤磨损导致的传输中断问题，提升回传可靠性。

环境监测与安全防护场景对定位精度有较高的要求，至少能够达到米级精度，特殊情况需要厘米级精度。在没有 GPS 信号的地下，这是技术攻关的重点方向。目前基于 5G 通信信号，通过测量时间差，如上行到达时间差（Uplink Time Difference of Arrival, UTDOA）、往返时延（Round-Trip Time, RTT），或测量信号强度等实现精确定位，可提供 3～5m 定位能力。在 5G 蜂窝定位无法完全满足需求的场景，通过 5G 融合 5G+超宽带（Ultra Wideband, UWB）等其他定位技术满足，5G 为 UWB 设备提供供电、传输、站址等资源，可有效降低部署和运维成本，实现通信、定位一张网。

7.3.2.3 业界生态

目前，矿用传感器种类和数量众多，多采用线缆、蓝牙、Wi-Fi、远距离无线电（Long Range Radio, LoRa）等方式连接，为了实现远距离大规模快速部署和低功耗运行，可考虑引入 NB-IoT 或长期演进类别 1（Long Term Evolution Category 1, LTE Cat.1）技术，未来可以考虑引入 5G 降低能力（Reduced Capability, RedCap）技术获得更低的传输时延和更高的可靠性。使用移动通信技术，可以达到单基站支持上万连接的能力，支持传感器远离网关部署，从而大大减少对网关的部署要求并减少不必要的环节。

矿区定位目前主要采用 GPS（露天矿）、UWB、蓝牙、超声波等技术实现，5G 与相关技术的结合，能够满足环境监测与安全防护场景的需求。

近年来，地下支护机器人、巡检机器人、救援机器人开始得到应用，这些设备的运行需要一张高质量、高可用的 5G 网络。

7.3.2.4 政策与标准

2021 年 11 月，国家发展和改革委员会、财政部、自然资源部联合发布了《推进资源型地区高质量发展"十四五"实施方案》[9]，明确提出大力推进绿色矿山建设，加大已有矿山改造升级力度，新建、扩建矿山全部达到标准要求。推动战略性矿产资源开发与下游行业耦合发展，支持资源型企业的低碳化、绿色化、智能化技术改造和转型升级，统筹有序做好碳达峰碳中和工作。严格落实资源开采相关各项生态保护和污染防治措施，坚持边开采、边治理，同步恢复治理资源开采引发的植被破坏、水土流失、采空沉陷、土地盐碱化、水位沉降、重金属污染等生态环境问题，防范闭坑矿山的潜在污染风险。按照"谁破坏、谁治理"

"谁修复、谁受益"的原则，落实企业和地方政府主体责任，探索第三方治理模式，加快解决工矿废弃地、矸石山、尾矿库、特大露天矿坑等历史遗留问题。

工业和信息化部、应急管理部在 2020 年 10 月发布的《"工业互联网+安全生产"行动计划（2021—2023 年）》[10]中提出，要建设快速感知能力，建设实时监测能力，建设超前预警能力，建设应急处置能力，建设系统评估能力，要开展"5G+智能巡检"，实现安全生产关键数据的云端汇聚和在线监测。

在 3GPP Rel-17 中，有一个工作项目为低功耗高精度定位（Low Power High Accuracy Positioning, LPHAP）。LPHAP 的目标是进一步提升定位精度，与此同时，通过长时间休眠的运行模式，定位终端的电池续航能力可以达到数月乃至一年。未来 3GPP Rel-18 将把定位精度推进到分米级甚至厘米级。

7.3.2.5 典型案例

鑫岩煤矿隶属于吕梁东义集团煤气化有限公司，可采储量 16099 万吨，矿井核准生产能力 240 万吨/年。5G 发展伊始，鑫岩煤矿积极响应国家号召，积极拥抱 5G+智能矿山建设，希望通过 5G+智能化实现安全、少人、提效的目标，最终实现安全、生产、管理的智能化，实现企业数字化变革，提高企业盈利能力。

2020 年 8 月鑫岩煤矿 5G 智慧矿山项目一期建设完成，成为全国首批实现井下全覆盖的矿井之一；落地了多项 5G 创新应用，在多个国家级展会中展示了通过 5G 信号远程"采煤"应用；全球首次测试使用并发布了 5G 网络"风筝方案"，保障了企业生产系统的高可用性；2020 年年底，鑫岩煤矿入选首批国家智能化矿井示范单位。

2021 年 6 月，鑫岩煤矿以一期 5G 网络与 5G 应用建设项目为基础，启动了智能化子系统 5G 融合的二期项目。2021 年 11 月已完成项目建设进入验收阶段。在项目建设上线过程中联合山西移动、华为公司等生态伙伴推进 5G 网络组网优化，孵化适配矿山行业的"规、建、优"服务。5G+智能矿山业务开始由"开得通"向"用得好"转变。

基于 5G 网络，吕梁鑫岩煤矿 5G 智慧矿山项目主要开展了以下方面的 5G 应用探索。

- 主斜井提升机监控系统：主斜井主要通过绞车运输物料，最大提升、下放重量 50 吨；该系统通过 5G 实现提升机的运行控制、各部件系统的运行信息和状态监控等。

- 电力监控系统：变电所属于井下供电系统，主要由高压开关、低压开关和移动变电站组成；该系统可通过 5G 读取和控制高压/低压开关实时状态，并视频监控井下变电所室内状况。

- 副井绞车远程监控系统：副立井通过罐笼实现提人、提物，最大提升重量 7.5 吨，该系统可通过 5G 实现绞车自动启停运转，将罐笼提升、下放到指定位置，并实时监测绞车运行的状态。

- 无极绳绞车无人值守系统：无极绳绞车以循环钢丝绳牵引矿车、平板车等运输设备，实现物料及大型设备远距离运输，该系统可通过 5G 实现绞车远程控制、定位，运行实时画面监控。

- 猴车远程监控系统：猴车通过驱动轮和钢丝绳作循环无极运行，矿工乘吊椅实现长距离运送，该系统通过 5G 远程控制对猴车进行启动、停车、预警等操作，并实时监控运行状态。

- 钢丝绳探伤系统：在钢丝绳和皮带运行过程中，通过探伤传感器和速度传感器，判断钢丝绳和皮带损伤程度与具体位置，并通过

5G 数采能力上报至集控中心监控台提示维护人员处理。该系统可大幅降低皮带及钢丝绳巡检工作量，提升问题发现及时性。

- 无人电机车：有轨电机车，主要用于井上井下物料运输，无人电机车系统通过 5G 回传周边环境与运行状态，实现远程启/停、加/减速、鸣笛、照明等操作。可实现自动驾驶、远程驾驶以及手机终端控制驾驶。

5G 网络与智能化应用子系统建设可降低人力投入，在部署 5G 后，提高采矿工作效率，矿石产量增加，并且降低综采队人工成本。通过智能化子系统建设实现了部分岗位井下少人、无人或降低工作量诉求。部分工作岗位可以在井上实现集中监控与操作，井下设备状态可在集控中心统一监控与管理，实现井下"少人则安，无人则安"。同时，井上舒适的工作环境将为行业人才引进提供便利条件，提升行业岗位竞争力，让矿工远离危险和恶劣的工作环境，让家人和社会安心。

本案例在井下一张 5G 网络的基础上，各类煤矿智能化子系统通过 5G 网络替代传统有线传输链路，实现了 5G 建设从"铺路"到"跑车"的跨越，并在子系统业务上线过程中，推动了 5G 网络演进以及行业服务能力的孵化。未来，将联合合作伙伴，持续完善煤矿 5G 网络"规、建、优"服务，以及后续运营运维体系，输出鑫岩方案，为煤炭行业和 5G 融合提供了坚实的后盾，让 5G 和行业应用"加"出新动能。

7.3.3 无人矿卡的自动驾驶

7.3.3.1 行业需求

露天矿山最大的威胁是采矿中的作业安全。露天矿山地质环境复杂，大型机械在作业时，可能随时掉落。面对矿业施工安全威胁，矿业一直积极探索无人矿山，将人员从危险的环境中解放。同时，露天矿山生产过程能耗较高，矿山开采和运输主要依靠柴油车，消耗大量油料，因而成本较高，同时污染排放超标。此外，人力成本居高不下：面临招工难、人员流失、人力成本居高不下等问题。最后，智能化应用相对落后，目前仍主要靠人工作业，亟须机器换人，通过新技术、智能应用，提高生产效率。因此矿山行业的无人驾驶技术发展，显得尤为重要。

根据相关调研，全国矿区司机平均年龄在 45 岁以上，老龄化趋势日益明显；矿区温差大、工作方式枯燥，长期驾驶存在安全隐患，年轻司机从业意愿低；每年矿区用在运输、设备维修和人工的费用占其生产成本的 50%～70%。安全、效率与成本是传统矿区的三大痛点。这三大痛点，催生了无人矿卡自动驾驶应用场景。

7.3.3.2 网络方案

无人矿卡的自动驾驶需要利用高空摄像机、无人机巡航等方式，对矿区进行三维测绘，构建精密的矿区三维地图，并对无人矿卡的路线进行规划设计。这要求 5G 网络不仅具有较好的地面覆盖能力，还需有较好的低空覆盖能力。

无人矿卡应当支持人工驾驶、遥控驾驶与自动驾驶 3 种模式。人工驾驶的优先级最高，自动驾驶的优先级最低，自动驾驶过程通过远程遥控接管驾驶控制系统。为实现矿卡的遥控与自动驾驶，需要先对矿卡进行线控改装，使得其能够接收电脑发送的控制信号，并将矿卡产生的必要数据通过计算机传送至遥控舱。矿卡的线控改造一般包括电源改装、灯光改装、油门改装、换挡改装、制动改装、转向改装、举升改装等，通过增加传感器、控制电机、电磁阀、继电器、行程开关、工控机等设备支持线控，并通过增加摄像机、激光雷达、毫米波雷达、GPS、时速和加速度传感器、倾角传感器、震动传感器、车载计算单元、通信模块等实现数据传输、处理和智能控制，通过车载计算单元和云端服务器的共同合作进行环境感知、高精定位、自动驾驶、主动避障、作业检测和安全监控。这意味着网络要考虑引入低时延高可靠能力，增加边缘计算数据中心，并做好复杂矿区环境网络的规划和部署。

同时，需要搭建无人矿山整体调度系统，运用 5G+V2X 通信技术，将无人矿车、智能挖机、远程操控钻机、破碎站等设备纳入整个运行编队，按选矿厂的配矿品位及开采量需求，实时进行智能管控和调度，显著提高生产效率和生产自动化。

7.3.3.3　业界生态

5G 无人机测绘和巡检、5G 远程控制系统、5G 自动驾驶、5G 智能摄像机、5G 工业数据采集等技术是 5G 的经典应用场景，封闭环境的无人车辆自动驾驶在港口、物流运输中得到一定的应用，激光雷达、毫米波雷达、车载计算单元等自动驾驶设备已经有较多应用，因此无人矿卡自动驾驶场景的生态较为成熟，露天矿山对 5G 基站的要求没有地下矿井严格，该应用场景已经具备大规模推广应用的条件。

7.3.3.4　政策与标准

2020 年 3 月，国家发展和改革委员会、国家能源局等八部门研究制定了《关于加快煤矿智能化发展的指导意见》。《意见》指出，2025 年露天煤矿实现无人化运输[8]。2020 年 11 月，国家能源集团下发了《关于进一步加快煤矿智能化建设的通知》[11]，《通知》提出，2022 年建成 10 个国家级智能化示范煤矿和 5 个露天煤矿实现无人驾驶，2025 年集团公司各煤矿全部实现智能化，煤矿智能化技术引领行业水平。

7.3.3.5 典型案例

内蒙古某煤矿现场采掘工艺流程主要包括穿孔、爆破、剥离、采煤、矿卡运输、破碎、皮带运输等作业环节，众多作业环节需要通过钻孔机、电铲、勾机、矿卡等核心生产设备和装载机、平路机、推土机、清洗车、起重机等其他多类辅助生产设备配合完成。复杂多变的地理环境、不同区域环境生产作业设备类型和数量的不同以及业务应用对网络指标的 SLA 要求，导致 5G 网络的规划、建设、维护和优化相比传统大网模式难度更大。

通过与内蒙古电信强强合作，将 5G、AI、高清视频、大数据、云计算等新兴通信与计算技术应用于智能矿山建设，实现矿山生产环节的智能感知、泛在连接和精准控制，催生多个 5G+应用场景，如无人驾驶、远程控制、智能采煤、智能巡检等，实现矿山生产本质安全，提升生产运营效益。

通过 5G 网络建设，能够聚集无人驾驶产业资源，突破无人驾驶改造核心技术难题，深度适配 5G+技术在矿山场景下的应用，树立行业标杆。

本案例通过在网络方案、服务交付等多个领域进行创新，具备了行业领先优势，其中与无人矿卡的自动驾驶场景有关的创新如下。

- 5G 定制网"如翼"模式项目：通过实现 5G 核心网下沉，并通过 5G 宏基站网络信号稳定、安全、可靠回传，满足矿卡、电铲及辅助车辆对无人驾驶应用平台低时延访问，同时支撑矿区在未来 5 年智能化改造对网络容量的需求。

- 使用无人机三维高精度电子地图数字底座实现精准网络规划：通过无人机采集矿区高清影像及精准渲染重建技术构建实景三维模

型，在此基础上结合业务应用容量精算及上行确定性速率仿真技术实现矿区 5G 网络的精准规划，解决传统人工踏勘难度大、精确度低的问题。

- 使用超级上行技术解决无人驾驶、远程控制等业务应用对大上行带宽的需求：为满足 toB 场景业务应用对大上行的需求，中国电信及华为公司推出超级上行技术，该技术通过将 3.5GHz TDD 上行与 2.1GHz FDD 上行结合，实现上行全时隙调度，将基站近点速率提升 20%～60%，远点速率提升 2～4 倍，空口时延降低 30%，更加满足业务应用对网络指标的要求。同时，该技术还可搭配使用有源无源一体化（A+P）极简站点，在不额外增加抱杆的基础上提升天线挂高，进而能够提升覆盖 20%。

- 切片技术满足不同业务的端到端隔离保障体验：针对不同业务流对网络指标的要求不同，例如，视频类业务流对上行带宽保证要求较高、操控指令类业务流对时延较为敏感等，可将不同类型的数据流划分至不同网络切片中，保证业务流的安全、稳定传输。

- 双管理平台保证终端、网络高效运维：为了保证矿山现场大量的智能终端高效运维，矿卡健康管理平台能够主动感知故障和安全事件，保障车辆和无人驾驶系统的安全、稳定、可靠运行，而 5G 网络自管理平台能够快速发现网络问题，减少网络故障导致的生产中断时间，支撑应用定制开发和网络高效运维。

通过本案例孵化的 5G+智慧矿山应用场景，例如，远程操控、无人驾驶以及智能协同，将人从危险恶劣的作业环境以及低价值重复劳动中解放、挖掘矿山装备最大化价值的同时，可为矿山企业带来巨大的价值收益及运行效能提升。

7.4　总结与展望

"多方得利"才有助于解决 5G 行业应用落地难的困局。审视矿山在 5G 应用成功的背后，运营商与设备商的协力参与，与矿企、矿山生态系统紧密合作，成为矿山项目推进的重要因素。煤矿井上井下一体化高质量 5G 专用网络非常必要，是矿区各项应用的坚实基础。

根据矿区的具体情况和实际需求，紧密结合矿山各项生产环节，积极开展技术创新，综合运用 5G、人工智能、边缘计算等技术手段，探索与各种矿用装备和现有定位/传感手段的融合应用，严格遵循矿区安全生产各项要求，是务实、高效、安全开展 5G 智能矿山应用的基本经验。

智能采掘与生产控制、环境监测与安全防护、无人矿卡的自动驾驶三大场景，充分发挥了 5G 大上行、低时延、部署灵活、高可靠、高安全的特性，帮助矿企提升了生产效率，降低了安全隐患，降低了采运成本，促进了采矿行业的机械化、自动化、信息化和智能化。

通过引入 5G 技术，加快了矿山生产智能化的改造进程，在采掘（剥）、供电、供排水、通风、主辅运输、安全监测、洗选等生产经营管理环节，进行智能优化提升，实现矿产采运业务协同、决策管控、一体化运营等智能化应用，推进固定岗位的无人值守和危险岗位的机器人作业，使矿区实现"无人化、少人化"，促进传统矿企的智能化转型升级。

5GtoB 的应用，增强了矿山生产的感知、监测、预警、处置和评估能力，加速安全生产从静态分析向动态感知、事后应急向事前预防、单点防控向全局联防的转变，从根本上减少和消除了安全隐患，提升了矿工的工作环境和矿山生产本质安全水平。

同时，加强了对环境的监测和保护，转变传统意义上以单纯消耗矿产资源、牺牲生态环境为代价和高耗能为特点的开发利用方式，从根本上转变发展方式和经济增长方式，真正实现资源合理开发利用与环境保护的协调高质量发展，为创建"绿色矿山"提供了有力的保障。

5G 应用的引入，减少用工需求，降低矿山生产的成本，同时提高开采效率，节约了能源的消耗，减少资源浪费，有助于矿企提升产业层次，优化生产工艺，增强竞争优势。

5G 在智能矿山领域的成功应用，将对整个采矿行业数字化转型产生积极影响，引领更多企业进行 5G 应用的复制和推广，从而带动整个行业的数字化智能化转型。

未来，5G 在智能矿山领域有望得到进一步深化应用，一方面持续优化现有技术和推广应用场景，发挥智能矿企示范带头作用，推动三大应用场景的规模化发展；另一方面通过生态的紧密合作，开拓更多的应用场景，将矿用装备与 5G 通信技术紧密结合，进行跨领域技术的融合创新和原创技术的引领创新，全面实现矿山的机械化、信息化、自动化、智能化，打造绿色高效智能安全的无人矿山。

7.5 参考文献

[1] 世界能源统计年鉴[R]. 2021.

[2] 中国矿产资源报告[R]. 2021.

[3] 中华人民共和国国民经济和社会发展第十四个五年规划和2035年远景目标纲要[R]. 2021.

[4] 能源领域5G应用实施方案[R]. 2021.

[5] 5G应用"扬帆"行动计划(2021—2023年)[R]. 2021.

[6] 5G地下移动通信网络（5GDMN）白皮书[R]. 2021.

[7] 5G+煤矿智能化白皮书[R]. 2021.

[8] 关于加快煤矿智能化发展的指导意见[R]. 2020.

[9] 推进资源型地区高质量发展"十四五"实施方案[R]. 2021.

[10] 工业互联网+安全生产行动计划(2021—2023年)[R]. 2020.

[11] 关于进一步加快煤矿智能化建设的通知[R]. 2020.

第八章　5G+智慧钢铁

8.1　钢铁行业概况

8.1.1　钢铁行业发展现状

钢铁行业作为我国国民经济发展的支柱产业，涉及面广，产业关联度高。向上可以延伸至铁矿石、焦炭、有色金属等行业，向下可以延伸至房地产、汽车、船舶、家电、机械、铁路等行业。

钢铁工业发展对我国国民经济的发展具有重要影响，2021 年年中国生铁产量达 8.69 亿吨，较 2020 年减少了 0.19 亿吨；2021 年粗钢产量达 10.33 亿吨，较 2020 年减少了 0.20 亿吨；2021 年钢材产量达 13.37 亿吨，较 2020 年增加了 0.15 亿吨，如图 8-1 所示。

经过多年发展，中国已经发展成为全球最大的钢铁生产国和消费国，自 2018 年起中国粗钢产量长期占据全球粗钢总产量五成以上的比例，2021 年中国粗钢产量占全球粗钢总产量的 53.32%，较 2020 年降低了 2.75%，如图 8-2 所示。

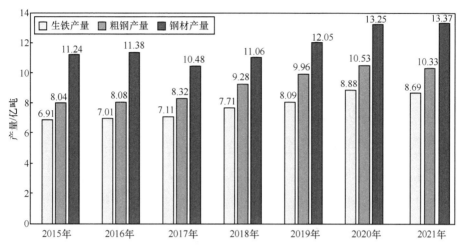

图 8-1　2015—2021 年中国钢铁产量统计（来源：国家统计局）

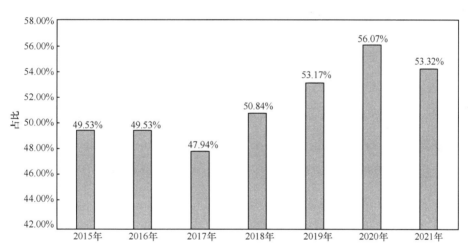

图 8-2　2015—2021 年上半年中国粗钢产量占全球粗钢总产量的比例走势
（来源：世界钢铁协会、国家统计局）

　　"十三五"以来，我国主要钢铁企业装备达到了国际先进水平，智能制造在钢铁生产制造、企业管理、物流配送、产品销售等方面应用不断加强，关键制造工艺流程的数控化率超过 65%，企业资源计划（Enterprise Resource Planning, ERP）装备率超过 70%，信息化程度得到了跨越式发展。中国是钢铁大国，但距离钢铁强国还有很长一段距离，主要差距体现在以下方面。

一是发展不均衡：目前我国钢铁工业机械化、电气化、自动化、信息化并存，不同企业发展差异大，宝武等先进企业已达工业 3.0 阶段，并向工业 4.0 探索迈进，但还有大批钢企仍然处于工业 2.0 阶段。同时钢企内部不同产线间的先进性差异较大，个别分厂或产线实现了远程化无人化作业，而绝大部分仍然依靠大量人力。

二是行业基础薄弱：智能制造整体处于起步阶段，智能制造的标准、软件、信息安全基础薄弱，缺少行业标准，共性关键技术亟待突破。

三是投资回报率难以量化，智能化尚未成为主要生产模式：伴随着人工成本的不断加大，企业员工对作业环境和劳动舒适感、尊崇感诉求的不断提升，远程化、自动化生产的需求和趋势愈加明显和迫切。

四是核心知识产权掌控不足，原始创新应用比例不高：在研发方面尚未形成以产学研深度融合的技术创新体系，原始创新研发积极性不高，政策扶持力度有待加强。

钢铁工业生产工序多，工艺流程长，涉及众多专业技术，如烧结、炼焦及其化工产品加工，炼铁、炼钢、轧钢、锻压、铁合金、耐火材料、碳素制品、以及动力（水、电、气、氧）、运输、机加工等。拥有各种炉窑（石灰窑、焦炉、高炉、转（平）炉、电炉、加热炉）、烧结机、轧机、制氧机、大型机电设备（天车、吊车、铲车、空压机、鼓风机、电机、剪切机、大型车床等）及其他高温、高压设备。因此，钢铁工业是设备集中、规模庞大、高能耗、物流量大的技术密集型和劳动密集型行业。

一般来说，钢铁生产大致可分为选矿、烧结、焦化、炼铁、炼钢、连铸和轧钢过程。钢铁产品分为普通碳钢和特殊钢两大类，主要品种有线材、板材、管材、型材、复合材等，还有苯、酚、沥青等炼焦过程产生的副产品化学产品，如高炉煤气、转炉煤气、焦炉煤气、水渣、钢渣等。

8.1.2　冶炼作业环节

1. 选矿环节

选矿，冶炼前的准备工作。矿石从矿山开采，需要将含铁、铜、铝、锰等金属元素高的矿石甄选，为下一步的冶炼活动做准备。

选矿一般分为破碎、磨矿、选别 3 部分。其中，破碎分为粗破、中破和细破，选别根据方式不同可分为磁选、重选、浮选等。

2. 烧结环节

为了保证供给高炉的铁矿石中铁含量均匀，并且保证高炉的透气性，需要把选矿工艺产出的铁精矿制成 10～25mm 的块状原料。

铁矿粉造块目前主要有两种方法：烧结法和球团法。其中，烧结法是将铁矿粉、粉（无烟煤）和石灰、高炉炉尘、轧钢皮、钢渣按一定配比混匀，经烧结而成的有足够强度和粒度的烧结矿，可作为炼铁的熟料。球团法是把细磨铁精矿粉或其他含铁粉料添加少量添加剂混合，在加水润湿的条件下，通过造球机滚动成球，经过干燥焙烧，固结成为具有一定强度和冶金性能的球型含铁原料。

3. 焦化环节

高炉生产前除了准备铁矿石（烧结矿和球团矿）外，还需要准备必需的燃料——焦炭。焦炭是高炉冶炼的主要燃料，焦炭在风口前燃烧放出大量热量并产生煤气，煤气在上升过程中将热量传给炉料，使高炉内的各种物理化学反应得以进行。

4. 高炉炼铁

高炉冶炼是把铁矿石还原成生铁的连续生产过程，是冶金（钢铁）

工业最主要的环节。

高炉冶炼流程：铁矿石、焦炭和熔剂等固体原料按规定配料比由炉顶装料装置分批送入高炉，并使炉喉料面保持一定的高度。焦炭和矿石在炉内形成交替分层结构。矿石料在下降过程中逐步被还原、熔化成铁和渣，聚集在炉缸中，定期从铁口、渣口放出。

5. 转炉炼钢

转炉炼钢广义上说是以铁水、废钢、铁合金为主要原料，不借助外加能源，靠铁液本身的物理热和铁液组分间化学反应产生热量而在转炉中完成炼钢过程。

转炉炼钢流程：铁水预处理、铁水冶炼、钢水精炼。

铁水预处理是指在铁水进入炼钢炉冶炼前，除去其中的某些有害成分或提取其中某些有益成分的工艺过程。可分为普通铁水预处理和特殊铁水预处理。前者有铁水预脱硫、铁水预脱硅、铁水预脱磷，后者有铁水提钒、铁水提铌、铁水脱铬等。

铁水冶炼是指靠转炉内液态生铁的物理热和生铁内各组分（如碳、锰、硅、磷等）与送入炉内的氧进行化学反应所产生的热量，使金属达到出钢要求的成分和温度。

精炼是指在真空、惰性气氛或可控气氛进行脱氧、脱硫、去除夹杂、夹杂物变性、微调成分、控制钢水温度等。为实现炉外精炼任务，可采用钢包吹氩、真空处理、吹氧、加热和喷粉、喂丝等手段。

6. 连铸环节

转炉生产的钢水经过精炼炉精炼后，需要将钢水铸造成不同类型、不同规格的钢坯。

连铸工艺是将精炼后的钢水连续铸造成钢坯的生产工序。将装有精炼后钢水的钢包运至回转台，回转台转动到浇注位置后，将钢水注入中间包，中间包再由水口将钢水分配到各个结晶器中。结晶器是连铸机的核心设备之一，它使铸件成形并迅速凝固结晶。拉矫机与结晶振动装置共同作用，将结晶器内的铸件拉出，经冷却、电磁搅拌后，切割成一定长度的板坯。

8.1.3 轧钢作业环节

炼钢厂产出的钢坯是半成品，必须到轧钢厂进行轧制后，才能成为合格的产品。热轧后的成品分为钢卷和锭式板两种，经过热轧后的钢材厚度一般在几个毫米，如果用户要求钢板更薄，还需经过冷轧。

1．热轧工艺

热轧是在结晶温度以上进行的轧制。用连铸板坯或初轧板坯作原料，经步进式加热炉加热，高压水除鳞后进入粗轧机，粗轧料经切头、尾再进入精轧机，实施计算机控制轧制，精轧后经过层流冷却和卷取机卷取成为直发卷。将直发卷经切头、切尾、切边及多道次的矫直、平整等精整线处理后，再切板或重卷，即成为热轧钢板、平整热轧钢卷、纵切带等产品。

2．冷轧工艺

冷轧是在结晶温度以下进行的轧制。一般工艺流程（根据产品要求不同而不同）：酸洗除磷、冷轧、脱脂、退火、平整、剪切、分类、包装。

冷轧坯料在轧制前必须经过连续酸洗机组清除氧化铁皮，以保证带钢表面光洁，顺利地实现冷轧及其后的表面处理。酸洗之后即可轧制，但是由于冷轧的工艺特点，轧到一定厚度必须进行退火使钢软化。由于轧制过程中，带钢表面有润滑油，而油脂在退火炉中会挥发，挥发物残留在带钢表面形成的黑斑很难除去。因此，在退火之前，应洗刷干净带钢表面的油脂，即脱脂工序。脱脂之后的带钢，在保护气体中进行退火。退火后的带钢表面光亮，进一步轧制或平整时，就不必酸洗。退火之后的带钢必须进行平整，以获得平整光洁的表面、均匀的厚度，并使性能得到调整。平整之后，可根据定货要求对带钢进行剪切。

8.2 钢铁行业数字化转型发展趋势及问题

8.2.1 钢铁行业转型政策与机遇

钢铁工业是我国国民经济的重要基础产业，是建设现代化强国的重要支撑，是实现绿色低碳发展的重要领域。2021 年，工信部发布《关于推动钢铁工业高质量发展的指导意见》，《指导意见》设定的总目标显示：力争到 2025 年，钢铁工业基本形成产业布局合理、技术装备先进、质量品牌突出、智能化水平高、全球竞争力强、绿色低碳可持续的发展格局。

为此，需要通过淘汰落后产能、节能减排、智能制造三方面有机结合，推进钢铁工业有效供给水平的提高。

1. 产业聚集淘汰落后产能，带来数字化新型钢厂需求

产业聚集需要打造若干家世界超大型钢铁企业集团以及专业化一流企业，力争前 5 位钢铁企业产业集中度达到 40%，前 10 位钢铁企业产业集中度达到 60%；电炉钢产量占粗钢总产量比例提升至 15% 以上，力争达到 20%；废钢比达到 30%。

2．节能减排、绿色低碳带来智慧产线升级改造需求

在节能方面，能源消耗总量和强度均降低 5%以上，水资源消耗强度降低 10%以上，水的重复利用率达到 98%以上。

在减排方面，行业超低排放改造完成率达到 80%以上，重点区域内企业全部完成超低排放改造，污染物排放总量降低 20%以上。

在绿色低碳方面推进产业间耦合发展，构建跨资源循环利用体系，力争率先实现碳排放达峰。

3．智能升级，带来 5G+云+AI 精细化运营管理需求

智能制造方面要求智能制造水平显著增强，关键工序数控化率达到 80%左右，生产设备数字化率达到 55%，打造 50 个及以上智能工厂。

装备升级方面，先进水平焦炉产能占比达到 70%以上，先进炼铁、炼钢产能占比均达到 80%以上。

创新投入方面，行业研发投入强度达到 1.5%。

提质增效方面，行业平均劳动生产率达到 1200 吨钢/(人·年)，新建普钢企业达到 2000 吨钢/(人·年)，产品质量性能和稳定性进一步提升。

8.2.2 钢铁智慧化面临的挑战

钢铁是国民经济的中流砥柱，是国家的命脉，是国家生存和发展的物质保障。然而钢铁行业存在大量的危险场景和恶劣环境，重体力、重复性劳动较多，网络孤岛现象严重，监测技术手段落后，对设备管理人员的经验素质要求较高，同时现场需要大量的点检人员，影响工作效率和生产效率，对于智能制造的需求十分迫切。主要包括如下问题。

1．效率低

"增产降耗"是钢铁企业智慧化升级的第一需求，钢厂劳力成本是消

耗大项，另外高危作业环境、人工三班倒以及在噪声、粉尘、高温的现场进行操作，使职工工作环境和工作时间受到极大的挑战，工作状态无法保障，工作效率不高。另外，钢铁厂区面积大、车间多、库房多、车辆多、人员多，原有的传统管理办法（例如库房盘货）需要消耗大量的人力、物力，物流管理中原有摄像机不具备 AI 功能，运输车辆识别、调度难度大等，都亟须进行高效改造。

2．环境恶劣

在钢厂有很多高温、粉尘、高压、噪声甚至有毒有害气体的场景，存在高温辐射和灼烫、有毒有害气体泄漏、1500℃钢水喷溅、高炉设备爆炸等众多安全隐患。恶劣的环境给企业带来招工难，留住员工难等问题，同时如何保证安全生产、绿色生产需要投入更多的成本。

3．生产流程复杂

钢铁产品生产包含炼铁、炼钢与轧钢 3 个环节，其中各环节涉及多个生产系统、工业控制系统与供应链层级，具备流程复杂、体系庞大等特点，存在资源浪费及产能受限的情况。

4．网络孤岛

办公一套网络，生产一套网络（工业内网，工业 Wi-Fi、微波），视频采集一套网络，能源管理一套网络，对讲一套网络（800MHz 频段），应急管理一套网络，互相不融合，不互通，部分网络技术不稳定，不符合安全生产标准，制约企业流程协同。厂区采用的光纤和 Wi-Fi 混合组网，面临扩容成本高、运维难度大、Wi-Fi 干扰严重等问题，制约智能制造能力提升。

8.2.3　5G 智慧钢铁智能化改造

钢铁工业是流程型生产行业，生产全流程长、工序复杂，对安全生产、绿色生产要求严格。钢铁自动化、智能化、数字化已成为趋势，钢铁企业积极探索 5G 技术在钢铁生产、园区物流、安全保障等方面的融合应用，推动产业升级，钢铁智能化改造市场空间巨大。

基于 5G 的大带宽、低时延和大连接特性，信息通信行业与钢铁行业领先企业在 5G+智慧钢铁的试点应用中已逐步探索两者的融合与机遇。5G 智慧钢铁装备应用（如天车设备、炉前设备、机器人/机械臂、数据检测，AGV 物流车、铁路机车、AR 点检/巡检设备），智慧生产应用（如智慧炼钢、智慧热轧、智慧冷轧和智慧能环），智慧运营（如智慧运营中心，高清视频实时监控、无人化车间、电子围栏等），以及智慧园区等需求和应用正加速落地。

8.3　钢铁行业主要 5GtoB 规模化复制场景及典型案例

8.3.1　AI 钢铁表面质量检测

8.3.1.1　业务需求

目前，我国已成为世界第一冶金产业大国，钢产量、常用有色金属产量占比领先。钢铁及其他有色金属的生产过程中的待检目标为高温物体（通常在 1000℃左右），生产过程中无法用人工目视检测，到成品阶段一方面由于钢铁等金属产量高，无法安排人工进行全面排查，往往采用抽检方式，容易造成遗漏；另一方面在待检测目标高速运动的场景中，人工检查的误判率也极高。对比而言，基于机器视觉的质量检测系统可以自动识别钢材表面的质量缺陷并进行自动分类，同时对缺陷进行统计分析，辅助缺陷引起的问题诊断和解决，因此，金属表面自动质检具有广阔的市场，行业内发展前景良好。

钢材表面的缺陷包括氧化铁皮、孔洞、 折叠、边浪、压痕、锈斑、黏结等情况。由于钢材类型多，各个检测目标的特点各不相同，受到传输技术等限制，目前市面使用的自动表检系统大多数属于是单机版本，需要在每条产线边侧部署服务器及数据处理分析软件。一方面费用较高；另一方面每条产线缺陷数据难以共享，协同效应不明显。通过 5G+AI 表面质检，充分利用 5G 特性，把工业相机拍摄的表面照片传送到后端的 MEC 平台，部署快捷方便，实现数据集中处理分析，节约大量软硬件投资，同时通过多条产线的缺陷数据积累，AI 智能学习，可以大大降低产线学习时间，提高缺陷检出率。初步预算，采用 5G+钢表质检方案的 MEC 边缘云化平台集中处理和集中维护，运维效率可提升高达 80%，相比原来单检测系统节省投资五分之一以上。

8.3.1.2 网络方案

在钢铁厂内，环境温度高、粉尘大，产线存在跑钢风险，不利于光纤部署，采用 5G 无线网络作为传输网络优势较大。端侧的检测系统中，将线阵相机通过工控机接入 5G 网络中，工控机对图像进行压缩，与预处理服务器之间建立传输控制协议（Transmission Control Protocol, TCP）连接，并将基于千兆以太网的图像传输标准的数据包转换成 TCP 进行传输。预采集服务器与算法服务器通过一台交换机连接，将接收的图片进行预处理后发送给算法服务器进行缺陷检测。同时，与采集服务器通过企业的一二级网络与面向制造企业车间执行层的生产信息化管理系统（Customer-Oriented Manufacturing Management System, MES）对接，获取产线生产数据等信息。这些信息可用于标识缺陷对象，也可用于调整端侧线阵相机的拍照频率等参数。

5G+AI 钢表质检网络架构示意图如图 8-3 所示。

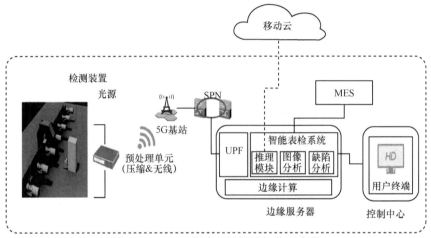

图 8-3　5G+AI 钢表质检网络架构示意图

8.3.1.3　业界生态

AI 钢铁表面质检是 5G 在钢铁行业最先落地的应用之一。

在软/硬件上，网络、频谱、云资源需要依靠电信运营商；通信设备及 5G 端到端解决方案，需要 5G 解决方案供应商或者原有钢铁行业中的大型综合性解决方案供应商；终端需要模组、网关、工业相机等质检终端；视觉应用需要人工智能方案商。

从服务看，运营商、设备商提供 ICT 产品的设备和服务，包括网络、云、边缘机房；行业终端制造商提供基础的硬件，包括网关、工业相机、传感器。此外，钢铁表面质量检测场景人工智能和云资源的供应尤为重要。人工智能方案商提供 AI 中台沉淀算法、知识、方法、经验，通过人机协同实现精准预测和快速解决问题。云资源供应商基于钢铁行业云计算业务场景考虑系统和数据的安全，需要实现云服务能力按需下沉至边缘节点，资源和服务在云端统一管理，通过纳管工业企业的边缘节点，提供将云的服务能力和智能视频分析、大数据流处理、机器推理等以应用的方式延伸到工业企业边缘的能力。通过边缘和云端管理的双向交互，工业企业应用能够集成云端和边缘的智能，同时需要企业应用具备通过智能边缘平台服务推送到边缘，在云端提供统一的设备/应用监控、日志采集等运维能力，为企业提供完整的边缘计算解决方案。

8.3.1.4 商业模式

AI 钢铁表面质检可以提升钢铁行业检测水平，同时进行预警批量性缺陷、及时反馈可能的工艺问题，从而进一步减少人力、物力等资源的浪费。目前 AI 钢铁表面质量检测场景的收费模式多为项目制，钢铁企业出资，提出建设内容和标准，运营商/集成服务商将设备、软件开发、云资源、维护费等进行整体报价并负责建设和交付，验收合格后，钢铁企业支付相关费用。5G+AI 钢铁表面质检需要云-边-端的配合，无论公有云、私有云还是边缘云都需要较大的投入构建算力，同时还需要搭配多台工业相机、激光器扫描仪等实现在生产现场端侧的数据采集部署。云与端通过网络实现互联，协同完成质检工作，这样行业用户的初始费用比较高。一次性大笔投入成为机器视觉质检销售的障碍之一。未来可以尝试按月或按 5G 实际用量的计费模式，减轻企业初始投入压力，缩短决策周期。

8.3.1.5 典型案例

华菱湘钢始建于 1958 年，产品涵盖宽厚板、线材和棒材三大类 400 多个品种，具备年产钢 1600 万吨的综合生产能力。棒材是湘钢的主要产成品之一，棒材运送速度较快（20～40m/s），因此对在线质量检测的实时性要求高。本案例中通过利用 5G 网络上传图像数据（上行带宽 616Mbit/s，包括表检和测径能力），并通过 MEC 配合处理数据完成质检。其中智能表检系统和算法部署在边缘云服务器，实现图像数据（包括自动缺陷检测和分级分类等）的边侧实时处理，缺陷样本上传到云端训练，减少本地训练算力成本。云端训练生成模型并自动推送到边缘云服务器，不断迭代优化算法。应用该质检系统后，湘钢可以完成对棒材加工过程的智能化质量检测，实现对每根棒材表面缺陷的自动识别。大幅降低表面质量检测人员工作强度。同时针对每个待检测目标形成记录，支撑产品质量的全流程跟踪和问题回溯。边云协同的架构使能算法的快速开发，本地实时计算和推理实现产品在线检测，指导后续工艺（如修磨/剪切）提高产品质量，从而推动整个园区效率的提升。

8.3.2 AR 远程辅助

8.3.2.1 业务需求

未来钢厂具有高度的灵活性和多功能性，对钢厂车间工作人员提出更高的要求。为快速满足新任务和生产活动的需求，AR 技术将发挥至关重要的作用。尤其在设备故障维修场景中，AR 技术可解决企业技术专家资源匮乏、技术支持差、成本高等痛点，有效提升企业设备维修效率。

维修人员可通过佩戴 AR 眼镜，向后台技术专家发起音/视频通信，实时采集并分享现场维修人员第一视角画面，远端技术专家通过画面标注进行语音指导、桌面共享等，辅助维修人员完成设备排障工作，5G AR 远程装配场景如图 8-4 所示。

平台侧 用户管理 设备管理 任务管理 标识库 编解码器 流媒体 图像识别 3D配准 5G 终端侧 手机（App） + AR眼镜 技术专家 第一视角，实时、冻屏标注 维修工人 音/视频通信、桌面共享

图 8-4　5G AR 远程装配场景

8.3.2.2　网络方案

在钢厂设备装备过程中，通过内置 5G 模组或部署 5G 网关等设备，实现 VR/AR 眼镜、智能手机、PAD 等智能终端的 5G 网络接入，采集现场图像、视频、声音等数据，通过 5G 网络实时传输至现场辅助装配系统，系统对数据进行分析处理，生成生产辅助信息，通过 5G 网络下发至现场终端，实现操作步骤的增强图像叠加、装配环节的可视化呈现，帮助现场人员进行复杂设备或精细化设备的装配。另外，专家的指导信息、设备操作说明书、图纸、文件等可以通过 5G 网络实时同步到现场终端，现场装配人员简单培训后即可上岗，有效提升现场操作人员的装配水平，实现装配过程智能化，提升装配效率。

AR 远程辅助场景主要分为 3 部分：现场（维修工人）、远程辅助云平台以及后台（技术专家）。

1．现场（维修工人）

维修人员通过佩戴 AR 眼镜可实现两部分内容：采集现场维修工人的第一视角的音/视频信息；接收技术专家传输的指示信息，如音/视频信息、画面标注信息、文档等。

2．远程辅助云平台

用于部署产品的软件系统，包括核心功能的代码（如 AR 标注等）、各类服务模块（如认证授权、音/视频节点分配等）、各种基础服务组件（如系统配置、账号服务、音/视频服务等），以及专业知识库等内容。

3．后台（技术专家）

技术专家的操作终端，可基于音/视频通信获取现场的实时画面，并通过画面标注、文件传输等功能指导现场维修人员进行作业。

8.3.2.3　业界生态

1．网络

电信运营商提供 5G 网络服务。

2．AR 眼镜

AR 眼镜厂商提供不同类型的 AR 眼镜（如单目式、双目式、分体式、一体式等），客户可结合实际需求选择合适的型号。

3．服务器

服务器分为业务服务器及音/视频服务器两类，主要用于承载产品的核心产品能力以及流媒体的转发能力，包括用户鉴权、音/视频节点分配、AR 标识、视频流编解码等能力。

4．通信模块

涉及设备现场侧的工业级 CPE 部署，将 5G 信号转换为 Wi-Fi 信号，用于连接 AR 眼镜，实现数据的上传与接收。

8.3.2.4　商业模式

AR 远程辅助技术可解决企业技术专家资源匮乏、技术支持差、成本高等痛点，同时有效提升企业设备维修效率，降低企业成本。对于其商业模式，AR 远程辅助系统可整体集成至园区 5G 网络改造和系统中，采取"产品+服务"的合作模式，产品交付后根据钢厂的需求为其提供功能扩展、系统整合、系统维护等方面的有偿服务。

8.3.2.5 典型案例

2020 年 3 月，华菱湘钢钢铁生产线进口的设备正在进行安装调试，受到全球新冠肺炎疫情的严重影响，德国和奥地利技术人员无法前来湘潭现场进行技术服务，配合实地安装。为了不影响正常投产，华菱湘钢轧钢生产线充分发挥 5G 三大技术特点。一是超高速率能力，打破了带宽局限，实现下行 1.2Gbit/s，上行达 750Mbit/s 的网络速率，同时传输多路超高清视频无压力。二是超低时延能力，实现精准的信息反馈，提供约 10ms 的单向网络时延，可实时下发指令和信息反馈，从而实现远程辅助维修。三是高稳定性和可靠性，5G 网络具有超强抗干扰性、超强稳定性优势，可按需随时随地接入，并可保持最优的覆盖效果。通过与通信运营商、设备商、AR 厂商合作，利用前期已经部署的 5G 网络，快速开通一条跨国专线，搭建了湘钢现场工程师和国外技术人员之间的高速率与低时延通信网络，在此基础之上，借助 AR 技术和高清全景摄像机实现远程装配沟通。利用这套 5G+AR 的远程协作装配解决方案，位于湖南湘潭的华菱湘钢现场工程师可以将现场环境视频和第一视角画面通过 5G 网络实时推送给位于德国和奥地利的工程师，国外工程师依托 AR 的实时标注、冻屏标注、音/视频通信、桌面共享等技术，远程配合湘钢现场工程师的产线装配工作。

在全球新冠肺炎肆虐之际，华菱湘钢充分利用 5G+AR 技术，让跨越欧亚大陆的 3 个国家的工程师如临现场一样紧密协作，接通但不接触，高效高质进行轧钢生产线的装配工作，目前该线已经完成了 90%的设备安装任务。华菱湘钢在工业建设现场创新使用5G+AR技术进行远程装配，具有良好的示范效应，5G+AR技术构建的非接触协作方式，可广泛应用于远程协同设计、远程协同装配、远程设备维护、远程医疗诊断等多种场景，让更多受到新冠肺炎疫情影响的企业快速复工复产。

8.3.3　远控天车

8.3.3.1　业务需求

天车是现代钢铁生产环节不可或缺的运输装/卸工具，在原料库、废钢车间、钢包运送、钢坯库、成品库等不同生产场景中，钢铁企业使用匹配场景需求重量的天车完成原料出/入库、生产冶炼、仓储物流等在内的各类工序，应用范围广且频率高。

5G远控天车方案面向钢铁企业的原材料、钢坯、钢材的入库、出库、调库等环节，利用 5G 网络、自动控制、视频/图像识别等技术，通过在天车多角度加装高清摄像机等设备，进行传统天车的 5G 改造，构建一套天车远程控制及无人化运行的服务平台，实现工作人员在操作间对天车的远程操控，实现天车的无人化运行、多天车的协作式运行，帮助钢铁企业实现物料、成品的高精度智能搬运，提升企业的经营效率。

8.3.3.2　网络方案

5G远控天车应用系统架构如图8-5所示。

通过 5G 网络实现工控数据的采集与控制，实现对现场各操作系统（Disk Operating System, DOS）及 MES 的互联互通。通过信息的高度融合，实现管与控一体化的网络通信能力，打通现场作业计划与天车控制执行的信息通路，实现天车吊装、搬运、调度等作业的自动化、智能化。

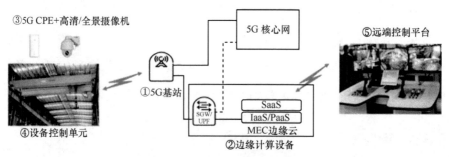

图 8-5　5G 远控天车应用系统架构

5G 远控天车应用系统由 6 个模块组成，包括天车控制模块、视频监控模块、语音交互模块、安全防护模块、中控操作模块、通信模块。

- 天车控制模块以可编程控制器（Programmable Logic Controller, PLC）为核心，负责接收和处理来自远程和本体的操作指令及各传感器信号，驱动天车各个执行机构（大车、小车、起升机构、吊具机构等）完成相应的动作。

- 视频监控模块采集现场视频信息，传输至远程控制室并实时显示，作为天车操作人员识别生产现场状况和控制天车运行作业的主要信息来源。

- 语音交互模块包括 IP 寻呼电话、扬声器、网络电话、网络壁挂音箱、功放扩音器等。

- 安全防护模块包括共轨天车防撞、地面防碰撞、防误操作、系统应急安全与急停、天车状态监控等。

- 中控操控模块包括操控台、操控软件等软硬件，通常设置在中控室或集中管控中心，以实现天车远程操控。

- 网络通信模块由各类交换机、无线设备、5G 网络基站等、光纤/网线、光纤收/发器、光电转换等设备构成。

8.3.3.3 业界生态

现有的天车现场操控系统进行改造和部署，改造部署工作包括 5G 网络基础设施的搭建、无人天车管理服务平台的软件部署及服务器部署、现有天车 PLC 的接口适配。

在软/硬件生态中，网络、频谱、云资源等网络资源需要依靠电信运营商；5G CPE、工业网关等通信设备及 5G 端到端解决方案，需要 5G 解决方案供应商。天车控制系统、视频监控系统、语言交互系统、安全防护系统、中控远程操作系统等天车设备系统，原有钢铁行业中的大型综合性解决方案供应商具有较大优势；在终端上，需要人工智能方案商提供的工业相机、AI 摄像机等视觉质检终端。

8.3.3.4 商业模式

钢铁工厂厂房内结构复杂，车间有线网络布放困难，导致一些装备还未联网；一些装备（如天车），通过工业 Wi-Fi 等无线连接，易受干扰，时延抖动大，远程操作体验差。为保障生产安全、人员身体健康安全，利用 5G 等技术，实现钢铁生产的无人化操作具有较强的现实意义。

5G 远控天车的商业模式可采取一次性销售策略，将设备/软件外采、定制化开发服务费、维护费进行整体报价，其中维护费根据项目实际情况会调整变动。

8.3.3.5 典型案例

广西柳州钢铁（集团）公司与中国移动及华为公司合作，在防城港基地冷轧厂利用 5G 技术实现了远控天车的应用。通过对传统天车改造，利用 5G 网络进行控制指令及高清视频的传输，能够将驾驶台后移至远端控制平台，实现天车远程操控。节省大量人力成本及提高综合效率，同时对保障员工身体健康，提高企业安全生产有重要意义。

8.3.4　政策与标准

我国高度重视 5G 与钢铁行业的融合发展，制定了相关政策及标准推进 5G 等新技术在钢铁工厂的应用示范落地。

2016 年，《工业和信息化部关于印发钢铁工业调整升级规划（2016—2020 年）的通知》中强调全面推进智能制造。在全行业推进智能制造新模式行动，总结可推广、可复制经验。重点培育流程型智能制造、网络协同制造、大规模个性化定制、远程运维 4 种智能制造新模式的试点示范，提升企业品种高效研发、稳定产品质量、柔性化生产组织、成本综合控制等能力。

2021 年 12 月，工业互联网产业联盟联合中国钢铁工业协会、中国金属学会研究编制了《工业互联网与钢铁行业融合应用参考指南（2021 年）》，为钢铁行业工业互联网建设过程中的需求场景识别、应用模式打造、关键系统构建和组织实施方法提供参考。

2022 年 2 月 7 日，工业和信息化部、国家发展和改革委员会、生态环境部发布《关于促进钢铁工业高质量发展的指导意见》，提出开展钢铁行业智能制造行动计划推进 5G、数字孪生等技术应用。

8.4　总结与展望

5G 技术的出现，为钢铁工业庞大的生产体系更好应对定制化、个性化需求提供了有力的技术支撑，为钢铁企业数字化转型、智能制造提供坚实的基础，注入强大的发展动力。

5G 作为数字经济的驱动力融入千行百业，是对行业应用的赋能，更是对数据的技术价值和经济价值的深度挖掘。5G 与作为垂直行业的钢铁行业密切结合，将构建融合标准、价值场景和目标，在工业 4.0 和智能制造的大潮汹涌奔流之际，迎来钢铁行业数字化、智能化转型发展的浪潮。

第九章　5G+智慧教育

9.1　教育行业概况

9.1.1　教育行业发展现状

教育是提高人民综合素质、促进人的全面发展的重要途径，是民族振兴、社会进步的基石。建设教育强国是中华民族伟大复兴的基础工程。教育现代化的推进对我国发展至关重要。在新发展阶段、新发展理解、新发展格局背景下，走出我国自己的教育发展之路，形成适应人类社会未来发展趋势的教育体系至关重要。我国的教育既需要全面补足系统短板，以软硬件资源增强教学能力，又需要适应网络时代带来的教育对象变革，力争满足学生个性化、多元化、持续化的教育需要。

近年来，教育现代化改革成为我国教育发展的主题。2019 年 2 月，我国发布《中国教育现代化 2035》，提出了 8 个方面的 2035 年主要发展目标：一是建成服务全民终身学习的现代教育体系；二是普及有质量的学前教育；三是实现优质均衡的义务教育；四是全面普及高中阶段教育；

五是职业教育服务能力显著提升；六是高等教育竞争力明显提升；七是残疾儿童少年享有适合的教育；八是形成全社会共同参与的教育治理新格局。八大目标涵盖各个阶段、各个类型的教育活动，与国家现代化建设总体战略目标相呼应，匹配我国发展的战略需要。

2021 年，我国为切实提升育人水平，持续规范校外培训，实行有效减轻义务教育阶段学生过重作业负担和校外培训负担的"双减政策"。"双减政策"提出以下 3 个方面措施：一是面向初等、中等教育阶段，提出提升学校课后服务水平，满足学生多样化需求。二是从严规范治理各类校外培训行为，尤其是对学科类培训及线上培训，进行严格规范。三是鼓励丰富学生课余时间活动，满足学生个性化学习需求。"双减政策"的落实对教育行业的发展提出了更高要求。

教育的信息化、数字化是教育现代化发展的重要核心动力。我国高度重视教育信息化建设，为此推出一系列重大工程和政策措施。2012 年3 月教育部发布了《教育信息化十年发展规划（2011—2020 年）》，提出要实现"校校通宽带，人人可接入"，在规划期末"基本建成人人可享有优质教育资源的信息化学习环境"。2012 年 9 月，全国教育信息化工作电视电话会议进一步提出"十二五"期间，要以建设好"三通两平台"的教育信息化工作为抓手，实现宽带网络校校通、优质资源班班通、网络学习空间人人通，建设教育资源和教育管理两大公共服务平台。2016 年，教育部发布的《教育信息化"十三五"规划》提出要建成"人人皆学、处处能学、时时可学"的教育信息化体系，并且更加重视信息技术在教育教学中的深度应用，打破信息化与教育教学"两张皮"。

伴随着信息化技术的发展，教育信息化工作进一步推进。2018 年 4 月教育部发布了《教育信息化 2.0 行动计划》，计划到 2022 年基本实现"三全两高一大"，即教学应用覆盖全体教师、学习应用覆盖全体适龄学生、数字校园建设覆盖全体学校，信息化应用水平和师生信息素养普遍提高，建成"互联网+教育"大平台。

教育现代化的要求与 5G、AR、AI 等新一代信息技术的发展不谋而合，推动教育行业的数字化变革蓄势待发。《中国教育现代化 2035》进一步提出要加快信息化时代教育变革，包括建设智能化校园，统筹建设一体化智能化教学、管理与服务平台；利用现代技术加快推动人才培养模式改革，实现规模化教育与个性化培养的有机结合等。面向素质教育的系列要求，教育数字化转型已经成为产业发展的关键。

9.1.2　教育行业主要环节

按我国现行教育体制，以校内教育体系为分解，包含五大教育阶段：学前教育、初等教育、中等教育、高等教育、终身教育。当前，各个教育阶段均以教育现代化为方向，稳步发展，我国现行教育体制如图 9-1 所示。

学前教育指 3~6 岁的儿童在幼儿园接受的教育。幼儿园一般由民间兴办，在经济发达的大中城市已基本满足幼儿接受学前教育的需要，幼儿教育事业的发展正从城市向农村推进，一些乡镇已基本普及了学前 1 年教育。

初等教育指 6~12 岁的儿童在小学接受的教育。小学一般由地方政府兴办，或个人和民间团体创办。初等教育阶段是"双减政策"指导下学生作业负担减轻的重点环节。学校需通过健全作业管理机制、分类明确作业总量、提高作业设计质量、加强作业完成指导等措施全面减轻学生过重作业负担。同时，这对教师的课堂教学提出了更高要求。

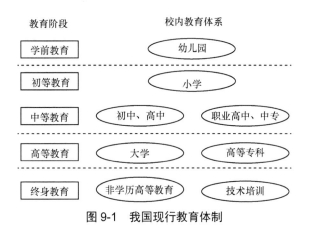

图 9-1 我国现行教育体制

中等教育指 12~17 岁的青少年在中等学校接受的教育。初中、普通高中、职业高中和中专均属于中等学校。普通中学分为初中和高中，学制各为 3 年，初中毕业生一部分升入高中，一部分升入职业高中和中专。中等学校一般由地方政府兴办。当前，面向初中学科教育的校外培训服务行为将进一步规范化。职业教育体系的完善则是我国教育发展的重要方向。我国中等教育体系面临全面改革。

高等教育是继中等教育之后进行的专科、本科和研究生教育。中国实施高等教育的机构为大学、学院和高等专科学校。高等学校具有教学、科研和社会服务三大功能。高等教育质量的进一步提升是我国高质量发展的关键。

继续教育包括成人技术培训、成人非学历高等教育以及扫盲教育。互联网时代进一步打破了教育的时间和空间限制，为继续教育发展带来了极大的便利。

教学资源、教学方式、校园管理是教育的三大核心环节。尽管不同教育阶段教学内容和方式方法有所不同，我国各个教育阶段的传统学习方式以课堂为核心，以课后作业、考试等为辅助。学生在学习过程中接受任课教师的课程讲学，其学习效果由教育内容、教师水平和学习适应度共同决定。这些环节共同构成教学资源，是教学质量的核心影响因素。教师的传统教学方式是黑板板书授课。在信息化影响下，教学内容的可复制性越来越强。教师的教学方式已经由传统的黑板板书向板书与 PPT 讲义共同使用转变，且作业检查、考试等正伴随数字化发展不断便利化。教学方式的变化将使教师的教学效果不断提升，学生通过现代化的科技手段，提升知识的掌握水平。校园是教学的核心载体。校园的建设涵盖生活管理、设备管理、安防管理等方面。高等教育校园管理与学生的生活质量紧密关联且起步较早，双减政策提出后，初等、中等教育校园建设要求也相应提高。教学资源、教学方式、校园管理三大环节的全面提升是教育现代化实现的关键。

9.2 教育行业数字化转型发展趋势及问题

9.2.1 教育行业数字化转型趋势

9.2.1.1 教育数字化转型的场景

教育数字化转型的发展既是时代之标志，也是发展之必须。教育数字化转型是教育信息化的延伸。当前，我国教育对象和教育环境正在发生巨大变化。互联网信息时代的到来和智慧终端的普及使未来受教育对象的学习方式选择更加自由，学习形态更加多样。教育发展与变革的需求由此展开。通过 5G 网络，结合大数据、人工智能、物联网、云计算等新一代信息技术，教学空间、校园空间、学习空间将全面智慧化。教育教学基础动能全面优化，资源服务供给能力全面增强，线上线下教育融合发展，支撑我国教育高质量发展。我国教育数字化转型场景趋势如图 9-2 所示。

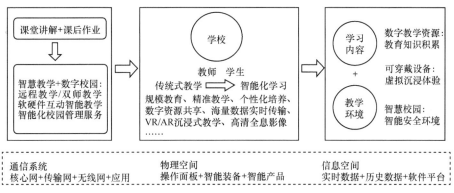

图 9-2　教育数字化转型场景趋势

当前，教育数字化转型的主要应用场景主要覆盖远程教学、智慧教学、智慧校园三大方面。

1. 远程教学，促进优质教育资源共享

以在线教学为基础的远程教学是智慧教学的重要组成部分，在 2020 年年初的新冠肺炎疫情期间，在线教学在全国范围内开展，有力地保障了"停课不停学"。传统在线教学主要基于光纤网络和 Wi-Fi 实现远程教学，难以支撑室外移动环境下的远程教学，5G 可以有效解决这一问题。更重要的是，5G 凭借大带宽的技术优势，可以与超高清视频、虚拟现实、增强现实以及全息等技术相结合，丰富远程教学的内容和形式，提高远程教学的效率和质量，强化学生与教师以及环境的交互，进一步突破教学环境的时空壁垒。基于优质教育资源的远程共享，进一步推动基础教育服务的均等化。

2．智慧教学，构建虚实融合的智慧课堂

基于教室中各类物联感知设备与人工智能技术的应用，可以实现对学生学习过程的实时感知以及行为数据与考评结果的实时采集，基于课堂互动识别、课堂专注度分析、学习轨迹分析等智能分析手段，帮助教师及时判断和掌握学生的学习情况，针对性地帮助学生制订和调整学习计划，实现精准教学和个性化学习。基于 5G+人工智能物联网（AI+Internet of Things, AIoT）进行智能分析，将提高数据采集与传输效率，更有力地支撑对学生学习行为和学习效果的智能分析，并能够将分析结果实时传输给教师。

基于 VR、AR、介导现实（Mediated Reality, MR）等技术手段，可以构建沉浸式的教学环境，帮助学生加深对抽象理论以及现实生活中难以观察到的自然现象或事物变化过程等内容的理解，通过虚实融合的方式，充分调动学生视觉、听觉等多感官参与到学习的过程中，使抽象的概念和理论更加直观、形象地展现在学生面前，寓教于乐，提高课堂效率。但沉浸式教学对内容和存储有较高要求，5G+XR 可以实现云端结合的沉浸式教学，将优质的教学资源存储在云端，并在实际教学过程中实现低时延调用。特别是在医学教育等职业教育的专业技能培训课程中，5G+XR 的技术方案一方面可以构建沉浸式的培训场景，提高师生交流沟通效率；另一方面则可以避免学生在培训中置身于真实的高危环境中，并且通过使用虚拟化的精密仪器和昂贵耗材可以降低培训成本，从而为各领域的专业教育培训带来便利。

3．智慧校园，打造智能化学习空间

5G 是实现万物互联的基础，在物联网领域有广泛的应用空间。以校园安防、设备管理和学生健康监测等为代表的智慧校园应用主要基于物联网实现，因而 5G 时代也将有新的提升。基于 5G+AIoT 技术设备的应用，可以实现全场景校园智慧管理与智慧服务。在 5G 网络支持下，超高清视频监控、智能视频分析、入侵探测报警等应用，将有效提升学校的安防管理效率；通过 5G+智能手环实现大规模学生体征数据的实时采集，可以有效监测学生健康状况，有效防范和处置风险；而 5G+智慧食堂等应用则可以进一步提高校园服务质量。因此，5G+智慧校园将助力打造更加智能化的学习空间。

9.2.1.2　教育数字化转型的内涵

教育数字化转型将驱动学生、教师和学校的关系由传统式教学向智能化学习转变。

教育数字化转型在 5G 支撑下，融合各类信息技术，能够使教育环境智慧化，同时为教师能力提升提供指引。教师能够充分利用环境资源，主动适应个体的需求。通过无处不在的通信网络和传感设备智能感知学习者的场景和特征，主动为其营造学习环境、规划学习路径、推送适应性的学习资源，实现从人找信息到信息找人的转换。教育的各类数据和信息将实现无缝流通数据分析是实现智能教育服务的基础，而教育信息化建设将为各类数据的采集和分析建立标准化模型，通过对物理环境的感知，实现对数据的汇聚和跨空间传输，增强教育服务的调节功能，从而打破时间、空间、内容、媒介的限制，实现教育信息的无缝流通。

智能化学习为教学设置带来了更多可能性。在数字化转型下，传统的班级教育将向规模教育、精准教学、个性化培养转型。优质的教学资源将得到进一步普及，学生可以根据自己的需求选择教学资源，学校能够根据学生所长推动个性化的培养方案。同时，智能化学习使教育资源的共享更加容易。数字资源将成为教育资源均等化的重要抓手。

教育公平问题一直以来是教育领域的难题，数字化教育能够促进优质的教育资源和服务通过网络互联互通，并可拓展学习的时间、空间，使我国教育向"当技术无处不在，学习也就无处不在"的学习机会人人平等局面转变。数字化教育能够大幅提升教育的按需供给、均等供给能力。

传统的网络环境和技术环境下，学习资源的供给千人一面，而智能时代的网络传输技术使得智能环境传输全过程的学习数据成为可能，在此背景下，智能学习服务系统将实现对个体的精准分析，进而按照个体的特定需求为其提供优质的资源和服务，也能进一步拉动学生对教育质量的追求。

数字化教育管理不仅可通过智慧应用使校园和学生学习管理更为专业，也能在多个方面打通校园网络，解决管理"烟囱"问题，实现智能协同。在智能技术和泛在高速通信环境下，各类教育业务在任何地方、任何时间、任何方式下都能进行便利、快捷、高效、智能的协同，各类教育业务将不再以孤立的方式提供服务，教育领域的管理业务、教学业务、培训业务与服务业务将实现智能协同，进而达到业务流程的重组和创新服务形态的目的。

9.2.1.3　教育数字化转型的预期效果

教育数字化转型将推动形成新的学习内容和教学环境。面向数字化教学，教育对象和教育环境正在发生巨大的改变，伴随着互联网和智能终端的普及，未来的受教育对象在全新的社会环境中成长，人的学习正逐渐转为"网络化、数字化、个性化"的方式。为响应这一趋势学习内容，校园及培训机构将进一步发生全面变革。

教学资源、教学设备和校园将在数字化转型下全面革新。通过数字化，教学资源将不断积累，且更易于分享。面向教育现代化目标，教学资源可进一步升级，促进产业全面发展。教育设备将进一步发展。传统与现代设备将进一步交融，以虚拟沉浸体验为核心的相关设备将进一步丰富课堂教育手段。软/硬件设施进一步提升校园管理水平，将使校园智慧化，创造智能安全的学习环境。

通信系统、物理空间、信息空间的三维融合将全面重塑教育行业生态。以5G为代表的通信系统升级是数字化转型的基础，通过核心网、传输网、无线网、应用的全面发展，支撑物理空间和信息空间的全面升级，最终构建数字化教育的运营环境。数字化教育的发展离不开软/硬件的支撑。在物理空间中，操作面板、智能装备、智能产品全面革新。在信息空间中，以操作系统为基础、搭载数据中心和创新应用，将与硬件结合，提升教室的工作效率。三维融合，将全面推动教育数字化发展。

9.2.2　教育行业数字化转型的网络升级

9.2.2.1　从"三通两平台"到"教育新基建"

当前，教育基础设施的进一步升级是推动数字化转型的重要措施。"十二五""十三五"期间，我国教育信息化围绕"三通两平台"快速推进，即宽带网络校校通、优质资源班班通、网络学习空间人人通，建设教育资源公共服务平台、教育管理公共服务平台。2021年7月，教育部等六部门印发《关于推进教育新型基础设施建设构建高质量教育支撑体系的指导意见》（以下简称《意见》），指出教育新型基础设施是以新发展理念为引领，以信息化为主导，面向教育高质量发展需要，聚焦信息网络、平台体系、数字资源、智慧校园、创新应用、可信安全等方面的新型基础设施体系。教育新型基础设施建设（以下简称教育新基建）是国家新基建的重要组成部分，是信息化时代教育变革的牵引力量，是加快推进教育现代化、建设教育强国的战略举措。教育需进一步优化信息网络基础设施，增强数字资源新型基础设施，建设智慧校园新型基础设施，创新应用新型基础设施，夯实可信安全新型基础设施。

围绕数字化转型相关需求，结合教育新基建的发展方向，教育数字化转型要求实现教育教学以及校园管理和服务的全面数字化、网络化与智能化，形成以学生为核心，覆盖教师、家长、管理者等为主体的智能化学习空间。5G 在其中发挥重要赋能作用，5G 赋能主要以促进网联化水平的提升支撑智能化水平的提升，并以自身网络能力促进各类具体应用场景发展。根据教育阶段、群体和目的的不同，5G 能够在多种场景中推动各类应用发展。以一个教育空间为核心，5G 在教育领域的规模化推进大致形成包括终端硬件层、网络层、平台层及应用层四层的基础设施。同时，信息安全及相关标准对各层发展起规范引领作用。

9.2.2.2 终端硬件层：个性化教育的重要支撑

终端硬件层主要为 VR、全息讲台、智能终端等各类智能设备，能够通过全方位地感知智慧教育情境信息以及利用智能终端为学校师生的个性化教育提供支撑。5G+教育将应用大量的新型智能化终端设备，不仅包括手机、平板计算机等移动设备，还包括各类摄像机、VR/AR 等 XR 设备、手环以及各类传感器，甚至是服务机器人等。终端硬件层构成了数据采集和服务提供的整体界面，是 5G+教育应用发展的重要基础。

9.2.2.3　网络层：新型教育网

5G+教育的网络层不仅包括 5G 网络，也包括 2G/3G/4G、宽带、Wi-Fi 等传统网络以及蓝牙、ZigBee 等各类物联网。相较于过去的教育网，新型网络通过不同层次技术的互补，形成多网融合的泛在基础网络接入，共同支撑各类智能应用的实现。

5G+教育网络一般包括核心网、承载网、无线接入网和边缘节点。其中，核心网为信息处理中心，实现本地分流、灵活路由等功能；承载网是连接无线接入网、核心网的端到端网络；无线接入网负责无线网络的接入，通过控制面与数据面分离实现覆盖与容量的分离，通过簇化集中控制实现无线资源的集中协调管理；边缘节点是带有缓存和计算处理能力的节点，部署在网络边缘，与移动设备、传感器和用户紧密相连，减少核心网络负载，降低数据传输时延。

9.2.2.4　平台层：数据处理与决策支持的核心

基于部署在云端的各类系统平台，利用 5G 融合网络和各类智能技术，可以实现面向教育业务应用的平台支撑能力。以数据处理和决策支持为核心，平台可提供包括用户管理、设备管理、安全管理、云计算与存储服务能力、大数据分析与智慧决策等多种功能。依托包括校园基础数据库、个体教育数据库、课程教学数据库、班级管理数据库与学校管理数据库等在内的数据库以及面向不同应用的算法库，实时高效地对数据进行智能分析，提供决策支撑，支撑 5G+教育各类应用的实现。

9.2.2.5　应用层：学习内容与教学环境变革的核心

在终端硬件层、网络层、平台层的全面变革下，5G 将实现系列应用，全面变革学习内容与教学环境。具体包括 5G+远程教学、5G+互动教学、5G+沉浸式教学、5G+安全管理、5G+设备管理、5G+校园服务等，可全面提升教学质量、管理效率、服务水平。

9.2.3 教育行业数字化转型面临主要痛点

9.2.3.1 数字化技术与教学需求对接

我国数字化教育面临技术水平与教学需求对接提升的挑战。我国数字化教育需要通过信息技术构建智能环境，打破原有教育信息化中存在的信息孤岛问题。当前，教育信息系统存在资源共享难问题。教学、科研、管理、技术服务、生活服务等信息化系统采用"烟囱式"建设模式，导致出现信息"孤岛"现象，业务流程整合度低。利用 5G 通信技术和数据分析技术打通课内外的数据"壁垒"，促进线上线下课程的无缝融合，或利用边缘计算技术实现教育管理中的特定需求和业务的智能管控，要求数字化教育发展过程中打破原有系统"壁垒"，进行全面改造。

与之相对，尽管教育信息化受到重点推动，但在发展过程中，教学技能提升仍不够充分。数字化教育需要教师转变教学思维，适应以通信网络和传感设备为核心的感知学习场景特征，主动为学生营造学习环境、规划学习进程、匹配学习资源。教师需适应数据和信息的无缝流通并熟练掌握相关工具使用。在实践过程中，教学场景的开发需与使用者需求紧密配合，智能协同。同时，教师要适应数字化教育的发展，需在传统教学模式上进一步融合创新，全面提升自身教学水平。

9.2.3.2 数字化教育的产业化挑战

数字化教育的产业商业模式尚不成熟，仍存在设备贵、买方少、运营成本高的问题。数字化教育商业化要求应用开发和教学资源的全面配套升级。一方面，技术标准与行业标准尚未形成，使教师对教育教学的升级无法有效进行，限制了产业商业模式的发展。智慧应用教学要求教师全面改变自身的教学思维，由知识导向转向学习者认知导向，建构自身教学内容，并使学习者主动学习。教师缺乏开展资源开发的标准，导致商业模式发展停滞。另一方面，满足数字化教育的相关教学内容资源匮乏，使商业应用开发进度迟缓。新的教学方式需要全新的教学内容适配，其中大部分内容需要由专业技术人员制作，例如各类 5G+XR 教学的内容，但如何契合课程教学要求是面临的一个难点。此外，XR 等教学内容制作成本高、周期长，大部分教育内容需要个性化定制，短期内制约了相关应用的商业化进程。

　　数字化教育的发展面临伦理与安全问题。数字化教育的部分应用要求对于学生学习过程和教师教学过程的全面监控、分析与评价，存在相当大的争议，涉及教育伦理问题。部分研究者认为该类应用既侵犯学生和教师隐私，实际应用效果又存在疑问，应被禁止发展。同时，智慧教育的大量应用涉及数据采集和分析，由于数据主要来自学生，特别是中小学教育中的学生主要是未成年人，隐私保护与数据安全极为重要。当前，我国的隐私数据保护制度逐步建立，但对教育应用的监管要求尚不明确。在智慧教育的发展过程中，数据保护的制度仍需进一步完善。因此，伦理与安全问题从长期看将成为数字化教育发展过程中需要高度关注和重点应对的问题。

9.2.3.3　我国数字化教育的发展问题

　　我国教育发展面临资源分布不充分、发展不均衡现状，进一步影响数字化转型效果。数字化教育的技术成熟度需与网络覆盖共同提升。我国 5G 网络的铺设处在稳步推进中，但是，针对各类学校，目前尚未实现能够全面支撑数字化教育应用的 5G 网络深度覆盖，网络切片等关键技术也尚不成熟。网络配套的缓慢使新型教育业务承载能力不足。4K/8K 直播课堂、VR/AR 课堂、全息教育、4K 高清监控、学校移动巡逻车等新型业务对网络带宽提出更高需求。

我国教育资源明显存在东部强、西部弱，城市强、乡村弱的特征。数字化教育的发展既有可能通过线上教育的方式，补足教育资源短板，使西部、乡村获得优质教育资源，也有可能因基础设施分布的不均衡进一步拉大教育水平差距，放大教育资源不平衡问题。要在数字化教育发展的同时解决这些问题，既需要通过数字化教育应用促进教师、教材等资源均等化，又需要以转移支付方式尽快补足相关地区资源和设施短板。

同时，我国教育生态结构中，除大学教育外的职业教育等领域发展水平相对不足。与发达国家对比，我国的职业教育水平整体较差。更为严峻的是，职业教育的资源分布仍然以东部为优，与我国劳动资源相对集聚的中西部需求不匹配。这些劳动力资源在中西部地区获得的职业教育并不能匹配东部地区的就业需求，使得我国教育质量整体不佳。

9.3 教育行业主要 5GtoB 规模化复制场景及典型案例

9.3.1 远程教学

9.3.1.1 行业需求

远程教学主要是基于互联网进行授课和学习的在线教育形式。当前，在线教育被视为学校课堂教育的重要补充，以满足随时随地产生的学习需求，但长期以来主要用于课外培训辅导等领域。2020 年新冠肺炎疫情期间学生停课不停学，加速了在线教育的普及，特别是首次实现了在学校教育中的大规模应用。

远程教学对实现教育资源均等化具有重要意义。我国长期存在教育资源分布不均匀、不充分的问题。相较于东部地区，我国中西部地区普遍缺乏优质的教育资源。同时，部分地区在某一类特色领域容易缺少授课教师。远程教学的开发有利于教育资源的进一步均等化。

5G 网络的大规模商用将极大改善在线教育的学习环境。首先，5G可以支持远距离移动环境的在线教育，满足更多情境的远程教学需求；其次，5G 融合人工智能技术可对在线教育进行实时分析，可以在远程教学过程中，帮助教师及时获取学生的学习效果反馈，进行个性化的学习辅导；第三，5G 高速率、低时延的特性将支持音/视频流、XR 等需要大带宽的技术，丰富为远程课堂的内容，为师生带来沉浸式的沟通交流体验，促进优质教育资源的共建共享，进一步改善基础教育中优质资源分布不充分不平衡的现状。

双师课堂和全息教学是当前远程教学可规模化复制的两大重要方向。

1．双师课堂

双师课堂一般采用主讲老师与助教老师相互配合、线上与线下相结合的教学模式。其中，主讲老师通过直播的形式讲解课程内容，助教在课上负责与主讲老师配合开展教学及互动。在双师课堂模式下，学生仍需到教室通过观看直播内容上课，并在课上通过答题器等设备与主讲老师进行互动。

2. 全息教学

全息技术能够通过衍射光使物体得到重现，其位置和大小与之前一样，从不同的位置观测此物体，其显示的像会变化。全息技术可以被用于光学储存、重现，同时可以用来处理信息。其中，全息投影技术是目前最广泛使用的全息技术，是利用干涉和衍射原理记录并再现真实物体的三维图像的记录和再现技术，可以实现虚拟成像，在演艺活动中已有较多的应用探索。

在远程教学中，以全息投影的方式，可将教师的真人影像以及相关课件和教学用具以立体效果呈现在远程课堂的学生面前，并实现远程同步实时互动，为学生营造逼真的课堂环境，大大提升远程教学的课堂体验感。

远程教学可通过使用用途变换，转换为远程听课/评课系统、远程巡课系统。5G 远程听课/评课是在传统基于录播的远程听课/评课系统下，将录播终端 5G 化，基于 5G 移动网络实现近端教室进行名师授课，远端教室进行互动、旁听，以及点评，促进教学反思，提升教学水平的 5G 教育应用。

9.3.1.2 网络方案

1. 双师课堂

在双师课堂应用中，5G 能够通过性能提升和其建设灵活性，在增强交互体验的同时扩大覆盖范围。针对现有双师课堂采用有线网络承载业务存在的建设工期长、成本高、灵活性差等问题，以及采用 Wi-Fi 网络承载业务导致的音/视频延迟、卡顿等问题，5G 网络的高带宽、低时延等特性，可以实现可移动性的灵活开课，随需随用，同时可以支撑 4K 高清视频传输以及低时延互动的沉浸式双师课堂应用，有效解决传统双师的交互体验问题，为双师课堂的长远发展提供有力保障。

该技术只需在原有双师课堂基础上嵌入 5G 通信模块，可随时接入 5G 网络，大大缩短业务开通时间。

2. 全息教学

全息教学对 5G 的速率和时延要求更高。全息教学本质是一种 AR 应用，这要求端到端的时延能够达到 20~40ms 标准，实现音/视频流、应用等大带宽内容的低时延传播，支持远程课堂更低时延的师生沟通，进一步强化面对面课堂思路的沉浸化体验，使全息课堂达到革命性交互效果。

9.3.1.3　业界生态

双师课堂、全息教学领域的发展与教育网络建设紧密相关，因而常以电信运营商为核心推进方，统筹网络升级和设备提升。5G 技术提供商通过对电信运营商的影响，推动远程教学的发展。多媒体课堂供应商提供设备硬件和解决方案。在双师课堂、全息课堂基础上，相关 5G 技术提供商，软/硬件开发商可持续推动应用升级。

1. 双师课堂

双师课堂的核心是具有数据传输和接收功能的多媒体教室，除网络改造升级外，其他多媒体设备相对成熟。双师课堂一般采用主讲老师与助教相互配合、线上与线下相结合的教学模式。

在双师教学中，多媒体课堂设备相对成熟，通常由电信运营商以集采方式纳入解决方案。

2. 全息教学

全息直播教学区用来采集名校名师授课音/视频数据，与标准绿幕摄影棚相似，无须增加特殊装备，教师在直播区内通过高清显示器实时了解远端学生的听课状态，并实时互动。

在听课教室，全息教学需布置专用讲台。通过全息屏幕将授课教师的影像数据以裸眼 3D 的投影效果进行显示，听课教室通过部署高清摄像机及麦克风，拍摄课堂中学生的情况，并即时传送到授课教师端实现互动教学。

全息课堂的相关设备技术先进，企业对提供硬件解决方案更具积极性。相关企业可通过不断提供解决方案升级，获取相应收入。

9.3.1.4 商业模式

双师课堂和全息教学两类远程教学的实施均可分为应用部署和教学使用两个阶段。教育新基建投入是相关主体收入的主要来源。

在应用部署阶段，由运营商统筹网络和硬件建设方案，以投标方式确定设备和硬件投入，交由校方审批。校方通过新基建经费予以付款。运营商向 5G 技术提供商和多媒体课堂供应商支付相应费用。

在教学使用过程中，运营商以流量计费的方式收取通道费用，其他主体则通过应用升级获取收益。在全息课堂教学中，绿幕摄影棚往往采用租赁方式提供服务。此时，全息课堂供应商收取相应的单次使用费用。相关应用开发商可通过网络和硬件持续升级，提升远程教学效果，获取收入。

9.3.1.5 典型案例

1. 5G+双师课堂案例

2019 年 4 月，广东实验中学通过端到端的 5G 网络连接本校和分校的两个课堂，开展了一堂生物公开课的双师教学，依托大带宽、低时延的 5G 网络，主讲教师不仅可以与本班学生充分互动，还可实时与分校学生进行交流[1]。

2．5G+全息课堂案例

2019 年 2 月 28 日，中国联通联合华中师范大学国家数字化学习工程技术研究中心、教育大数据应用技术国家工程实验室等单位，在华中师范大学第一附属中学（以下简称华师一附中）举行了"5G+智能教育"行业应用发布会。现场通过 5G 网络实现了全息信号传输，进行了一堂横跨武汉、福州两地的物理公开课。借助 5G 网络的传输保障，公开课上，位于福州的华师一附中的特级教师作为主讲人被实时全息投影到武汉的课堂上，并实现了与武汉的学生之间的实时互动，取得了良好的课堂效果。未来，5G +全息投影技术在远程教学中的广泛应用，将有助于进一步推动优质教育资源的跨时空分配，为解决我国教育资源分配不均的问题做出更多有益的探索[2]。

9.3.2　智慧教学

9.3.2.1　行业需求

未来多种形态的智能教学终端，包括录播室/远程教室 XR 设备、智慧图书馆、实验设备、监控设备、便携智能终端等将带有 5G 通信模块，在教学环境中衍生各类应用场景，全面提升教育能力。这类教学形态的改变均对通信网络提出更高要求。互动教学和沉浸式教学是当前发展的两大方向。

1．互动教学

互动教学是在基于智能交互大屏、平板计算机、答题反馈器等智能终端所构建的智慧课堂中实现的一种教学模式，可以支持课堂习题下发与上交等教学信息的智能互动，是推动课堂教学数字化、网络化和智能化发展的重要应用。目前智能互动教学的实现主要依靠有线网络以及 Wi-Fi、蓝牙、ZigBee 等局域无线网，5G 与互动教学相结合主要是将 5G 大带宽、低时延的技术优势应用于支撑互动教学之中，使得互动教学更加顺畅。5G 虽然没有从根本上颠覆现有的智慧课堂与互动教学，但通过网络能力的提升，可以显著优化智慧课堂与互动教学的应用效果，从而进一步提升教学质量。

互动教学的基础是智慧课堂，包括纸笔互动课堂等应用。在智慧课堂上的互动教学一般以智慧黑板为中心，通过连接平板计算机、手机、答题器等移动终端，以及摄像机、灯光、空调等设备，实现老师与学生之间"一对多"互动教学以及对教室环境的智能感知与控制。在教学过程中，可以实现多屏分组合作学习，并通过智能录播设备和智能终端等对课堂教学数据自动采集。具体而言，在智慧课堂的互动教学中，教师可以将课堂教学内容、课堂提问等同步发送到学生的平板计算机等智能学习终端，学生通过智能终端将回答结果实时同步反馈给老师，并由系统基于图像识别大数据分析实现自动批阅，减轻了老师的工作量，提高了课堂教学效率，并且所有的课堂问答数据都会被采集，作为后续智能分析和学习评价的重要支撑。

5G+互动教学将进一步提高数据传输效率，提高互动教学的空间灵活性，支持更大范围的移动教学，并且可以支撑高清视频与 AR、VR 等教学内容的实时传输。例如，教师可以随时调用 5G 边缘云平台上的教学应用，基于 5G 网络将形式多样的教学内容分组推送，分发到不同学生小组的平板计算机，并且支持互动教学中常态化录播以及直播。

此外，可以通过 5G 将远程教学与互动教学结合，实现更大范围的互动教学，进一步提高优质教学资源的覆盖度，实现传统教学无法达到的教学效果。

2．沉浸式教学

在各类教学应用中，可以利用 AR、VR 以及 MR 等技术，为学生营造虚实融合的学习环境，以形象化的方式为学生讲解抽象的概念和理论，或者使学生能够体验现实中难以体验的场景和活动，突破时空甚至是现实环境的限制，创造沉浸式的教学环境，提高教师的教学效率和学生的学习体验。

鉴于 XR 教学能够帮助学生加深对学习内容的理解，提升教学质量，通过打造 5G+云 XR 交互式教学场景，可以深化虚拟+现实的教学方式，进一步调动学生视觉、听觉等多感官参与到学习的过程中，使抽象的概念和理论更加直观、形象地展现在学生面前，寓教于乐，提高课堂效率。

各类 XR 技术的高质量应用对传输带宽与时延要求更高，既要画质好，又要交互快，沉浸体验层次高。以 VR 技术为例，根据《5G 应用创新发展白皮书》和《虚拟（增强）现实白皮书》中的研究，在画面质量方面，部分沉浸阶段带宽需求达百兆，而 4G 用户速率难以满足，5G 用户速率是 4G 的 10 倍以上，能够支持百兆甚至千兆传输[3]。在交互响应方面，从用户头部转动到相应画面完成显示的时间应控制在 20ms 以内，以避免产生的眩晕感[4]。如果仅依靠终端的本地处理，将导致终端复杂、价格昂贵。若将视觉计算放在云端，能够显著降低终端复杂度，但会引入额外的网络传输时延。目前 4G 空口时延在几十毫秒，难以满足要求，而 5G 空口时延可以达到 10ms 以内，能够满足交互响应时延要求。

因此，5G 将降低以 VR 为代表的 XR 类终端的使用门槛。用户体验与终端成本的平衡是现阶段影响 VR 等各类 XR 技术应用的关键问题。5G+云 VR 通过将 VR 应用所需的内容处理与计算能力置于云端，可有效大幅降低终端购置成本与配置使用的繁复程度，保障 VR 业务的流畅性、沉浸感、无绳化，有望加速推动 VR 规模化应用。

鉴于 XR 教学能够帮助学生加深对学习内容的理解，提升教学质量，通过打造 5G+云 XR 交互式教学场景，可以深化虚拟+现实的教学方式，进一步调动学生视觉、听觉等多感官参与学习的过程，使抽象的概念和理论更加直观、形象地展现在学生面前，寓教于乐，提高课堂效率。基于 5G 的高速率、低时延、广连接等特性，可以将 XR 教学内容存储在云端，并利用云端的计算能力实现 XR 应用的运行、渲染、展现和控制，同时将 XR 画面和声音高效地编码成音/视频流，通过 5G 网络实时传输至终端。通过建设 XR 云平台，开展 XR 云化应用，包括虚拟实验课、虚拟科普课等教学体验，将使学生更加沉浸式地体验学习内容，并对数字化学习内容进行可操作化的交互式系统学习。

9.3.2.2　网络方案

1．互动教学

相较于沉浸式教学，互动教学的应用并未对网络提出明确的、特定的升级需求，但 5G 能够大幅度改善网络体验，并能通过网络一体化改造和平台系统搭载优化应用服务能力。具体而言，5G 具有如下优势。

第一，网络承载统一。学校不再需要部署多种网络，所有电教终端均像手机一样，接入 5G 网络，开机即用。所有教学的后台应用都可承载于运营商的 5G 边缘云平台或者学校的 5G 边缘云平台。安全更有保障，管理实现免维护。在一体化网络中，学校可搭载信息化教学、教学评价、班级文化评价、课程管控等多种应用。

第二，超大带宽。超大带宽保证了智慧课堂中的交互显示终端设备，信号传输及处理终端设备，不仅能够完美地再现 4K 级别的画面效果，而且能够承载即将到来的 8K 交互终端设备，从而为师生带来清晰、自然、完美的显示呈现效果，还能保证智慧课堂的技术领先性。

第三，低时延。低时延能够大大提升纸笔互动数据采集的高效、稳定、安全。利用 5G 网络，教室设备可以采集学生实时书写数据，帮助教师及时发现学生问题，掌握学生的理解程度以及思考过程；利用 5G 网络的高可靠性，可以保证数据采集与传输过程的稳定性与可靠性，为学生和教师带来更稳定、更丰富、更高效、更有价值的数据服务。

2. 沉浸式教学

5G 的大带宽、低时延特性是满足沉浸式教学体验要求的根本支撑。这一支撑有赖于边缘计算提供的渲染能力。将 VR/AR 教学内容传上云端，利用云端的计算能力实现 AR 应用的运行、渲染、展现和控制，并将 VR/AR 画面和声音高效的编码为音/视频流，通过 5G 网络实时传输至终端。为了满足业务的低时延需求，采用边缘云部署架构，将对时延要求高的渲染功能部署在靠近用户侧，业务数据无须传输到核心网，是直接在边缘渲染平台进行处理后传输到用户侧。基于 5G 的边缘云部署方案有效解决了传统方案中网络连接速率和云服务时延的突出问题。不同 VR 体验网络带宽需求见表 9-3。

表 9-3 不同 VR 体验网络带宽需求
（来源：《虚拟现实（VR）体验标准技术白皮书》）

标准	早期阶段	入门体验阶段	进阶体验阶段	极致体验阶段
连续体验时间	<20min	<20min	20~60min	>60min
视频分辨率	全画面分辨率 3840×1920	全画面分辨率 7680×3840	全画面分辨率 11520×5760	全画面分辨率 23040×11520
等效传统 TV 屏分辨率	240p	480p	2K	4K
典型网络带宽需求	25Mbit/s	100Mbit/s	418Mbit/s	1Gbit/s
RTT 需求	40ms	30ms	20ms	10ms
丢包需求	$1.4×10^{-4}$	$1.5×10^{-5}$	$1.9×10^{-6}$	$5.5×10^{-8}$

9.3.2.3 业界生态

当前，智慧教学领域的业界生态主要有两类。

一是以电信运营商为核心的智慧网络+智慧课堂改造模式。该模式由电信运营商与学校紧密对接，围绕智慧课堂改造，统一对接 5G 技术提供商和硬件解决方案、软件服务供应商，形成智慧教学平台。由于智慧课堂软/硬件设备的特殊性，一般而言，存在一集成商，将各类子系统应用集成于教室或设备平台，统一提供给电信运营商。该模式更适用于区域规模复制，在运营商负责的区域智慧课堂、智慧校园统一改造工程出现更多。

二是以智慧课堂、VR/AR 企业为核心的智慧课堂建设整体解决方案模式。该模式由智慧课堂、VR/AR 企业统筹网络改造和各类子系统，为校园提供定制化的课堂建设方案。该模式的发展源于 VR/AR 等设备，不仅与网络需求有关，还与软/硬件开发紧密相关，因而设备供应商成为方案核心。5G 通信技术提供商和电信运营商负责提供支撑。该模式更常见于单个学校的探索性智慧课堂建设。

互动教学和沉浸式教学的生态设备需求有一定区别。

1．互动教学

互动教学生态可分为硬件设备和软件应用两大部分。

硬件设备涵盖：交互智能平板、记易黑板、一体化黑板等用于教师电子授课的交互大屏；智慧学习笔；侧重课程常态化录制和播放，传递"名师优课"的常态化录播套装（包含录播主机、摄像机、麦克风等）；展现学校、班级文化风采，并支撑高考改革走班排课指引，具有考勤功能的班牌终端；提升教师课堂教学互动效率的授课终端；用于教师纸质教材展示的高拍仪/移动展台终端；用于以学生为中心，翻转课堂、小组研讨教学场景的学生终反馈器等。

软件设备涵盖：信息化教学应用，包括课前教师通过 5G 移动手机端进行备课，课中教师通过答题反馈器了解学生课堂测验情况，实时调整授课方式，课后教师通过手持、移动 5G 授课终端，实现移动讲台式辅导授课等；全过程教学评价，包括通过 5G 网络，同步记录教学过程全场景（课前、课中、课后）学生书写笔迹，并将数据传输至 5G 边缘云平台，结合大数据分析及人工智能技术，为不同用户（学生、家长、教师、学校管理者、教育部门人员等）提供全面、客观的数据分析结果，有助于实现评价合理化、教学个性化、决策科学化以及教育均衡化；集中管控应用，通过构建云管端的智慧课堂一体化解决方案，对所有 5G 终端设备进行统一接入控制，对设备状态、业务应用、日志数据等进行集中统一管理，并进行可视化呈现，为智慧课堂的稳定、安全、高效运行提供支撑。

智慧课堂平台一般由电信运营商提供，因而智慧课堂建设中，以电信运营商为核心的智慧网络+智慧课堂改造模式较多。

2. 沉浸式教学

沉浸式教学要求课堂除具备智慧教学功能外，还需配备具备一定交互功能的 VR 设备。此场景的 VR 设备需要具备按照预先定制的规则进行体验内容播放功能，还需支持用户通过 VR 设备与虚拟环境进行交互功能。实现虚拟环境与实体的交互，使用户能感受虚拟环境的变化。这要求 VR 设备具有360°视频功能、自由视角视频功能和计算机图形仿真功能。

VR/AR 具有较强的平台特性，设备开发企业更期望以智慧课堂、VR/AR 企业为核心的智慧课堂建设整体解决方案模式参与建设。

9.3.2.4 商业模式

基于智慧教学的商业生态，运营商、5G 技术提供商一般采取提供解决方案的方式获取建设收益。运营商通过流量及平台运营获取持续收益。相关设备供应商通过设备销售获取单次收益，也可通过平台运营的方式获取持续收益。

运营商在智慧教学过程担当集成者时，以网络建设为核心，向校园提供智慧课堂解决方案。在建设完成后，运营商可持续运营相关平台，推动应用更新，获取收益。

智慧课堂、VR/AR 设备商则可平衡设备销售收益及后续运营收益。由于智慧课堂及 VR/AR 应用更新具有持续性，相关企业可选择通过设备销售折扣换取长期平台运营获取收益。

9.3.2.5 典型案例

1. 上海市杨浦区小学智慧课堂案例

2019 年 4 月，上海杨浦小学举办了"纸笔互动课堂观摩课"活动，学生抢答老师在系统中布置的题目，老师点开"展示学生笔记"，随机抽取学生的笔记查看，及时了解学生的学习进度，并就学习难点进行针对性的教学指导，同时可以应用"同屏呈现、对比讲评"，通过纸笔互动课堂为传统课堂带来了全新的教学体验，在不改变教学习惯的基础上，课堂互动更简单便捷，课堂数据的自动沉淀为后续教学指导的开展提供宝贵的参考资料。

2. 中国浦东干部学院党建教育

中国电信支撑中国浦东干部学院将党建教育与 VR 技术相结合，借助 5G+VR 技术打造极具沉浸感的科技型党建产品，使党政建设工作更加生动直观，让学习者身临其境参与到学习事件中，提升学习者学习兴趣、加强学习力度和学习效果，并且做到了轻量化部署。2019 年4 月，在中国浦东干部学院举办的《初心与使命：新时代共产党员的党性修养》课程上，40 多位学员戴上 VR 眼镜，通过 5G 网络登录在云端的教材库，收看党性教育课程，参观云端教材库的虚拟红色党建展厅。虚拟展厅基于 5G 技术，展现红军长征爬雪山、过草地等震撼人心的场景和延安、井冈山等红色教育基地实景，以实景体验的方式增强党性教育的感染力。运用 VR 技术开发的"红船视觉漫游"系统可使学员对红船进行全方位、多视角的现场模拟体验学习[5]。

3. 有道精品课 VR 教育宇宙系列课程

2020 年 7 月 24 日，网易有道公司旗下有道精品课与中国电信天翼云VR 达成合作，推出 VR 教育宇宙系列课程为引，旨在通过 VR 技术，让教育变得更加有趣，让学习更具沉浸感和体验感。观看者可通过 VR 一体机和有道智能学习终端，体验首期课程《VR 漫游火星》，科普航天知识。课程中，观看者可以"置身"太空之中，眺望火星表面的火红土壤和起伏山脉，可以与火星探测仪一起"登上"火星，感受火星上的昼夜更替。

后续课程中，VR 能使学生可以通过观看九大行星的运转感受宇宙的浩瀚，学习宇宙相关知识，激发学习兴趣[6]。

9.3.3 智慧校园

9.3.3.1 行业需求

作为支撑智慧教学的基础环境，智慧校园提供面向学校、教师、学生和家长的智慧管理服务，提供交流平台和教学空间。校园的智能化可使学校各方面的管理和服务工作更加精细化和人性化。物联网是支撑智慧校园建设的关键基础，通过 5G 网络的建设与应用，将实现校园整体环境更加高效的泛在物联感知。利用 5G 网络将高清摄像机以及智能传感终端等设备所采集的校园环境、人群、行为以及教学设施设备的数据实时上传至智慧校园管理平台，并基于人工智能、大数据等技术对采集的数据进行全面分析，将分析结果与决策指令实时下发至各类管理与服务终端，构建一个安全、智能、便捷的校园环境。

当前，校园安全需求叠加新冠肺炎疫情影响，使视频监控、安保机器人等为核心的校园安全平台成为 5G 规模化发展的主流。同时，校园信息化建设进一步增加了资产管理的复杂性。校园的资产管理也成为重要的 5G 应用发展方向。

1. 校园安全管理

视频监控是实现校园安全管理的主要方式。当前大部分校园安全仍依赖传统的视频监控，是被动且滞后的防御系统。部署在学校的摄像机将监控画面传输到监控室，安保人员通过人工处理很难及时获取视频画面中的有效信息。

智能安防系统可以实现人脸识别、图像识别、跨境追踪和行为识别，及时发现异常情况和安全隐患并主动报警，基于视频图像信息整合，通过视频巡逻以及智能布防，把校园的安保从"事后调查"升级为"事先预测"，对发现的可疑"目标"和隐患"苗头"进行前期处置，大大提高了校园安保的速度。

在 5G 网络的支撑下，不仅可以实现高清视频监控，加强对视频流的实时监控和智能识别，而且可以进一步构建覆盖整个校园的智慧安全监控系统，建设一个实现各种物联网传感器集中接入、存储、分析和共享的统一平台，可以将校园视频与物联网监控资源有效整合，并在此基础上针对各类安全应用需求提供支撑。

以 5G 网络为支撑，结合 5G 的网络切片，融合运用物联网、云计算、边缘计算、人工智能、卫星定位、地理信息系统（Geographic Information System，GIS）等技术，在整合校园日常进出安全管控和校园内部环境数据的基础上，进行综合分析，对重点公共区域、校园边界等安全进行有效监控。

以校车安全管理为例，利用安装于校车的摄像设备，实时感知车辆运行环境、车辆载客信息以及内部环境等信息，通过高速率、低时延的 5G 网络将海量数据传送至学校管理中心，方便学校管理者实时了解车内情况，实现对校车的远程监控和管理，对盗警、超速、不按规定线路行驶等情况进行报警。预防车内遗留儿童、全程跟踪学生位置、监控校车司机超速/疲劳驾驶等恶性驾驶习惯、杜绝校车超员超载，防止校车上各种针对学生的违法违规行为的发生，提高事件的反馈速度，确保校车的行车安全。

此外，5G 教育专网模式能够实现校内视频监控数据不出校，防控数据整合处理，方便管理部门查看。实现统一管理、统一防控，使防控部门准确快速地应对校园突发事件。通过分析安防数据，帮助学校确定校园的人流模式和危险高发区域，制订科学的安全防御计划，提升校园视频监控的安全管理能级。

为进一步强化校园安全，安保机器人的应用是校园安全系统的重要组成。安保机器人以机器人智能本体为载体，依托云端机器人智能大脑技术，大幅提升其认知能力，包括人脸识别、车辆识别等物体识别能力和自然语言交互能力，在复杂场景引入 HARI（Human Augmented Robotics Intelligence）进行辅助处理的能力，从而完成室外导航和避障等行走能力，以及听、说、看方面的音/视频交互能力。同时安保机器人系统需要具备无人机的起/停等控制指令发送，起/停坐标、目的区域和巡航路径数据发送、无人机空中拍摄视频数据回传接收等功能。

2. 装备管理

教育信息化的持续发展，导致校园中各类信息化设备种类繁多、数量众多，部分学校由于培训不到位、监管不到位、意识不到位，出现巨资购买信息化设备，却使用率低的尴尬状况。缺乏统一的设备管理工具，让学校教师无法有效、有序、有力地使用信息化设备，教育局及学校等相关领导也无法即时获取信息化设备的使用状况，缺乏为后续教育信息化投资决策的依据。

通过接入统一的 5G 设备管理平台，校园可实现对后续教育信息化建设中采购 5G 电教终端统一管控、远程操作、可视化呈现，指引教师用好电教装备，告知学校管理者教师的信息化应用水平和电教装备的使用率，为区域教育局管理者提供决策的分析依据。从"控、管、看"3 个层面，实现班级、学校、区域的电教装备的统一管控。

9.3.3.2 网络方案

1. 校园安全管理

边缘计算与 AI 异常分析功能的搭载是网络方案的核心。

基于学校及行政级别构建学校、区县、地市、省多级平安校园管控平台，按地域行政机构将各县市校园监控视频统一接入，采用分级权限方式管控，按用户孩子所在学校、班级提供 App、网站等多渠道业务订购、监控视频高清直播。

MEC 对监控视频进行处理和智能分析，能够妥善识别各类异常情况、及时提供告警服务。同时，MEC 进行分权分域视频流分发，降低网络带宽需求。基于边缘计算的校园监控视频汇聚处理网关，将校园内监控摄像机采集的视频汇聚、预处理、识别并转发到集中平台，同时提供给校园内播放客户端。

智能机器人的应用对校园安全管理网络提出了更高要求，需要同时实现高清视频监控、定位图像、热成像等功能，5G 传输速率需保证上下行速率和符合时延标准。

2. 资产管理

5G 装备管理的网络需求取决于管理对象的网络需求。5G 装备管理平台需监测各应用网络运行情况，因而具有与各装备匹配的 5G 通信能力。

9.3.3.3 业界生态

当前，智慧校园应用主要在大学校园推广实施。大学校园有自身的信息化及资产管理部门，负责建设校园平台，集成网络和信息系统。运营商、信息系统企业需与大学校园信息化及资产管理部门紧密对接，推出长期运营的解决方案。

其他教育阶段的校园管理平台一般由教育部门统一建设、统一应用、统一管理。

9.3.3.4　商业模式

校园通常采取统一采购的方式推进相关系统建设。为避免运营商、信息系统供应商路径依赖，一般采购除包括建设费用外，还包括一定期限的运营费用。

运营商、信息系统供应商在响应招标时，除制订建设方案外，还会制订后续的服务计划。系统建设完成后，在运营过程中，运营商、信息系统供应商可通过应用升级的方式获取服务收益。

9.3.3.5　典型案例

2019 年 5 月 27 日，上海联通与上海大学携手，利用 5G 高速网络，在宝山、嘉定、静安三校区同步直播钱伟长纪念展开幕仪式。上海大学成为上海首个实现 5G 多校区同步直播互动的高校。

2019 年 11 月，上海联通助力卢湾高级中学成为全国首个 5G+智慧高中，探索推进基于 5G 网络环境的虚拟实验室搭建、全息直播课堂应用，助力信息技术更好地融于教学各个环节，使信息工具成为教师教学的重要手段，有力地促进学校范围内的信息共享和交换，拓宽广大师生获取知识、获取信息的渠道，培养学生创造性思维。

2020 年 3 月，嘉定区卢湾一中心实验小学的校园开放日恰逢新冠肺炎疫情防控特殊时期，为了配合新冠肺炎疫情防控特殊时期的要求，基于 5G 网络以及先进的互动直播/录播技术开展"网上校园开放日"，家长和小朋友们只需扫描二维码进入直播间，就可以观看"爱的学校"，并且在互动区进行实时交流。

2020 年 6 月东华大学毕业典礼由于新冠肺炎疫情防控特殊时期无法如往年一样举行，基于 5G 网络以及先进的互动直播录播技术开展"云毕业"，两校区巡游直播生活线、学习线，重温在东华大学的日子，全景相机 360°拍摄 VR 直播，远程毕业生身临其境感受毕业典礼的现场，远程互动留言，下载照片，呈现了一场不一样的云毕业典礼。

9.3.4 政策与标准

9.3.4.1 相关政策

2021 年 7 月，教育部等六部门印发《关于推进教育新型基础设施建设构建高质量教育支撑体系的指导意见》。《意见》明确，到 2025 年，基本形成结构优化、集约高效、安全可靠的教育新型基础设施体系，并通过迭代升级、更新完善和持续建设，实现长期、全面的发展。建设教育专网和"互联网+教育"大平台，为教育高质量发展提供数字底座。汇聚生成优质资源，推动供给侧结构性改革。建设物理空间和网络空间相融合的新校园，拓展教育新空间。开发教育创新应用，支撑教育流程再造、模式重构。提升全方位、全天候的安全防护能力，保障广大师生切身利益。

为进一步推动 5G+智慧教育发展，2021 年 9 月 26 日，工业和信息化部、教育部联合印发了《关于组织开展"5G+智慧教育"应用试点项目申报工作的通知》。工业和信息化部等十部门联合印发《5G 应用"扬帆"行动计划（2021—2023 年)》，明确将"5G+智慧教育"作为重点应用领域之一，提出了"打造 100 个以上 5G 应用标杆"的任务目标。开展"5G+智慧教育"应用试点，可以推动产业链各环节协同创新，形成一批技术先进、效果明显的 5G 与教育教学融合的典型应用，探索可复制推广、可规模应用的发展模式，为推动"5G+智慧教育"应用从"样板间"走向"商品房"提供经验，为教育高质量发展提供新时代发展路径。

9.3.4.2　相关标准

当前，5G+教育的相关应用标准尚未明确，但 5G+智慧教育产业联盟的成立为标准建立提供了基础。2019 年 4 月 29 日，中国移动联合 50 余家通信、互联网、教育等领域的企事业单位、高校和科研机构在杭州宣布成立 5G 智慧教育合作联盟。联盟首批成员包括北京师范大学、华为、科大讯飞、好未来、网龙、戴尔、拓维等，中国移动任联盟首届理事长单位。该联盟以打造 5G 网络下智慧教育"教""学""产""研""投"合作体系为宗旨，以推动 5G 与智慧教育技术发展和融合为目标，共同开展 5G 环境下的智慧教育标准制定、关键技术研究、业务试点示范、交流合作、创新孵化等方面工作，实现各方协同创新、融合共赢。与此同时，以 VR 为代表的相关智能设备技术标准正稳步建立。与教育融合，相应标准正逐步发展。

9.4　总结与展望

2021 年，中国教育发生重大变革，随之而来的是教育产业创新发展的重大机遇。当前，5G+教育相关应用发展已经起步，初步明确了学生、教师、家长及多方管理人员的相关需求，且将可能按照如下阶段逐步发展，完成智慧教育变革。

- 5G 初始应用阶段：当前教育行业 5G 网络环境尚处于初始部署阶段，缺乏 5G 各类网络应用和融合的标准，因此在此阶段一方面需要探索 5G 网络和传统网络融合方式，另一方面需要探索 5G 教育应用的标准。

- 5G 标准发展成熟阶段：1～2 年，5G 将作为一种成熟技术，在相应领域依托其高速率、低时延的特性促进教育领域基础业务的发展，如提升高清视频转播的传输效率，通过远程视频监控改变督导模式。除此之外，其大带宽支持了海量数据的传输，因此互动课堂中的交互式应用初步探索成为可能。

- 5G 终端模块的成熟阶段：随着 5G 网络标准的成熟，各大运营商将相继研发针对 5G 网络传输和感知的终端模块，如物理环境传感器、人体特性传感器等，支持不同场景的智能感知、识别和数据采集，该方面将在智能安防等场景得到大规模应用。

- 5G 教育网络的成熟：5G 各类终端成熟后，在教育领域的业务需求下，将建立以不同教学、教研、教育管理等场景为基础的完善的教育服务网络，网络具备强大的情境感知、数据处理和分析功能，可以为不同的用户提供适应性的服务。

- 5G 支持的教育模式变革：该变革是 5G+教育发展的最终目标，建立在 5G 教育网络、大数据、云计算等多重技术全面完善的基础上。教育教学的基本模式不断变革，才能促进教学效率大规模提升。该阶段需要依赖大规模数据计算，挖掘符合学习者、教师等认知的教学模式，在 VR/AR/全息等技术支持下实现沉浸式学习场景的模拟和交互式全息服务。

未来，通过各种发展路径，伴随相关标准、终端的逐步成熟，教育新基建必将与以 5G 为代表的多种新型 ICT 紧密结合，逐步成为支撑我国教育现代化的核心力量。

||||||||| **9.5　参考文献** |||||||||||||||||||||||

[1] 人民网. 广东联合网络通信集团有限公司.广东实验中学尝试"5G智能教育"授课[R]. 2019

[2] 中国联合网络通信集团有限公司."5G+全息投影"实现优质教育资源远程分配[R]. 2020.

[3] 5G 应用创新发展白皮书[R]. 2021.

[4] 虚拟（增强）现实白皮书[R]. 2021.

[5] 上海市经济和信息化委员会，中国信息通信研究院华东分院. 5G+智慧教育白皮书[R]. 2020.

[6] 中国电信通信集团有限公司. 有道精品课携手中国电信天翼云VR共推"宇宙探索"课程[R]. 2020.

第十章　5G+智慧医疗

10.1　医疗行业概况

10.1.1　医疗行业主要环节

医疗行业是与卫生健康相关的医院、药品、器械、健康管理等一系列相关行业的总体。狭义的医疗行业是指和医疗服务与医药产销相关的行业，总体上分为医药制造、医疗器械和医疗服务。广义的医疗行业不仅包括与医药、医疗直接相关的行业，还包括围绕医疗、医药的边缘性行业，如制药设备、包装材料、人才服务等。总体上看，医疗行业的核心是以医院为代表的医疗机构，其他业务围绕医疗机构的上游和下游展开。医疗主要环节按照场景可以划分为院前、院内和院外 3 种类型。

10.1.1.1　院前

院前的应用场景主要包括疾病筛查、救护车急救和医药冷链运输等。其中，疾病筛查是在基层医疗机构或者体检中心对无症状的高发病率年龄段人群或者高风险人群做特定的检查，以达到早期预警、早期发现、及早干预、及早治疗、提高疗效、拯救生命与减轻疾病负担的作用。筛查方式包括听诊触诊肉眼观察、血液与分泌物化验、影像学检查、细胞学筛查、体外诊断试剂盒子与基因筛查等。

院前急救是指对急危重症病人到达医院前所实施的现场抢救和途中监护的医疗活动，医院医生提前对患者病情做出判断、做好救治的准备工作至关重要。院前急救的流程包括受理急救电话、分配急救医疗车、现场急救、急救车中处置等，对急救调度、质控管理、集中监测、急救数据传输等都提出要求。

医药冷链运输是指冷藏冷冻类、易腐类的医药产品的储藏和运输，是从生产者到使用者之间转移的一项系统工程。需冷藏的药品从生产企业成品库到使用单位药品库的温度应始终控制在规定范围内，对温度监控有很高的要求。

10.1.1.2　院内

院内应用场景分为两方面，一是针对患者的诊疗，二是针对医院自身的运行和管理。患者诊疗涵盖预约挂号、导诊、问诊、医学检查、会诊、缴费结算、取药、手术、护理等全过程。其中，导诊包括指导患者就医、护送患者做各种化验、检查、交费、取药、办理入院手续并护送患者到相应科室等系列内容。医疗诊断需要依靠医学检查及医生的专业判断，医学检查（如放射影像、超声影像、分子与核医学影像、内镜影像、病理影像等）承载了大部分的医学可视化数据，覆盖了大部分院内临床科室的业务范畴。

医院运行及管理包括监护、查房、后勤管理等。其中，监护是医护工作的重心之一，主要对病人进行及时看护和抢救，需要极高的人力成本。目前已出现一些移动医生查房应用及移动护士工作站，通过全条码化移动式处理，实现医嘱全生命周期的闭环管理，规范医疗流程及服务。在掌上电脑（Personal Digital Assistant, PDA）上实施医嘱执行和信息录入，避免了人工核对患者身份的操作带来的差错。后勤管理包括耗材管理、药品管理、废弃物管理、人员管理等，需要通过调度合理安排医院的人力和物力资源。目前市场已有面向医院的智慧管理系统，辅助医院提升管理效率并节约资源成本。

10.1.1.3　院外

院外的应用场景包括家庭健康管理、康复治疗、社区健康养老等。其中，家庭健康管理是指在家中对患者进行健康监测与护理，一般基于便携式医疗健康监测设备，通过家庭内部网关设备，将居家监测的体征数据上传至健康管理系统等，获取健康监护与指导服务。当遇到紧急情况时，可通过紧急呼救后台服务人员或社区医院医生对其呼救进行及时响应并实施救治。

康复治疗是指促进有慢性、损伤等残障类疾病的患者进行自理能力恢复。传统的康复治疗周期较长、训练内容枯燥，目前已出现一些康复机器人、平衡功能检测分析仪等智能康复设备，在辅助功能训练的同时进行智能评估并反馈结果，可以较大程度提升患者肌力与认知功能。

社区健康养老一般使用医疗级人体健康指标检测设备，结合健康管理平台，实现居民全方位的健康状况监测，居民慢性病筛查，老年病预防与保健，术前、术后患者在社区的预防预测、监测康复等公共卫生服务，目前已可实现信息与社区医生工作站、区域居民健康管理工作站的共享。

10.1.2　我国医疗行业发展现状

10.1.2.1　人口老龄化扩大医疗需求

人口老龄化已成为全球现象，据世界银行公开数据显示，到 2020 年年末，65 岁以上人口比例从 2013 年的 7.78%增长到 9.32%。"婴儿荒"正在影响全球经济增速。联合国发布的《世界人口展望 2019：发现提要》指出，全球女性平均生育率已从 1990 年的 3.2（年均每名女性生育 3.2 个孩子）降至 2019 年的 2.5（年均每名女性生育 2.5 个孩子），到 2050 年将继续下降至 2.2（年均每名女性生育 2.2 个孩子）。伴随着全球生育率的下降，人口老龄化成为未来一个世纪的大趋势。出生率下滑和平均寿命延长带来的人口老龄化时代刺激了医疗健康领域的需求。

目前，中国已经成为世界上老年人口最多的国家，据国家统计局第七次全国人口普查结果显示，我国 60 岁及以上人口达 2.64 亿人，占比18.7%，与 2010 年相比上升 5.44 个百分点，其中 65 岁及以上人口达1.91 亿人，占比 13.5%。全国有 149 个城市已经进入深度老龄化阶段，其中有 11 个城市已经进入超老龄化阶段。根据国家相关部门发布的统计报告，到"十四五"期末，我国将进入中度老龄化社会，60 岁及以上老年人口规模将会达到 3 亿人。未来，人口的加速老龄化与寿命的延长将是大趋势，我国将持续面临人口长期均衡发展的压力。

随着老龄人口占比不断增加，医疗和养老的支出也随之上涨，相关资源的可持续性面临巨大挑战。老年群体一般具有医疗需求大、病程时间长、慢性病种集中、自理能力差等特点，在 60 岁以上的老年人口中，多种慢性病共存情况较为常见，这些都向社会养老机构、亚健康管理平台、医疗服务保障、亚健康管理平台等提出了严峻挑战。

与此同时，人口老龄化也催生了一些机会，例如中药、创新药、医疗器械等行业将会迎来比较大的发展空间。老年人的生活能力弱化，更需要器械与医疗的辅助，尤其是医疗诊断、监护和治疗所需要的设备需求量将迎来爆发式快速增长。另外，老年人口的健康消费需求也在发生变化，更注重体验与服务，各种有助于健康的医疗器械和中医养生器械以及保健品也有了很大幅度的需求。

10.1.2.2 慢性病患病率提高增加资源压力

随着我国经济的发展和人民生活水平的提高，快速城市化、缺乏运动的生活方式、变化的饮食习惯以及日益增加的肥胖度加剧了慢性病的上升趋势，特别是癌症、糖尿病、高血压。慢性病已经成为危害人们健康的"头号杀手"，并呈现发病率、病死率、致残率高，而知晓率、治疗率、控制率低的"三高三低"现象。据《中国居民营养与慢性病状况报告（2020 年）》显示，2019 年我国因慢性病死亡的人数占总死亡人数的88.5%，其中心脑血管病、癌症、慢性呼吸系统疾病死亡率为80.7%。中国 18 岁及以上居民高血压患病率为 27.5%，糖尿病患病率为 11.9%，高胆固醇血症患病率为 8.2%，40 岁及以上居民慢性阻塞性肺疾病患病率为13.6%[1]。

慢性病患病率的上升，将产生长期用药及科学疾病管理成本，带动中国医疗开支增加。一方面，慢性病治疗的信息沟通成本很大，病人往往无法与医生进行经常性沟通，导致管理的效果不佳；另一方面，慢性病管理往往需要对患者的生活方式进行干预，比如限制饮食、限制吸烟、提高运动量等，十分依赖患者的依从性。受限于这两个主要问题，慢性病管理的效果往往很难体现。

传统的慢性病管理模式以"诊断、治疗、康复、随访"的流程为主，涉及患者、医院、社区卫生服务中心三方。医院和社区医疗服务机构是慢性病管理的主要执行者，承担慢性病中的预防、保健、医疗、康复、健康教育等多项工作。在传统的慢性病管理的环节中，关键仍然是人。但是，由于优质医疗资源过度向大型医疗机构集中，基层医疗机构不仅缺少能够承担慢病管理的全科医生、预防保健医生人才，而且缺少足够的服务设施和医疗设备，相关政策支持与财政投入也不足，使得慢性病患者未能充分信任基层医疗工作者和基层医疗机构，增加了医疗资源的负荷。

10.1.2.3　医疗资源分布不均

与经济社会发展和人民群众日益增长的服务需求相比，我国医疗卫生资源总量相对不足，长期而普遍地存在"看病难、看病贵、看病不方便"的难题。根据《2020 年我国卫生健康事业发展统计公报》，截至 2020 年 12 月底，全国医疗卫生机构数达 102.3 万个，相较 2019 年 12 月增长了约 1.54 万个，同比增长 1.5%。基层医疗机构数量最多，现有约 97.1 万个，占比为 94.9%；其次是医院，2020 年末共有约 3.5 万个；最后是专业公共卫生机构，共有约 1.4 万个。2014—2020 年医院和基层医疗机构的数量均整体呈增长趋势，但是专业公共卫生机构的数量却呈减少趋势[2]。

2020 年全国顶级医院前 100 强名单显示，除内蒙古、青海、西藏、贵州、海南，其他省份至少有一家医院进入顶级医院 100 强榜单，其中北京、上海、广东上榜医院最多，上海市以 11 家上榜医院排在第二位；广东省则以 10 家上榜医院排在第三位；其余医院分布在浙江（6 家）、湖北（5家）、江苏（5家）、山东（5家）、福建（4家）、湖南（4家）、辽宁（4家）等地区，优质医疗资源呈现地区分布不均衡的情况[3]。

此外，我国好的医疗资源主要集中在"北上广深"等大的中心城市。农村和城市之间、各省份之间医疗资源配置存在巨大差异。比如中西部地区相对于东部地区，缺少临床人才，同时医院的诊疗水平和接待能力都需要进一步地加强和提高。我国的基层医疗卫生机构能力不足，利用效率不高，催生了无论大病小病，慢病急病均向大的三甲公立医院就医。由此导致大型公立医院越来越挤，社区基层医院门可罗雀的情况出现。

10.1.3　我国医疗行业面临挑战

10.1.3.1　卫生技术人员缺口大

数据显示，2020年年末，全国卫生技术人员有1067.8万人，乡村医生和卫生员79.2万人，其他技术人员53.0万人。卫生技术人员中，执业（助理）医师408.6万人，注册护士470.9万人。与2019年比较，卫生技术人员增加52.4万人（增长5.2%）。每千人口执业（助理）医师2.90人，每千人口注册护士3.34人；每万人口全科医生2.90人，每万人口专业公共卫生机构人员6.56人[4]。但卫生技术人员仍然处于医疗卫生供给的薄弱环节，特别是受新冠肺炎疫情影响，中国医疗防护行业的供需矛盾进一步被放大；每年50万左右的卫生技术人员人数增长依旧难以满足中国全方位、多层次的医疗卫生需求。

在总体医师资源不足的情况下，医师资源还集中在公立医院。由于待遇较低、政策支持力度不够等问题，基层医疗机构依然面临着人才短缺、服务能力不足等挑战。2020年年底，全国50.9万个行政村共设60.9万个村卫生室，与2019年比较，村卫生室数减少0.7万个，人员总数有所减少。

未来，亟须增加对基层医疗机构的投入，改善就医的环境，改善基层医疗机构设施设备老化落后的问题，通过"医共体"建设等多种途径，利用好上级医院的优质医疗资源，使上级医院的优质资源能够下沉。

10.1.3.2　高端设备国产化率低

随着医疗技术的不断创新与发展，各种医疗设备特别是高端医疗设备层出不穷，在医疗服务体系中发挥着越来越重要的作用，成为医疗机构开展卫生服务的重要保障之一。医疗设备的细分种类众多，一般来说可分为诊断设备类、治疗设备类及辅助设备类。但在我国高端医疗设备市场上，进口品牌所占份额较大，采购价格和售后服务价格昂贵，国产化率总体较低。

从目前的进口替代程度来看，监护、超声领域的医疗设备国产替代率相对较高，其中国产龙头迈瑞医疗的监护和超声设备在国内市场占有率分别达到 50% 和 10% 左右，但 CT、磁共振成像（Magnetic Resonance Imaging, MRI）、数字减影血管造影（Digital Subtraction Angiography, DSA）等领域国内仍处于外资主导。以 DSA 为例，作为介入诊疗环节中不可或缺的部分，DSA 影像导航技术以其图像的实时性和准确性，被业界认定为是介入治疗的"金标准"，同时也是检测血管疾病的最有效手段之一。但国内 92% 的市场份额长期被 GE、飞利浦、西门子这 3 家跨国企业所垄断。

由于我国医疗设备产业发展长期落后于发达国家，医院在采购高端医疗设备时没有足够的选择余地，外企对医疗设备售后服务市场的垄断，也与本土企业和医疗机构的"内忧"尚未得到解决有很大关系。

目前大多数企业在规模、品牌方面的竞争力相对较弱，缺乏自己的品牌。与国产产品相比，国外的高端医疗设备的价格高出几倍。由于进口高端医疗设备的销售价格和维修价格居高不下，成为居民医疗成本高昂的重要原因之一。

另外，我国高端医疗设备在生产过程管理和质量保证体系方面，与发达国家仍有一定的差距，通过国际认证的国内厂家和产品较少。我国高端医疗设备出口，还面临着一系列非关税贸易"壁垒"，如认证"壁垒"、绿色"壁垒"等。

10.2 医疗行业数字化转型发展趋势及问题

10.2.1 医疗行业数字化转型发展趋势

10.2.1.1 医院信息化快速推进

伴随我国社会经济的深入发展和医疗体制的不断完善，高质量医疗服务成为新时代的迫切需求。目前我国正处于深化医疗体制改革和促进医学与高新技术结合的巨大机遇期，传统医疗模式正向着新型化和智能化方向发展，医疗信息化建设也在逐步推进。

目前，我国医疗健康行业的数字化转型起步较早，但是发展程度相对缓慢。之前的医院数字化转型围绕业务的流程化，随着大数据、人工智能、5G 技术的发展，单独业务的转型易导致与其他业务之间的"壁垒"。新的数字化转型趋势通过医疗物联网、医疗云、医疗大数据应用等信息技术，打破了医院各科室间在传统医疗模式下"信息孤立"的局限性，使各部门实现了有效的协调和互补，提高了医务人员的工作效率。随着信息技术的高速发展，智慧医疗势必将成为现代社会医疗健康卫生事业发展的大趋势。传统医院将变成有思维、能感知、可执行的智慧医院。

在智慧医疗生态下，医院将实现全方位感知患者，通过相关设备、系统和流程，做到实时感知、测量、捕获和传递患者信息。第一，实现全方位自动信息采集，物联化；第二，实现及时有效的传输，互联化；第三，最关键是智能决策支持。只有将这 3 个核心要素融为一体，实现信息资源的共享和依存，才能实现智慧医院的智慧功能，达到为人服务的最终目标，体现以人为本的指导思想。

与此同时，借助云计算、物联网、5G 技术等新兴技术构建新的 ICT 整合平台和解决方案，联手合作伙伴将推动全流程、全数据的数字化转型。信息的开放和联接，不仅帮助了医生和病人的沟通，也在医护之间、科室之间、医疗机构和医疗之外相关的机构（比如管理机构、保险单位等）构建联接，实现业务的协同。如此使得整个医疗健康数据开放、共享，以及有效地交换，不仅提高了医护人员的服务效率，提供更多、更好的服务，而且同时让患者有更好的健康服务获得感。从而帮助医院管理者、政策监控者获得更准确的监控信息，提高政府的管理水平和决策能力。

10.2.1.2　新型医疗设备创新迭代

随着国家医疗设备行业支持政策持续利好，国内医疗设备行业整体步入高速增长阶段。特别是 5G、人工智能等新一代信息技术能够有效提升医疗设备的处理与应用能力，进一步促进数据信息处理的深度与效率，并不断催生新型的医疗设备与产品。例如医疗机器人、可穿戴设备等新型医疗设备都得到了迅速发展，在健康监测、疾病管理、康复、中医药等医疗健康领域被广泛应用。

一方面，新型医疗设备的应用改变了传统医疗的业务模式。例如，新型医疗影像设备能够辅助实现实时性的诊断结果，在提升效率的同时保证诊断的准确率；医疗机器人在很大程度上替代了人工，使医疗的操作更为便捷与精准，降低了医疗误操作的风险。另一方面，我国居民生活水平的提高和医疗保健意识不断增强，人民对智能医疗设备产品需求持续增长。随着可穿戴材料、传感器技术等技术的完善，尤其是5G通信技术、大数据监测的发展为可穿戴医疗监护设备的发展提供技术平台，极大地增加设备的存储容量，提高通信质量和数据传输速度。可穿戴医疗设备的个性化发展将是未来的一大发展趋势，应用到家庭诊断、体育健康监测、重大疾病防治等更多领域，特别是为老年群体提供"普适医疗"服务，让任何人在任何时间和地点能获取不受地点、时间和其他任意限制的医疗。

10.2.1.3　患者隐私与安全受广泛关注

医疗数字化将实时、动态、持续地搜集和接收用户的整个健康过程的所有记录，医疗信息涉及患者的健康状况、个人隐私等数据。长久以来，医疗行业的信息数据一直处于封闭环境。数字化转型要求医疗机构打通不同平台的数据连接，在此过程中，如何保证医疗数据安全引发了社会热议。

患者从线上生病问诊到线下挂号就诊等各个环节的数据，都会自动上传到移动医疗应用的云端。无论技术操作不当，还是某种商业目的等主观因素造成患者资料泄露，都会对患者自身及家属造成生理、心理等不同程度的伤害，如精神行为疾病或艾滋病患者的病历泄露会给患者带来被歧视的痛苦。随着时间推移，患者的医疗记录会积累越来越多的个人信息，包括医疗诊断历史、治疗用药历史、饮食习惯、心理档案等各个方面。随着用户数量的不断增长，服务器储存的数据也越来越多。对于如此庞大的数据库，保障数据安全、保护患者隐私是亟须解决的问题。

10.2.1.4　5G 成为医疗数字化转型的重要支撑

5G 网络的发展将对医疗数字化转型和行业的发展带来前所未有的提升，5G 如同"信息高速公路"一样，为庞大数据量和信息量的传递提供了可能性，同时也带来了更为高效的传输速度。5G 的优势在于具备灵活、可配置的新型网络架构、超高带宽、毫秒级的传输时延、百万级的连接能力和高可靠性，能够有效弥补有线网络、Wi-Fi、4G 的能力不足，推动院内、院外医疗健康服务的全面协同。

一是 5G 成为医院"新基建"的关键探索方向，充分利用 5G 的能力，提供实时计算、低时延的医疗边缘云医疗服务，满足人们对未来医疗的新需求，包括但不限于比如远程手术、应急急救、远程超声、VR 探视、智慧病房等高价值应用场景。5G 医疗可以提升院间信息互通和业务协同水平，上级中心医院拥有医疗专家资源和完善的医疗设施，借助无线医联网可远程指导医疗联合体内下级医院的医疗业务，提升医疗诊断水平。

二是 5G 网络由运营商部署和维护，能够大大节省医院的运营成本。以往医院需要购买大量的通信设备和服务器建立物理专网保障院内医疗业务的通信安全可靠，还需要投入专门的运营团队进行日常维护。引入 5G 医联网后，通信设备由运营商提供和部署，并负责运维，极大地节省医院在此方面的投入成本。

三是 5G 能够助力医疗融合创新，开展智慧医疗新业务。5G 医联网具备平滑演进能力，将与云计算、大数据、数字影像和人工智能等技术相结合渗透到医疗业务各个环节，助力医疗朝无线化和智能化发展。

四是 5G 成为高端设备创新的核心基础，将带动医疗器械智能化、高值耗材可追溯、智能可穿戴设备、医用机器人等多个产业的发展。据毕马威测算，5G 技术主要垂直行业的全球市场潜在价值可达 4.3 万亿美元，其中医疗保健是能够实现收益最大化的 5G 技术应用领域之一。

10.2.2 5G 应用场景相关技术发展趋势

10.2.2.1 终端层——5G+智能化医疗器械及终端设备

医疗中查房手持终端 PAD、远程会诊视频会议终端、视频采集终端、可穿戴设备等智能终端可以通过集成 5G 通用模组的方式，使得医疗终端具备连接 5G 网络的能力。借助 5G 移动通信技术，将院内的检验、检查设备以及移动医护工作站进行一体化集成，实现移动化无线进行检验检查，对患者生命体征进行实时、连续和长时间的监测，并将获取的生命体征数据和危急报警信息以 5G 通信方式传送给医护人员，使医护人员实时获悉患者当前状态，做出及时的病情判断和处理。

传统医疗设备设计复杂精密，例如大型医疗器械、医疗机器人等设备。此类医疗终端设备难以通过设备改造直接集成 5G 通用模组，可通过网口连接医疗无线终端设备数据传输单元（Data Transfer Unit, DTU）或者通过 USB Dongle 连接 5G 网络。基于 5G 网络切片技术，为传输流量承压的医疗检测和护理设备开设专网支撑，保障传输稳定顺畅，由此可以远程使用大量的医疗传感器终端和视频相关设备，做到实时感知、测量、捕获和传递患者信息，实现全方位感知病人，并且智能医疗终端打破时间、空间限制，实现对病情信息的连续和准确监测，为远程监护的广泛复制推广突破技术瓶颈。

10.2.2.2 网络层——5G 三大网络能力适配场景需求

5G 具备高速率、低时延、大连接三大特性，分别对应 eMBB、URLLC 和 mMTC 三大场景。eMBB 即增强移动宽带，具备超大带宽和超高速率，用于连续广域覆盖和热点高容量场景。广覆盖场景下实现用户体验速率 100Mbit/s、移动性 500km/h；热点高容量场景下用户体验速率 1Gbit/s、小区峰值速率 20Gbit/s、流量密度 $10Tbit/(s·km^2)$。eMBB 场景主要有 5G 急救车，给急救车提供广域连续覆盖，实现患者"上车即入院"的愿景，通过 5G 网络高清视频回传现场的情况，同时将病患体征以及病情等大量生命信息实时回传到后台指挥中心；还可以完成病患以及老人的可穿戴设备数据收集，实现对用户的体征数据进行 7×24h 的实时检测。

URLLC 即低时延高可靠通信，支持单向空口时延最低 1ms 级别、高速移动场景可靠性 99.999%的连接。URLLC 场景主要应用在院内的无线监护、远程检测应用、远程手术等低时延应用场景。其中无线监护通过统一收集大量病患者的生命体征信息，并在后台进行统一的监控管理，大大提升了现有的 ICU 病房的医护人员的效率。远程 B 超、远程手术等对检测技术有较高要求，需要实时力反馈，消除现有远程检测的医生和患者之间的物理距离，实现"千里之外"的实时检测及手术。

mMTC 即大连接物联网，支持连接数密度 100 万/km²，终端具备更低功耗、更低成本，真正实现万物互联。mMTC 场景主要集中在院内，现有的医院有上千种医疗器械设备，对于医疗设备的管理监控有迫切需求，未来通过 5G 的统一接入方式，可实现现有医疗器械的统一管理，同时实现所有的设备数据联网。

虽然 5G 带宽速率时延能满足现有医疗行业的应用场景需求，但是医疗行业需要的是一张 5G 医疗专网，对 5G 要求远远不仅限于带宽、速率和时延，实际的应用部署中，仍需要考虑如下内容。

一是运营商公网频谱局域专用，可提供虚拟专网和物理专网两种方案，虚拟专网其实是医疗行业和公众用户共享现有运营商的频谱资源，物理专网则是提供专用的频点给医院建设 5G 网络。

二是等级化隔离，现有的医院对于医疗数据安全性有迫切需求，因此完成 5G 网络建设要充分考虑医疗行业的数据安全隔离性诉求，现阶段医院对于医疗数据出医院较为敏感，因此希望数据直接保留在本地院内。

三是定制化服务，现阶段医院内部的业务存在大量的上行大带宽业务，如远程超声、远程 B 超，以及大量 IoT 设备上传病患者生命体征数据信息，基于现有运营商的网络无法满足现有的上行大带宽，因此需要定制化的灵活帧结构，差异化无线服务满足垂直行业的需求，同时开发丰富的基站站型满足医院内的各种场景部署。

四是网络要具备智慧化运营能力，满足现有医院内的设备可管理、业务可控制、业务可视化、故障易排查等能力。

10.2.2.3　平台层——医疗信息化及远程医疗平台改造升级

未来智慧医疗受益于 5G 高速率、低时延的特性及大数据分析的平台能力等，让每个人都能够享受及时便利的智慧医疗服务，提升现有医疗手段性能。充分利用 5G 的 MEC 能力，满足人们对未来医疗的新需求，如实时计算且低时延的医疗边缘云服务、移动急救车、AI 辅助诊疗、虚拟现实教学、影像设备赋能等高价值应用场景。

同时，鉴于移动医疗发展的迫切性和重要性，在业务应用方面，新技术、新能力要支持各类疾病的建模预测；要实现医学造影的病灶识别和分类；基于移动终端和可穿戴等设备，能够满足居民日常健康管理和慢性病康复治疗的需要，支撑居民开展自我健康管理；支持基于 AI 的智能分诊，诊断辅助和电子病历书写等功能；支持基于传感网络的物联网应用架构；支持各类医疗终端设备的数据采集和利用；支持 MapReduce、Spark、Tez 等大数据分布式计算框架，其中区块链技术作为底层数据，可以对底层数据进行加密，实现了医疗病患隐私数据的安全可靠传输。具备多种算法库、大数据存储访问及分布式计算任务调度等功能，因此大量的业务在临床医学中开始探索和实践，为患者提供以数字化为特征的、智能化与个性化相结合的诊疗服务，涉及预防、诊断、治疗和护理整个健康管理的全过程。

10.2.2.4　应用层——患者体验智能化和个性化是两大发展方向

2008 年年底，IBM 首次提出"智慧医院"概念，涉及医疗信息互联、共享协作、临床创新、诊断科学等领域。通过移动通信、互联网、物联网、云计算、大数据、人工智能等先进的信息通信技术，建立以电子病历为核心的医疗信息化平台，将患者、医护人员、医疗设备和医疗机构等连接，实现在诊断、治疗、康复、支付、卫生管理等各环节的高度信息化、个性化和智能化，为人们提供高质量的移动医疗服务。移动医疗在国家政策、社会经济、行业需求多个层面的推动下呈现快速发展的趋势。

技术进步实现医院智慧化建设。物联网、大数据、云计算、人工智能、传感技术的发展使得计算机处理数据的能力呈现数量级的增长，众多辅助决策、辅助医疗手段成为可能。5G 智慧医疗的应用将促进医院联合医疗保险、社会服务等部门，在诊前、诊中、诊后各个环节，对患者就医及医院服务流程进行简化，也使得医疗信息在患者、医疗设备、医院信息系统和医护人员间流动共享，让医护人员可以随时随地获取医疗信息，实现医疗业务移动办公，极大地提高了医疗工作效率。

10.2.3　医疗行业数字化转型面临主要痛点

当前医疗行业数字化转型的技术体系、商业模式、产业生态仍在不断的演变和探索中，在顶层架构、系统设计和落地模式上还需要不断完善，但是数字医疗前期探索已取得良好的应用示范作用，实现了包括远程手术、应急救援、中台操控、医用机器人操控、移动查房、远程监护、远程培训、手术示教、室内定位等众多场景的广泛应用。但是我们仍要看到医疗行业数字化转型尚没有形成成熟的模式，普及应用还存在不少问题，主要体现在以下方面。

10.2.3.1　网络建设仍面临多方面的问题

不同于其他网络服务，远程医疗网络对网络速度、稳定性、安全性要求更高。建立远程医疗网络的服务质量标准、监测和管控远程医疗网络质量，是推动远程网络服务质量提升的必经之路。

5G 医疗健康网络需要承载医院医用设备业务、病患管理业务，并扩展到院间、院外，技术上要求网络与院内密集人群之间的公众上网业务进行隔离和协同，因此基于医疗行业切片的用户面下沉方式将成为部署重点，但 5G 独立组网端到端产业链尚未完全成熟，新建 5G 核心网需同步开展用户迁移、网络改造等工作，系统联调复杂，实施周期长，目前5G 网络在医疗行业部署进度仍较缓慢。

一是医疗网络质量参差不齐，各类远程医疗业务没有统一的网络服务质量要求，缺乏规范化开展远程医疗业务的基础保障，稳定性较差。二是医疗网络体系割裂不通，现有远程医疗体系存在网络、协议、平台系统难以互联互通问题，且 5G 智慧医疗业务在不同院区的功能各异，跨区域、跨网络的远程医疗协作"孤岛化"严重。三是医疗网络安全存在隐患，网络、设备、系统、数据、应用等标准不统一，互联互通中存在安全隐患。

10.2.3.2 共性技术产业支撑有待加强

5G+医疗健康应用多为应用场景初期的先导性尝试，技术验证和方案推广可行性研究较少，在技术研发、成果转化、产品制造、应用部署等环节也缺少成熟的技术方案。此外，由于 5G+医疗健康应用场景众多、不同应用场景对网络性能的需求差别较大，尚无具体标准规范不同应用的网络指标要求。网络建设方式、终端设备接入、数据互联互通、网络服务质量、数据安全等方面存在许多不规范的问题。

10.2.3.3 融合应用商业模式仍在探索中

医疗涉及多学科，且专业性强，医疗行业与信息通信领域的融合协作仍需深化。5G 医疗健康应用面临启动期资金投入大、市场回报不清晰等问题，行业客户创新动力不足，大部分为政府投入或运营商免费投入，还未有很明确的商业模式，未形成商业闭环。

5G 医疗健康属于融合性解决方案，目前由医疗机构自行把控业务质量，涉及产业链比较多，还没有形成稳定的产业生态。目前合作模式主要以运营商牵头为主，医疗信息化解决方案商牵头能力不足，迫切需要多方协同合作。同时，5G 智慧医疗业务对业务质量的要求较高，但缺少针对医疗行业的测试验证方案。

10.2.3.4　医疗数据安全面临严峻形势

医疗信息资源数据巨大、价值巨大，但普遍存在信息不对称、信用不透明、监管难实现等痛点问题。一方面，大部分医疗机构重采购、轻使用管理，设备使用管理情况不透明导致医疗设备资源闲置浪费。另一方面，医疗设备数据缺乏行业标准以及行业主数据支撑，导致数据混乱难以实现数据化智能监管；医疗设备资源分布数据不全、不准、不动态。设备使用数据缺失以及数据质量问题导致相关应用卫生技术评估结果难以进行；医疗设备不良事件上报数据缺乏标准，难以统计分析。医疗设备资源配置在没有精准数据的支撑下很难做到科学合理。

同时，医院需要在多场景、多平台、多时段进行患者数据信息收集，并进行深度挖掘。其中，数据传输流通环节众多，难以完成控制个人信息的传播和滥用，人工智能技术在医疗行业的融合应用引发的新型网络安全风险不断蔓延、扩散和叠加。随着民众越来越关注数据隐私问题，对个人健康数据安全的警惕越来越强，如何通过技术手段和建立标准规范，提高数据安全保障能力，寻求医疗大数据的"开放"与"隐私"的平衡，将成为医疗数字化转型的又一大挑战。

10.2.3.5　支持数字化发展政策法规仍需完善

5G+医疗在商用牌照发放、全国层面的法律法规支持建设、频率清理和用电优惠政策等方面仍存在不足之处，要实现 5G 规模商用，需要多方配合，解决以上问题。政府出台全国层面的有关通信基础设施规划、建设、共享和保护方面的法律法规，通过立法明确通信基础设施的公共属性，明确通信基础设施建设必须纳入城乡规划，明确提供公共站址资源。

数字化应用的监管政策需要进一步优化，5G+医疗健康应用在发展中尚存在患者信任度差、运营企业盈利能力弱、医生/医疗保险机构参与度低等问题。同时，5G+医疗健康服务运营的法律责任、收费标准、网络资费等政策尚未明确，短期内尚难以形成可持续发展的商业模式。此外，5G 的应用加快了医疗健康领域各应用的数据流通，存在医疗质量以及数据安全风险，亟须创新监管方式，确保 5G 医疗健康应用安全推广。

10.3　医疗行业主要 5GtoB 规模化复制场景及典型案例

10.3.1　远程会诊

远程会诊指采用通信、计算机及互联网等技术完成医疗诊断，提供医学信息和服务。1988 年美国将远程医疗系统作为一个整体，提出的开放分布式系统的概念得到广泛认可，即采用计算机及通信技术为特定的人群提供医疗服务。我国远程医疗起步较晚，20 世纪 80 年代才开始进行探索。5G+远程会诊是由远端医疗专家通过视频实时指导基层医生对患者开展检查和诊断的一种医疗咨询服务。依托 5G+远程会诊平台，能够实行小病社区医院诊疗，疑、难、急、重疾病通过远程会诊系统接受专家的服务，实现资源共享。

10.3.1.1　行业需求

我国地域辽阔，医疗资源分布不均，顶尖的医疗资源往往集中在北上广深等一线城市。县域地区、农村地区的医疗资源相对贫乏，对于医疗的需求巨大，这些地方的居民以及老人往往难以获得及时、高质量的医疗服务。通过远程会诊服务可以在当地或者家中实现三甲医院的专家诊疗服务，一方面能够解决老年人行动不便、就医困难的问题；另一方面可以解决偏远地区医疗服务能力薄弱，患者急难病症难以及时有效处置的问题。此外，远程会诊也可以从一定程度缓解医院人满为患的就医环境问题。

与此同时，新冠肺炎疫情的暴发也大大增加了远程医疗的需求。由于防疫物资一度短缺，医生不方便直接接触病人，通过远程设备，医生可以与病人在没有直接接触的情况下，实现沟通。与普通手机视频连线不同，远程诊疗设备集成了医疗所需的展台和支架，从而让医生能够对病人进行更为细致的观察，病人可以将 CT 影像或病历等就诊过程中产生的医学资料同步上传供医生诊断。通过配套服务，医生还可以进行在线预审和批注，实现对病情的记录和追踪，这是普通视讯设备无法做到的。

医院依托 5G 远程医疗服务平台，可搭建基于 5G 无线网络的床旁移动医疗车，集成医生工作站、护士工作站以及远程会诊系统平台应用端，搭载进行 5G 网络访问的 5G CPE 无线网卡，通过 5G 专网访问医院信息系统及连接远端会诊专家，床旁远程会诊架构如图 10-1 所示。

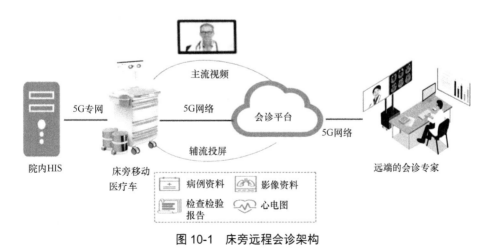

图 10-1　床旁远程会诊架构

例如在武汉火神山医院，由于防护物资紧缺，前往疫区援助的专家主要以呼吸专业和重症专业为主，而一线的很多病人都有复杂的合并症，需结合多学科专家的诊疗意见，给予更有效的治疗方案。因此，依托 5G 无线网络通过床旁移动医疗车在患者床边与后方专家视频会诊，专家依托远程医疗服务平台，预先了解病人病例病史，也可在线询问患者病史，针对性听取患者主诉。同时，利用 5G 网络高速率的特性和会诊平台辅流功能，使体征信息、医学影像等大容量医学数据高速传输和共享。专家根据病历与影像等相关数据进行判断、分析并及时提供诊断和诊治意见。借助 5G 无线网络技术的高速率、高稳定性、低时延的多重特点，支持多方同时参与会诊，让专家能随时随地开展多学科会诊，讨论治疗方案，提升诊疗准确率和指导效率，促进优质资料资源下沉。

5G 远程会诊目前在全国各地得到了广泛应用，并体现了明显优势。一是摆脱地域限制，快速集结优势医疗资源，提高诊治疗效。远程会诊平台可以跨越地域限制，将多家医院的各类专家迅速集结，利用通信设备向临床一线提供多学科的远程医疗服务，快速优化医疗资源，提高治愈率，降低病死率。二是降低交叉感染风险。对于传染性疾病，远程会诊在加强诊疗的同时，可减少近距离接触病患。临床隔离区内的一线医务人员，可通过远程会诊平台向外输出病例资料，而不需要将临床资料带离隔离区域，减少传染风险；医疗专家可以利用远程平台调阅患者诊疗记录，向发热门诊、疑似及确诊患者隔离区等易传染区域提供优质医疗服务，通过远程音/视频技术指导完成操作，给出诊疗意见。三是提高诊疗效率。新冠肺炎疫情暴发之后，医患供需出现了新的矛盾，患者聚集性爆发，数量成倍增长，医生供不应求，特别是危重症医务人员严重短缺，通过远程会诊平台可以点对点或点对面、两方或多方进行会诊，在相对固定的时间段同时会诊几家不同医院的多名患者。四是有利于提升医务人员专业水平，传播专业知识。远程会诊时，多名医务人员可以共同参与讨论学习，使优质的专业知识更便捷、更广泛地传播，让更多的医务人员在会诊专家指导下提高临床诊疗思维，增加临床专业经验，提升医疗诊治能力。

10.3.1.2　网络方案

在 4G 网络中，远程会诊最高可支持医患两侧 1080P 高清视频，但存在实时性差、清晰度低和卡顿等问题。5G 网络高速率、低时延的特性对可靠性要求极高的医疗领域非常重要，能够支持 4K/8K 的远程高清视频、VR/AR 技术会诊和医学影像数据的高速同步传输与共享，并让专家在线开展会诊，提升诊断准确率和指导效率，促进优质医疗资源下沉。

10.3.1.3　业界生态

远程会诊是一个复杂的多方协同，涉及医疗机构、运营商、集成商、医疗信息化企业等。远程会诊应用一般由医疗机构群作为主体，各方医疗机构紧密配合，共同形成会诊团体。

运营商在医疗转型中扮演着不可或缺的角色，不仅是 5G 网络提供商，还是服务推动者和创造者。运营商集成 5G 技术和医疗信息化企业的相关能力，共同形成远程会诊的整体解决方案。

目前，远程会诊还在初步应用阶段，医疗机构群根据自身需求，提出远程会诊中心建设计划。运营商、5G 技术供应商、医疗信息化企业共同构建团队，推进远程会诊中心建设。

10.3.1.4 典型案例

1. 深圳市福田区医联体 5G+MEC 智慧医疗

福田区作为国家首批、深圳唯一的基本公共服务标准化综合试点地区，提出"打造全球一流的韧性健康城区和医疗高地"。在福田区卫健委、区工信局统筹规划下，以中山大学附属第八医院为牵头单位，为切实解决医疗资源分配不均、基层医疗机构信息化预算有限、患者康复活动无法追踪和管理等问题，利用 5G 技术对全连接医院进行创新，打造了全国领先的专属共享区域级 5G 医疗网络体系，通过将 5G 模组植入医疗设备，实现了终端创新，提取 5G+MEC+AI 的原子能力，赋能基层社康、临床科室，实现"低成本、集约化、可复制"的创新模式。

打造了 5G 移动查房、5G 远程会诊、5G 院前急救、5G 公共卫生应急等八大应用场景，实现医联体服务的远程化、移动化、信息化快速升级改造。在新冠肺炎疫情期间，基于 5G+MEC 的医疗专网，通过床旁会诊、远程会诊、社康急救等应用场景切实落实分级诊疗，助力精准防控新冠肺炎疫情。通过医疗资源优化配置，推动"小病在社区，大病进医院，康复回家庭"的目标，实现从看已病到治未病的转变，输出"深圳 5G 医疗样本"，率先赋能深圳先行示范区实现健康中国战略。

2. "火神山"医院"远程会诊平台"

2020 年 2 月，武汉"火神山"医院正式收治病患。这是武汉首个用于接诊收治新型冠状病毒感染肺炎患者的专门医院。由华为提供技术支撑的"火神山"医院首个"远程会诊平台"正式投入使用[6]。

借助这一平台，远在北京的优质医疗专家资源，可通过远程视频连线的方式，与火神山医院的一线医务人员一同，对病患进行远程会诊。

这将进一步提高病例诊断、救治的效率与效果，并一定程度上缓解武汉一线医护人员调配紧张、超负荷工作的痛点，同时，也可减少外地医疗专家前往武汉的风险。

"火神山"医院应用的"远程会诊平台"有几大技术亮点。由华为捐赠的一体化高清视频会议终端 TE20 视频会议设备和管理平台，即便在 512Kbit/s 带宽的极限网络环境下，也能保证远程医疗畅通进行。此外，该系统支持 1080P 的高清画质。在远程医疗会诊的场景下，两地医疗专家可能需要通过辅助码流分享病患的 CT 片等医疗档案进行诊断，因此，高清画质的作用尤为关键。

此次开通的"火神山"医院首个"远程会诊平台"利用的是千兆有线光缆，这一系统目前已经配备了 5G 网络备份。后期，根据实际医疗需求，5G 网络可充分支持"火神山"医院远程会诊。目前"火神山"医院已采购配备有移动摄像机的医用推车，可进病房近距离拍摄病患情况。后期若有需要，推车拍摄的画面也可以引入远程会诊系统。

10.3.2　远程超声

5G+远程超声基于通信技术、传感器和机器人技术，可在通信网络下实现对机械臂及超声探头的远程控制,助力远程超声检查医疗服务的开展。超声专家在医生端可利用高清音/视频系统实现与下级医院医生和患者的实时沟通，同时移动操控杆控制下级医院的超声机械臂进行超声检查。

10.3.2.1　行业需求

超声在所有的临床检查中是"超级刚需"，与 CT、磁共振等技术相比，超声的检查方式很大程度依赖于医生的扫描手法，一个探头就类似于医生做超声检查时的眼睛，不同医生根据自身的手法习惯调整探头的扫描方位，选取扫描切面诊断病人，最终检查结果会有相应的偏差。

医疗资源的不足一直是我国许多医院的问题，虽然近几年政府对基层卫生机构超声诊断设备的投入不断增加，但是目前的现状不仅是受制于设备的问题。基层医院的社区医务人员不足、社区医务人员技术和诊断水平相对落后、诊疗服务范围局限，不能满足广大患者的需求，一直是摆在基层医院面前的难题。有不少只需在基层卫生机构检查就完全可以解决问题的患者，反而到大医院排长队做超声检查，究其原因是社区超声诊疗工作质控薄弱，对危急重症患者识别能力不足使得患者对于基层医院产生不信任感。

所以，需要建立能够实现高清无时延的远程超声系统，充分发挥优质医院专家诊断能力，实现跨区域、跨医院的业务指导、质量管控，保障下级医院进行超声工作时手法的规范性和合理性。远程超声由远端专家操控机械臂对基层医院的患者开展超声检查，可应用于医联体上下级医院，以及偏远地区对口援助帮扶，提升基层医疗服务能力。

5G+远程超声一般是在分级诊疗体系下，由医联体、医共体为单位的上下级医院主导开展。例如宁夏第五人民医院组建了以总院为龙头，由 25 家成员单位组成的紧密型城市联合体，通过应用 5G 远程超声解决方案，实现上级医院对基层医院的临床会诊教学指导，加强医院间的业务/学术交流。上级医院增强了自身的辐射范围，基层医院提升自身超声诊断水平，为医生间交流病例情况提供了一个经验共享平台，节省了上级医院医生往返基层医院的时间成本、交通成本，为危重的患者提供高质量的诊疗。

远程超声系统由软件系统、硬件系统和外设组成，远程超声软件运行在 PC（Personal Computer）系统上，外设通过 PC 系统进入整个软件系统中。软件系统实现整个远程超声系统动态、有序运行。工作站端通过高清多媒体接口（High Definition Multimedia Interface, HDMI）线与超声设备相连，采集图像；同时，工作站端接入摄像机用于拍摄超声医生的扫图手法，接入的麦克风用于声音采集，多路信号经过工作站端的处理后发送到会诊端获取实时的超声动态图像，以及同步的手势视频图像和声音。

借助 5G+远程超声系统，实时质控专家/主任不仅可以同时查看各超声机的多路实时视频操作，还可以单独全屏查阅其中某一路视频并进行语音指导。诊室内的操作医生可发起实时超声需求求助专家指导会诊，解决了超声教学和培训手段不足、门槛太高的问题，摆脱了以往只能靠静态的超声图片或一段一段的视频文件进行培训的短板，能够通过超声平台实现超声人员的远程培训与教学，有利于提高医师的诊断水平。

10.3.2.2　网络方案

在远程超声应用中，影响超声图像质量的参数主要由对比灵敏度、画面分辨率、噪声及对比清晰度等参数衡量。超声科医生需要根据图像清晰度、图像均匀性、超声切面标准型、彩色血流显示情况、脏器探测深度等标准进行专业诊断，在进行凸阵、线阵及相控阵探头的超声诊断中，高质量的超声图像画面具有很重要的意义。由于超声的实时动态特点，传输的数据非常大，对网络的要求非常高，例如一次数分钟的心肺超声检查，就会产生最高达 2GB 的海量超声影像数据，此时，"高速、稳定、低时延"的 5G 技术为远程实时操控提供了更加稳定、安全、快速的网络保障[5]。

相较于传统的专线和 Wi-Fi，5G 网络能够解决基层医院和海岛等偏远地区专线建设难度大、成本高，以及院内 Wi-Fi 数据传输不安全、远程操控时延高的问题。5G 网络拥有 10 倍于 4G 的峰值速率及毫秒级的时延，基于 5G 网络技术的远程超声，可支持上级医生操控机械臂实时开展远程超声检查，满足在移动环境下实现高分辨率超声影像数据与高清音/视频实时会诊画面的实时同步传输，为患者完成病历分析、超声影像诊断、视频远程会诊等流程，进一步确定具体治疗方案。

10.3.2.3 业界生态

5G 医疗专网的建设和维护成本是一些区属医院、社康中心无法承受的。5G 公网建设和运维由运营商负责，借助 5G "公网专用"的模式，可以帮助医疗行业低成本快速建设专网。运营商借助 5G 切片+MEC 等新技术，可以提供网络的安全隔离，实现专网用户与公共用户的业务隔离，互不影响。运营商网络设备严格遵循 3GPP 的安全标准，医疗终端设备专卡接入，无线、传输到核心网设备都需严格的入网认证，运营商 MEC 机房符合等保 3 级安全标准，MEC 到医院数据中心通过电路专线连接，为专网提供端到端的物理隔离和安全保障。

10.3.2.4 典型案例

2020 年 2 月 2 日，浙江省人民医院桐乡院区收治的一例新型冠状病毒感染肺炎疑似患者突然病情加重，气促明显，为了进一步评估肺部和心脏情况，需要立即进行超声检查。考虑到患者的特殊性及最大化保护医护人员的安全，桐乡院区向浙江省人民医院发出了求助信息，希望通过远程超声机器人为患者进行检查[7]。

紧急连线浙江省人民医院后，医生第一时间来到在杭州的浙江省人民医院远程超声医学中心，通过手柄操作，依托 5G 网络，远程控制距离杭州 60km 外的桐乡院区隔离患者床旁的超声机器人，随着机械臂自由灵活的移动，超声图像实时发回杭州。几分钟后，医生开出了超声诊断书，主管的临床医生对该病人的病情有了清晰的了解，为制订下一步诊疗方案打下了基础。

浙江省人民医院在国内首次成功利用 5G 技术，将超声机器人应用于新型冠状病毒肺炎的评估，不仅避免了超声科医生直接到病人床旁检查引起感染的风险，而且快速高效及时。浙江省人民医院联手中国电信浙江公司、华为公司成立的 5G 智慧医疗创新实验室，承担了本次 5G 远程超声的技术支持。

10.3.3 应急救援

急救医学是一门处理和研究各种急性病变和急性创伤的多专业综合科学，是指在短时间内，对威胁人类生命安全的意外灾伤和疾病，所采取的一种紧急救护措施的科学。急救医学不处理伤病的全过程，而是把重点放在处理伤病急救阶段，其内容主要是：心、肺、脑的复苏，循环功能引起的休克，急性创伤，多器官功能的衰竭，急性中毒等，并且急救医学还要研究和设计现场抢救、运输、通信等方面的问题，其中院前处理（急救中心）是急救医学的重要组成部分。

"时间就是生命"，院前急救对救治时效性要求很高，对危急重症患者来说，每一秒都至关重要。理想的急救状态是能够第一时间建立患者、急救中心、救护车和医院之间的信息互联共享，快速识别患者位置、状况，第一时间指派就近救护车赶往现场，快速做出专业急救处置，选择合适的送达医院，同时将病人信息和救护车内音/视频资料发送给院内，让医院医生做好准备，打通急救绿色通道，必要时院内专家还能够实行远程多方会诊指导院前医生实施现场救治。

因此，需要建立高效的院前院内信息化系统，传统 4G 网络在带宽、时延、接入数等方面都不能满足未来高效信息化系统的需求。随着 5G 时代的到来，结合其高速率、大带宽、广泛连接的特点，使得患者、院前、院内的高效衔接成为可能，5G 技术将为院前急救信息化系统提供高速、稳定的网络保障，解决院前急救"时间"和"距离"的难题，提高院前急救信息化水平，提高院前急救时效性，优化院前急救服务模式，提高危急重症患者救治率，更好地为百姓提供急救服务。

10.3.3.1　行业需求

当前，急救医学在我国的发展还处于初级阶段，且农村与城市地区发展极不平衡，诸多方面待改善。急救医务人员结构不合理、设备配置不足等情况仍较严重。在现有的急救工作中，信息传输速度慢，极大地限制了院前与院内急救人员的即时信息共享。当院前急救人员将患者送至院内抢救室后，患者的个人基本信息、身体状态、当前生命体征等数据均需要重新采集评估，严重影响了急救的效率和效果。

因此，在现场没有专科医生或全科医生的情况下，通过无线网络能够将患者生命体征和危急报警信息传输至远端专家侧，并获得专家远程指导，对挽救患者生命至关重要，并且远程监护也能够使医院在第一时间掌握患者病情，提前制订急救方案并进行资源准备，实现院前急救与院内救治的无缝对接。

通过 5G 卫生专网打通院内院外网络，医院可实现"上车即入院"的服务，患者上车即开始挂号、建档，救护车上的患者生命体征、心电图、高清视频、车辆位置等信息实时传输到医院急救指挥中心，实现"患者未到信息先到"，急诊医生第一时间了解患者情况，提前做好院内急救准备工作，院前数据对接院内预检分诊系统，提前准备院内急救绿色通道，预留床位等，减少院内检查、交接耗时，节约患者救治时间。

5G 智能急救信息系统包括智慧急救云平台、车载急救管理系统、远程急救会诊指导系统、急救辅助系统 4 个部分。智慧急救云平台主要包括急救智能智慧调度系统、一体化急救平台系统、结构化院前急救电子病历系统。主要实现的功能有急救调度、后台运维管理、急救质控管理等。

车载急救管理系统包括车辆管理系统、医疗设备信息采集传输系统、AI 智能影像决策系统、结构化院前急救电子病历系统等。远程急救会诊指导系统包括基于高清视频和 AR/MR 的指导系统，实现实时传输高清音/视频、超媒体病历、急救地图和大屏公告等功能。急救辅助系统包括智慧医疗背包、急救记录仪、车内移动工作站、医院移动工作站等。

10.3.3.2 网络方案

通过 5G 网络，可以实时传输医疗设备监测信息、车辆实时定位信息、车内外视频画面，便于实施远程会诊和远程指导，对院前急救信息进行采集、处理、存储、传输、共享可充分提升管理救治效率，提高服务质量，优化服务流程和服务模式。基于大数据技术可充分挖掘和利用医疗信息数据的价值，并进行应用、评价、辅助决策，服务于急救管理与决策。

此外，5G 边缘医疗云可提供安全可靠医疗数据传输，实现信息资源共享、系统互联互通，为院前急救、智慧医疗提供强大技术支撑，应急救援方案网络架构如图 10-2 所示。

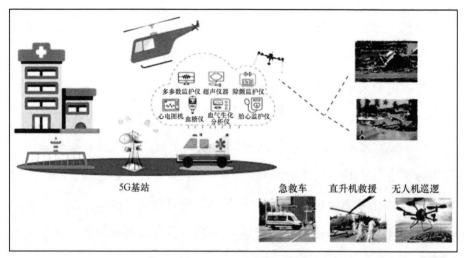

多参数监护仪 超声仪器 除颤监护仪
心电图机 血糖仪 血气生化分析仪 胎心监护仪

5G基站　　　　急救车　直升机救援　无人机巡逻

图 10-2　应急救援方案网络架构

10.3.3.3　生态及商业模式

应急救援系统的核心是 5G 智慧急救平台，一般由地方急救中心集中采购，电信运营商和信息系统企业联合提供服务。电信运营商与信息技术企业中的一方或双方将持续参与智慧急救平台运营维护。

急救中心的政府采购一般包含相关设备费用及后续运营维护费用，电信运营商及信息技术企业提供相应服务。

电信运营商及信息技术企业在应急救援平台建设完成后，可通过运营维护和应用升级，持续获取收入。

10.3.3.4　典型案例

1. 浙江大学附属第二医院 5G 远程急救指挥中心

浙江大学附属第二医院（简称：浙大二院）在全国首创了"多维度 5G 智慧急救绿色通道"，位于浙大二院滨江院区的"5G 远程急救指挥中心"整合了 5G 远程超声、5G 急救指挥平台、VR 浸入式实时全景体验、远程高清音/视频互动以及无人机航飞监控等多个子系统，借助 5G 网络建立一条实时数据互联互通的多维度"跑道"[8]。

在浙大二院滨江院区 5G 远程急救指挥中心，医生可以通过 VR 眼镜获得仿佛身在 5G 救护车上的视觉体验，在院内实时监测获取救护车中患者的生命体征数据，同时救护车上患者的心电图、超声图像、血压、心率、氧饱和度、体温等信息通过高速的 5G 网络实时传送呈现在指挥中心大屏幕上，院内医务人员可迅速确定患者身份，获取病史信息，实现实时监测，并指导救护车上医护人员，为患者的及时确诊和救治赢得宝贵时间。

2．世园会 5G 远程急救

2019 年 5 月 25 日，北京世园会园区内一名中年游客突然急性心梗发作，顶着痛苦的胸闷，汗流不止地走进世园会医疗站点。在市卫健委的指导下，华为和中国联通建设的世园会医疗保障体系发挥作用，首次利用 5G 远程急救系统与手术指导的完美配合，用时 1h38min，让 5G 的极低时延真正在医疗急救的分秒搏斗中体现威力[9]。

3．福州市 5G+应急水域救援

2020 年 1 月，福州市开展了一场"5G 应急水域救援演示"。在闽江龙舟码头附近，一位老者因不慎落水正在水中挣扎呼喊，危急关头，一艘红色的应急救援气垫船迅驰赶到，驾驶员根据耳麦中传来的救援指示开展正确的施救。在岸上的后方指挥台，救援过程的画面通过无人机及 5G 信号同步传播到后方显示屏，指挥者在大本营即可根据现场情况作出救援部署[10]。

水域救援是一项突发性强、时间紧迫、技术要求高、救援难度大、危险系数高的救援项目，对救援装备与人员的要求极高。当前在面对溺水时的预警、救援方面，还依旧存在着发现不及时、位置难确认、搜救难触达等问题。此次福州市的应急水域救援演练使用的是加入了 5G "海陆空"一体化实时通信系统的现代应急救援气垫船，可以巡航在任何深度的土地、水、砂、泥、沼泽、雪地、沙漠、冰或盐淡水等地形，快速到达船只和车辆无法到达的地区。同时，借助 5G 网络大带宽、低时延、广连接的特点，可以支持多路高清视频的同时传输。低至 1ms 的时延，能够快速稳定的进行信息传递，为应急水域救援赢得更多时间，挽救更多人的生命。

10.3.4　政策与标准

10.3.4.1　政策支撑

相关政策和措施的陆续出台，为 5G+医疗健康的应用发展创造良好条件。2020 年 3 月，工信部发布《关于推动 5G 加快发展的通知》，提出加快 5G 网络建设部署，推动"5G+医疗健康"创新发展。开展 5G 智慧医疗系统建设，搭建 5G 智慧医疗示范网和医疗平台，加快 5G 在新冠肺炎疫情预警、院前急救、远程诊疗、智能影像辅助诊断等方面的应用推广。进一步优化和推广 5G 在抗击新冠肺炎疫情中的优秀应用，推广远程体检、问诊、医疗辅助等服务，促进医疗资源共享。

同期，发改委、工信部联合发布了《关于组织实施 2020 年新型基础设施建设工程（宽带网络和 5G 领域）的通知》，提出 7 项 5G 创新应用提升工程，其中包括面向重大公共卫生突发事件的 5G 智慧医疗系统建设。该项目提出要开展基于 5G 新型网络架构的智慧医疗技术研发，建设 5G 智慧医疗示范网，构建评测验证环境，推动满足智慧医疗协同需求的网络关键设备和原型系统的产业化，加快 5G 在新冠肺炎疫情预警、院前急救、远程实时会诊、远程手术、无线监护、移动查房等环节的应用推广，有效保障医护人员健康，为应对重大公共卫生突发事件等提供重要支撑。

2021 年 3 月，《中华人民共和国国民经济和社会发展第十四个五年规划和 2035 年远景目标纲要》发布，提出"构建基于 5G 的应用场景和产业生态，在智能交通、智慧物流、智慧能源、智慧医疗等重点领域开展试点示范"。并设置数字化应用场景专栏，包括了智能交通、智慧能源、智能制造、智慧农业及水利、智慧教育、智慧医疗、智慧文旅等 10 类应用场景。

5G+医疗涉及无线通信技术和医疗技术的跨领域合作，需要从国家层面统筹布局，通过试点尽快地形成可以推广复制的数字经济相关政策与机制。同时，加快制定远程医疗专网建设的支撑政策，加快远程医疗服务向基层延伸，促进全国范围内医疗资源的充分利用。在应用方面，将推进试点，重点开展基于 5G 网络的移动急救、远程会诊、机器人超声、机器人查房、医疗无线专网、远程医疗教学等应用研究，推动 5G 与医疗健康行业的创新融合。

10.3.4.2　标准制定

缺乏具体规范是当前推动 5G+医疗发展面临的挑战之一，5G 不仅比前几代技术速率更快、规模更大，还将催生一系列新的业务形式，并融合机器到机器（Machine to Machine, M2M）、音/视频服务等一系列技术，这些技术所使用的频谱范围大大高于前几代网络。终端、网络架构、平台、安全及伦理五大需求驱动 5G+医疗融合应用标准体系的演进。在终端方面，医疗终端业务需求多样化，统一标准为终端技术要求提供支撑。

在网络架构方面，需对 5G 医疗网络架构、关键网络设备、网络接口等进行规范。在平台方面，需对平台架构、建设指南、业务功能、服务评价等进行顶层规范。在安全及伦理方面，5G 让医疗健康领域各应用的数据流通随之加速，这个过程中潜在医疗数据安全风险，需严格技术标准、细化伦理规范。

2020 年 11 月，国家卫健委正式启动 5G 医疗卫生行业标准研究，将联合各相关医院、科研院所和 5G 技术行业领军企业共同承担 5G 医疗卫生行业标准研究，促进 5G 医疗应用创新，规范 5G 医疗终端产业发展，支撑智慧医院的基础建设。要进一步支撑 5G+医疗应用规模化发展，还应尽快建立 5G+医疗融合标准体系，从顶层设计实现医疗健康行业应用与 5G 技术的规范化融合，覆盖基础共性、5G 终端、网络架构、网络性能、云平台技术、应用平台、安全及伦理等方面，全流程、全范围规范5G 应用落地与推广，让技术和医疗应用更好地为大众服务。5G+医疗融合标准体系如图 10-3 所示。

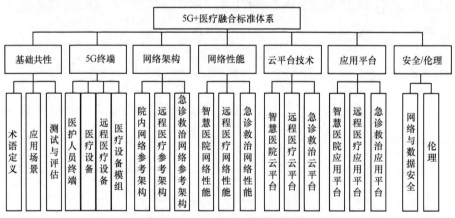

图 10-3　5G+医疗融合标准体系

10.4 总结与展望

5G 将使能全新的医疗生态系统，能准确、便捷、高效地满足患者和医院的大量需求，且兼顾成本效益。5G 网络将颠覆医疗行业的所有关键环节，在医院现有体系结构中增加高速 5G 网络，可以充分利用 5G 技术大带宽、低时延特点，满足医学诊断相关系统对网络的需求，大幅度提升远程医疗应用场景的实施效果，有效促进我国优质医疗资源下沉，助力人才培养。同时满足不断增长的带宽需求，快速、可靠地传输巨大的医疗图像数据文件，有效改善医疗健康服务的质量。

5G 为医疗行业建立各类医疗中控平台奠定了扎实基础，基于 5G 网络支持医疗物联设备的运行，医院可以逐渐转型提供大众健康管理服务，无论居民身在何处，被授权的医生都可以透过一体化系统浏览病人的就诊历史、过去的诊疗记录以及保险细节等状况，提供不同的远程家庭医疗健康服务，不仅可以有效减少门诊次数和医疗资源占用，而且可以通过日常健康监控达到预防疾病的目的，进而推动形成以患者为中心的医疗数据网络。如此一来，不仅解决了健康数据的入口问题，而且能够通过云端大数据分析实现个人健康管理，如实时监测与评估、疾病预警、慢病筛查、主动干预等，从而积极推动医疗行业真正进入智慧医疗时代。

10.5　参考文献

[1] 中国居民营养与慢性病状况报告（2020 年）[EB].2020.

[2] 中华人民共和国国家卫生健康委员会. 2018 年我国卫生健康事业发展统计公报[J]. 中国实用乡村医生杂志, 2019, 26(7): 2-13.

[3] 庄一强. 医院蓝皮书：中国医院竞争力报告（2020—2021）[M]. 北京: 社会科学文献出版社, 2021.

[4] 中华人民共和国国家卫生健康委员会. 2018 年我国卫生健康事业发展统计公报[J]. 中国实用乡村医生杂志, 2019, 26(7): 2-13.

[5] 5G 智慧医疗全流程服务白皮书[EB]. 2020.

[6] 环球网. 华为提供技术支撑火神山医院首个远程会诊平台将投入使用[EB]. 2020.

[7] 中国电信 5G 助力完成新冠肺炎患者远程超声诊疗[EB]. 2020.

[8] 浙大二院演练智慧救护 5G 急救. 就是这么快![EB]. 2019.

[9] 5G 技术让远程医疗急救变得更加有效[EB]. 2019.

[10] "海陆空"一体化解决复杂环境应急救援——福州市"应急水域救援"进入 5G 时代[EB]. 2019.

第十一章　5GtoB 行业标准规范融合进展情况

国家高度重视 5G 技术与垂直行业的深度融合，先后发布多项政策文件明确 5G 赋能行业的重要使命，并将其作为关键基础设施列入发展目标。2020 年 8 月，交通运输部出台《关于推动交通运输领域新型基础设施建设的指导意见》，文件指出"结合 5G 商用部署，推动交通基础设施与公共信息基础设施协调建设，推进建立适应自动驾驶、自动化码头、无人配送的基础设施规范体系"。2021 年 6 月，发改委、能源局、网信办、工信部联合印发《能源领域 5G 应用实施方案》，提出"研制一批满足能源领域 5G 应用特定需求的专用技术和配套产品，制定一批重点亟须技术标准，显著提升能源领域 5G 应用产业基础支撑能力"；2021 年 7 月，工信部、网信办、发改委等九部门联合印发《5G 应用"扬帆"行动计划（2021—2023 年）》，文件指出打通跨行业协议标准、研制重点行业应用标准、落地重点行业关键标准，构建 5G 应用标准体系，深化 5G+工业互联网、5G+车联网、5G+智慧电力、5G+智能油气、5G+智能采矿等 15 个行业融合应用；2021 年 9 月，工信部与国家卫生健康委员会联合发布《关于公布 5G+医疗健康应用试点项目的通知》，鼓励各地、各单位创新 5G 应用场景，加快推进 5G 网络等新型基础设施建设的决策部署。在国家的大力支撑及业界的共同努力下，国内 5G 技术日趋成熟，细分行业融合标准日益增长，重点行业 5G 融合应用标准研究工作取得积极成效。

11.1 行业通用能力标准进展

当前 5G 标准发展路径逐步聚焦行业需求，推动 5G 与垂直行业融合探索持续加深。国际标准化组织 3GPP 制定的技术标准逐步向符合行业业务需求、推动市场规模扩张演进。其中，Rel-15 标准聚焦 5G 网络基础架构和基本能力，功能大而全；Rel-16 标准聚焦基础功能增强、新特性引入、垂直行业扩展三大方向，更好地赋能垂直行业；Rel-17 进一步扩展对垂直行业的支持，如公共安全、面向工业互联网的高精度定位、广播/多播业务等标准，进一步促进 5G 应用规模上量。中国通信标准化协会（China Communications Standards Association, CCSA）紧随 3GPP 步伐先后在网络、终端、应用、平台、安全等关键 5G 子领域进行宏观布局，对部署方式、关键技术、测试方法等详细内容进行约定，以满足行业日益增长的定制化需求。

11.1.1 网络标准进展

1. 网络切片

网络切片是 5G SA 网络关键的特性之一，也是 5G 服务行业的关键切入点。运营商可基于网络切片向行业提供专网服务，以实现端到端的资源隔离，同时实现 SLA 质量保障。网络切片主要包含 3GPP 定义的 4 种类型业务场景，即 eMBB、URLLC、制造业物联网（Massive Internet of Things, MIoT）及 V2X，满足 4 类业务场景的客户移动网络需求。在实际业务场景中，每个业务对速率、时延、计费等有差异化诉求，为满足这些需求，需要通过网络切片技术实现。

5G 端到端网络切片架构[1]主要包含网络切片管理域和网络切片业务域两部分，如图 11-1 所示。细分来看，管理域包含通信服务管理功能（Communication Service Management Function, CSMF）、网络切片管理功能（Network Slice Management Function, NSMF）、网络切片子网管理功能（Network Slice Subnet Management Function, NSSMF）3 个子域；业务域包含终端用户（User Equipment, UE）、无线接入网（Radio Access Network, (R)AN）、承载网（Transmission Network, TN）、核心网（Core Network, CN）、数据网络（Data Network, DN）5 个子域。各部分功能如图 11-1 所示。

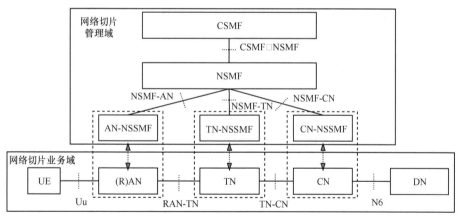

图 11-1　5G 端到端网络切片架构

管理域 CSMF 负责用户侧功能与服务需求对接以及资源侧相关功能与服务，如网络申请/释放、切片性能保障等。NSMF 主要负责网络切片的管理，包括切片创建/更新/查询、生命周期管理、性能管理、故障监控等。NSSMF 涉及接入网、承载网、核心网 3 部分，主要负责对应切片子网的生命周期管理、性能管理、故障监控等。NSMF 通过接口调用网络切片子网生命周期管理的能力，创建和管理核心网切片子网模板和切片子网实例，查询子网实例的状态，同时从 NSSMF 查询和收集切片子网实例的资源信息。

业务域不同子域网络切片需求不同。其中，终端用户须支持多个切片并可以向网络注册和获取相关切片选择辅助信息；接入网须支持核心网网元选择、切片子网数据流感知、子网会话资源管理及切片资源共享与隔离多项功能；承载网须支持为特定的用户或者业务提供专用的网络切片资源、软/硬切片以及无线网与核心网的切片对接等；核心网须支持 4 类标准切片类型、切片的配置以及配置更新、切片漫游等功能；数据网络切片需求仍处于商讨阶段。

2. 非公共网络

非公共网络（Non-Public Network, NPN）是专门为非公共使用场景部署的 5G 系统，为 5G 应用在行业企业落地部署提供了有效的解决方案。针对垂直行业的专用网络资源需求，3GPP SA1 在 TS22.261 中明确定义了 5G NPN 业务的相关需求，SA2 进行了 5G NPN 关键问题和解决方案的研究。从标准演进来看，Rel-16 已将其架构和流程进行标准化，Rel-17 针对行业网络部署和应用落地的实际需求开展深入研究。我国一直处于 5G 应用和部署的前沿，行业市场是业界关注的焦点，国内先后开展了多项研究及相关标准的制定[2]。5G 系统架构如图 11-2 所示。

NPN 包含独立非公共网络（Standalone Non-Public Network, SNPN）和公共陆地移动网（Public Land Mobile Network, PLMN）集成的非公共网络（Public Network Integrated – Non Public Network, PNI-NPN）两种类型，

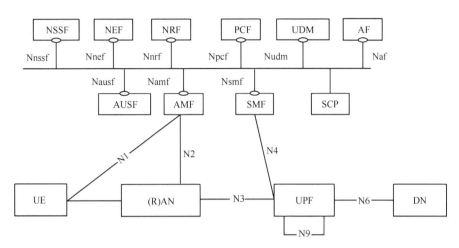

图 11-2 5G 系统架构

前者由 NPN 运营商运营，不依赖于（PLMN）提供的网络功能，后者由
公共陆地移动网络支持 NPN 网络部署，二者均基于 5G 系统架构生成。
独立非公共网络只支持通过 3GPP 接入连接 SNPN，不支持与 4G 网络系
统的互操作，不支持紧急业务、网络间漫游、网络间切换等功能。非公
共网络可通过公共网络集成，如基于一个（或多个）网络切片实例提供
的非公共网络。同时，由于网络切片无法阻止非授权用户的非法接入，
通常使用封闭接入组来实现用户接入控制。

3．行业现场网

行业现场网是物联网技术在企业内网的应用落地，为满足企业数智
化转型的需求，其研究范围正在不断延伸。2013 年 ISO23247 数字孪生标
准中首次提出了邻近网络的概念，被业界认为是最早的行业现场网定义，
即实现现场设备与数据采集器和控制器的网络连接和数据互通方式，主
要用于工业、交通等领域。常见的行业现场网包括现场总线、工业以太
网和工业无线等工业连接技术，包括窄带物联网、远距离无线电、射频
识别等低功耗通信技术。

行业现场网通过 RFID、短距通信、确定性传输等技术赋能行业生产和管理环节，可满足资产自动化管理、远程集控、设备协同等重点场景差异化的通信需求。

RFID 技术基于射频信号反射原理实现物品识别、设备定位及信息的查询。基于零功耗、低成本等特性，RFID 被广泛用于工业、物流、医疗、交通等领域的资产盘点、出入库统计等场景。RFID 新系统架构、新标签技术、抗干扰技术将有助于增大通信距离，提高物品识别率，是目前的研究热点，有助于进一步拓展 RFID 系统的应用场景。

短距通信主要用于设备间的小范围互连，具有部署简单、成本低等优势。面向智能汽车、智能制造等场景对低时延、高可靠通信提出的极致性能需求，新型短距通信技术可以满足微秒级低时延、抗突发干扰等要求。

确定性传输是指保证业务正常运行的通信指标可预期，在确定范围内波动。新型确定性传输技术将高精度时钟与以太网数据通信相结合，并对数据通信进行调度和控制，使数据通信具备较高的精准度和稳定性；同时通过多路径传输、流量调度等技术，可保障通信时延，提升可靠性。产业正在积极推动相关技术的验证和应用落地。

5G+行业现场网以现场网关为中心，南向通过 RFID、工业以太网等现场网技术实现现场设备连接与通信，北向通过 5G 网络将行业现场生产及管理数据传输到平台，可服务于行业生产现场，满足各类业务差异化需求。行业现场网与 5G 协同，一方面能够满足不同行业现场通信需求，进一步提升网络的管理和运维能力；另一方面可结合边缘计算、算力感知等能力，提升网络的智能化能力。

4. 行业现场网络数字孪生

数字孪生是一项用于实现物理空间在虚拟空间交互映射的综合技

术，现已逐步成为主流物联网应用模式。随着行业现场网深入智能制造、柔性产线、远程控制、资产管理等场景，异构网络管理难、网络运维效率低的问题日益突出，企业用户对统一、便捷的网络管理需求更为强烈。行业现场网数字孪生可综合运用物联网感知、网络服务、建模仿真、数据集成、人机交互等技术，实现从物理实体及功能到虚拟孪生体及功能多个层面的虚实映射与交互。同时，为面向行业的现场网络提供网络规划、建设、运维、优化等全生命周期各阶段提供差异化、数字化管理服务，支撑实现以客户和业务为核心的可视化、自动化和智能化运维能力，有效提高运维效率、改善客户网络体验，推动形成高价值网络运维管理体系。

行业现场网数字孪生总体架构与功能需求的映射关系如图 11-3 所示[3]。从功能实体层面，行业现场网数字孪生包含实体层级：一是数据采集与控制实体，主要承担孪生对象与物理对象间上行感知数据的采集和下行控制指令的执行；二是核心实体，依托通用支撑技术，主要承担孪生体生成及应用拓展的载体职能；三是用户实体，主要承担人机交互的职能；四是跨域实体，主要承担各实体层级之间的数据互通和安全保障职能。需要指出的是，物理层是真实的行业现场网的物理实体。

从功能来看，数据采集与控制实体包含数据采集子实体与控制子实体，主要用于采集与虚拟网络对应的物理网络的特征数据，并负责对物理网络中目标网元设备的控制；核心实体包含模型管理子实体、应用服务管理子实体以及资源访问和交互子实体，主要实现模型构建与融合、数据集成、仿真分析、系统扩展等功能；用户实体与核心实体连接，用于网络相关模型对网络进行可视化显示，为整个行业现场孪生网络提供人机交互环境，提供可视化管理能力；跨域实体通过交互实现数据交换、指令交互、可视交互、安全方面的支撑等。

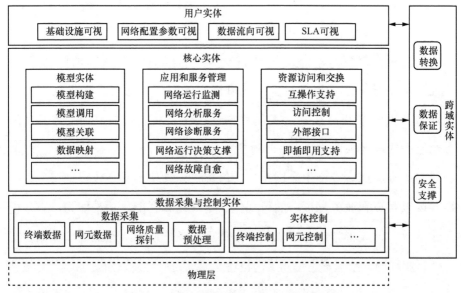

图 11-3 总体架构与功能需求的映射关系

从应用来看，行业现场网数字孪生技术可应用于楼宇、医院、商超、工业园区等多个场景。以工业园区为例，工业行业现场场景较复杂，普遍存在网络异构、定制化现象，企业用户除了对现场网提出一网收编、数据不出场等需求，对复杂的网络系统运维也提出了更高需求，传统运营商网管和代维团队无法满足行业网络的运维和管理需求。

从前景来看，行业现场网数字孪生不但可以提升行业业务管理效率和便捷度，也将在现场网全生命周期管理发挥价值。首先，可视化能力可解决客户需要直观、实时、立体地展现网络性能指标和运行状态的问题；其次，网络规划及仿真能力可解决行业现场组网和配置复杂且多样化，导致组网方案定制化程度高、成本高的问题；最后，智能化运维能力可解决传统被动式故障恢复模式无法快速响应需求、故障发生后从投诉到现场排查周期长、很难满足故障快速恢复的问题。

11.1.2　终端标准进展

1．5G 模组

蜂窝无线通信模组是构成物联网的基础部件，是行业终端连接网络的载体。同时，蜂窝无线通信模组是连接物联网感知层和网络层的关键环节，属于底层硬件环节，具有不可替代性，蜂窝无线通信模组与物联网终端存在一一对应关系。5G 时代终端形态多样化，作为实现万物互联的关键设备，模组发挥着至关重要的作用。5G 通用模组可以应用于个人消费领域以及行业领域，从部署规模来看，其在行业领域上应用更为广泛。

5G 通用模组基本逻辑结构如图 11-4 所示[4]，主要包含主芯片和射频前端部分。根据其用途和功能的不同，5G 通用模组还可包含微控制器单元（Micro Control Unit, MCU）/接入点（Access Point, AP）单元、定位单元、传感器单元、用户标志模块（Subscriber Identity Module, SIM）/全球用户标志模块（Universal Subscriber Identity Module, USIM）单元以及天线部分等。频段上，5G 通用模组至少支持 5G/4G 双模频段；接入能力上，具备在 5G SA 组网模式下的接入及业务能力，可具备在 5G NSA 组网模式下的接入能力；天线数上，SA 模式上行发射天线数应至少为 2 天线。此外，根据运算处理能力及逻辑结构的不同，5G 通用模组可划分为基础型、智能型、全能型 3 类，其中基础型模组为纯通信模块；智能型模组除承担通信功能外，具有显示屏和摄像机数据接口，能够承担相应智能应用支持能力，还具备多媒体处理能力或人工智能处理能力等专项功能；全能型模组除具备基础通信功能外，内含天线口设计，有效降低应用模组的终端产品开发工作量。

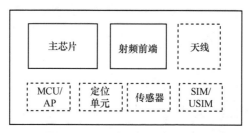

图 11-4　5G 通用模组逻辑结构

复杂的行业应用场景对行业终端的可靠性提出了较高的要求。对于应用在行业关键节点设备的 5G 通用模组，可靠性要求更加严苛，一旦发生故障，将会产生一系列不良后果。5G 模组主要面向消费类应用领域、工业类应用领域和车载类应用领域，在实际落地部署前，须进行温/湿度可靠性、尘雾可靠性、机械可靠性和电气可靠性等系列测试，以满足不同行业领域对 5G 通用模组以及集成 5G 通用模组的行业终端可靠性的要求。

2．行业网关

行业网关是连接行业现场网和蜂窝网络的桥梁，是生产现场的数据出口。现场生产网络结构复杂，有多种工业总线协议、工业通信协议和工业无线协议。行业网关将不同的协议数据汇聚，转换成标准 IP 数据，并根据需要面向公网或专网传输。行业网关连接了行业现场网和蜂窝网络，同时可承载现场级计算、现场级智能等能力，是 OT/IT/CT 新技术融合的关键设备。

随着行业数字化转型不断推进，行业网络和平台正朝着扁平化、无线化、IP 化方向演进，基于 5G 的行业网关的应用创新空间巨大，市场前景广阔。随着行业对柔性生产、设备协同等需求不断增长，要求生产设备"剪辫子"，无线网关开始替代有线网关，5G 行业网关成为衔接行业现场网与蜂窝网络的桥梁，解决现场设备"剪辫子"的同时，还可满足无线网络时延、可靠性等要求的潜在方案。

5G 行业网关作为连接 5G 和行业现场网的入口级设备，提供现场网络感知能力、边缘智能能力、协议转换能力，是垂直行业数据采集和业务处理的基础设施。通过行业网关侧协议适配能力，可实现异构设备统一接入，打破现有信息系统"烟囱式"架构，实现网络结构扁平化；通过融合现场网技术的 5G 行业网关，可实现现场数据统一采集，满足行业"剪辫子"需求，实现无线替代有线；通过网关 IP 化能力，将不同二层协议的现场生产和管理数据转换成标准 IP 数据，并根据需要在 5G 网络传输，以实现数据可溯源，灵活路由以及精细化业务网络管理，满足行业生产对网络的可扩展、可运维、高可靠、稳定性和安全性等要求。

3. 用户驻地设备

5G 在行业应用场景中，5G CPE 是基于 5G 网络高性能的终端设备，利用业界领先的 5G 技术，将 5G 信号转换成 WLAN 信号和网线接入，为行业场景感知设备（如高清摄像机、传感器等）提供上下行大带宽、低时延数据接入服务。5G CPE 作为低时延感知设备和 5G 网络之间的连接设备，可连接各种传感终端（如摄像机、工控设备等），实现 5G 应用的各种拓展。同时，为行业客户提供高防护、高可靠性能力，为工业设备、车辆提供无线宽带服务，用于室内、室外、工况场景。

5G CPE 通过下联通信接口（即其他非蜂窝通信接口）与局域网相连，通过上联通信接口（即蜂窝通信接口和固定接入通信接口）与广域网相连。5G CPE 在网络中的部署示意图如图 11-5 所示[5]。

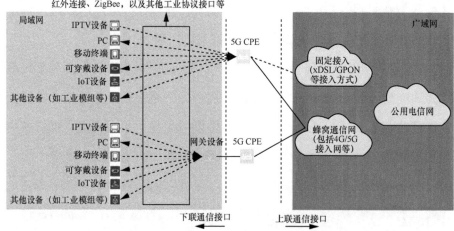

图 11-5　5G CPE 在网络中部署示意图

基于不同维度，5G CPE 可以有多种分类方式。基于物理部署形态，5G CPE 可分为室内型 5G CPE 和室外型 5G CPE，前者部署在封闭的空间或建筑物内，后者部署在开放的环境中，如建筑物外、野外或其他不封闭空间。基于功能，5G CPE 可分为接入型 5G CPE 和网关型 5G CPE，接入型 5G CPE 作为接入设备，可支持与一个或者多个连接各种终端的网关设备相连接，并通过 5G 无线技术连接公众电信网，网关型 5G CPE 通过以太网、WLAN、蓝牙、ZigBee、近场通信（Near Field Communication，NFC）、红外接口、工业协议接口及其他接口等连接各类终端，并通过 5G 无线技术接入公众电信网。基于用户群体，5G CPE 可分为消费类 5G CPE 和行业类 5G CPE。

11.1.3　应用标准进展

随着 5G 的进一步发展，5G 技术将被应用于越来越多的业务场景。而物联网业务应用丰富多样，业务特点差异较大。对于低速率的采集服务（如智能抄表），需要支持大规模连接的设备，此类终端成本低、功耗低、传输的小数据包数量多。对于高速数据收集服务（如视频监控），则对上行传输速率和密集场景中的流量密度提出了更高的要求。对时延敏感的控制服务（如汽车网络），其高速移动功能要求较低的 ms 级时延和几乎 100%的可靠性，而时延不敏感的控制服务（如家庭控制），则时延要求是及时即可。

对不同的物联网业务场景，业务特点有所差别，对网络和终端的业务质量和能力要求也有所不同，如缺陷检测业务的数据和信息具有数据量大和实时性高的特点，要求大带宽和低时延的网络能力；远程控制类业务信息具有低时延和高可靠的特点，更为关注网络时延、掉线率等；高清安防监控的数据量大，要求较大的网络传输带宽和较好的网络连接稳定性；园区自动驾驶的业务特点要求网络必须具有低时延和高可靠连接的能力。基于移动网络的物联网业务通常会关注网络接入成功率、网络接入时长、网络切换成功率、网络带宽、网络时延、业务接入成功率、业务接入时长、业务传输速率、TCP 重传率、TCP 乱序率、用户数据报协议（User Datagram Protocol, UDP）丢包率等。

5G 物联网端侧业务质量监测系统由端侧业务质量监测工具和监测分析平台两部分构成[6]。端侧业务质量监测工具主要负责现场级终端设备状态、网络覆盖、业务质量等关键信息的采集与监测。监测分析平台主要负责数据的收集和存储，下发监测策略配置，负责实现数据分析、转发、展示、设备管理等功能。

业务质量监测工具在采集设备状态、网络覆盖、业务质量等信息后，通过数据传输协议上报至监测分析平台。当执行测试指令时，监测分析平台向端侧业务质量监测工具发送测试请求；端侧业务质量监测工具对是否成功接收请求信息进行应答，并与拨测服务器建立连接，执行相应拨测任务，拨测服务器将相应测试结果上报至监测分析平台。

监测分析平台有两种部署方式：第一种方式是专网分布式部署，将拨测服务器和监测分析平台部署于多接入边缘平台（Multi-access Edge Platform, MEP），业务质量监测工具采集的敏感设备数据和探测数据通过边缘 UPF 进行园区内数据分流，数据在园区内部传输，实现数据不出场；第二种方式是集中式部署，将测试服务器和监测分析平台部署于运营商机房，业务质量监测工具采集的数据通过 5G 核心网传输至监测分析平台，客户通过多租户方式访问探针平台。

11.1.4　平台标准进展

1. 边缘计算平台

边缘计算作为 5G 与垂直行业连接的关键抓手，与 5G 相结合的边缘计算平台成为重要的落地实践形式。5G 边缘计算利用 5G 用户面灵活部署的特性和多种基于流的灵活分流机制实现了一种流量本地卸载、服务本地化提供的业务环境，满足了大带宽、低时延等业务要求。边缘计算平台系统架构如图 11-6 所示[7]，5G 核心网支持控制面与用户面分离，用户面网元 UPF 可以灵活下沉部署到网络边缘，而策略控制功能（Policy Control Function, PCF）以及会话管理功能（Session Management Function, SMF）等控制面功能可以集中部署。UPF 实现 5G 边缘计算的数据面功能，边缘计算平台系统为边缘应用提供运行环境并实现对边缘应用的管理。根据具体的应用场景，UPF 和边缘计算平台可以分开部署，也可以一体化部署。5G 核心网 SMF 选择靠近终端的 UPF，实现本地路由建立和数据分流。

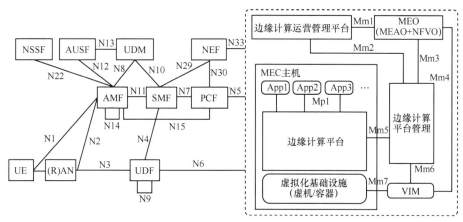

图 11-6　边缘计算平台系统架构

如图 11-6 所示，边缘计算平台系统由边缘计算主机和边缘计算管理功能组成。边缘计算主机包含边缘计算平台和虚拟化基础设施，以及其运行的各种边缘计算应用和服务。虚拟化基础设施提供运行边缘计算应用所需的计算、存储、网络资源。边缘计算平台提供 App 运行环境和调用边缘计算服务，MEP 本身也可以提供服务，MEP 的功能包括负载均衡、安全功能、带宽管理、对移动性的支持、本地 API 网关功能、用户计量和路由控制功能等。边缘计算管理功能包含边缘计算系统级管理功能和主机级管理功能。边缘计算平台系统级管理功能包含边缘计算运营管理和多址边缘编排器（Multi-access Edge Orchestrator, MEO），边缘计算主机级管理功能包含边缘计算平台管理器和虚拟化基础设施管理器。

2．行业消息管控平台

5G 消息媒体格式丰富，新增个人、行业之间的消息交互应用场景，特别针对行业消息的应用场景是 5G 消息的一个新场景。内容的多样性使5G 消息的内容管控难度剧增，面临风险如下。一是消息类型丰富带来的内容安全风险。5G 行业消息，即富媒体卡片，将会融合文字、图片、音/视频等多类媒体格式,极大增加内容识别难度。二是新型业务场景带来的内容安全风险。个人与行业的消息交互是新型业务,传播范围广、速度快对管控策略提出更高要求。三是 5G 消息内容安全对业务安全发展至关重要。5G 行业消息内容智能管控平台基于上述风险,将对富媒体卡片中的消息元素(文本、图片、音/频、视频、复杂文件)的智能检测技术要求,对消息即平台(Messaging as a Platform, MaaP)下发行业消息的审核流程和审核策略。

11.1.5 安全标准进展

1. 业务安全

5G 支持的大带宽、低时延、广连接特性将推动通信技术向各行业融合渗透,有力地促进世界数字经济发展,为社会带来新的变革,为全球经济社会发展注入源源不断的动力。5G 的三大典型业务场景包括 eMBB 类业务、URLLC 类业务以及 mMTC 类业务。其中,eMBB 类业务集中表现为超高的传输数据速率、广覆盖下的移动性保证等,业务形态以直播、视频类业务为主。URLLC 类业务要求连接时延达到 1ms 级别,而且支持高速移动(500km/h)情况下的高可靠性(99.999%)。此类场景主要针对工业互联网、车联网、远程医疗等业务,安全性要求极高。mMTC 类业务强调海量物联,万物互联,主要集中在智慧能源、智慧城市、智能家居等业务。与之前的网络相比,5G 面临新业务新应用带来的复杂风险,5G 用户上网速率、时延、性能等得到大幅提升,加速了大视频时代的到来,超高清、VR/AR 等将会大规模应用,可能会出现大量即拍即传类视频应用的快速应用,这给信息内容安全带来极大挑战。同时,5G 将广泛应用于能源、工业互联网、交通运输等重点行业,这些行业一旦发生业务中断或关键数据泄露、篡改，将对经济社会稳定和国家安全带来较大威胁。

针对行业新应用以及实验室环境与现场环境的差异性，需对 5G 业务应用的新技术新业务进行多方位安全评估，包括但不限于 5G 业务通用安全，如业务基本情况、用户基本信息以及业务合作模式等。5G 业务应用场景重点风险防范，如低时延场景业务内容安全、数据安全、终端安全、平台及流程安全等；业务安全保障能力，如业务平台安全管理、业务系统漏洞管理、切片安全保障、边缘计算安全保障等。

2. 服务使能架构安全

不同垂直行业的需求不尽相同，但是可以提取一些共性的需求。通过对这些共性需求的支持，可以简化垂直行业新业务能力的开发和部署，缩短应用开发和部署时间，提高网络利用效率。3GPP 制定了服务使能架构层（Service Enabler Architecture Layer, SEAL）框架实现对垂直行业通用需求的承载，垂直行业应用（如 V2X 应用）将通过 SEAL 实现同网络交互。

SEAL 的安全关系网络及垂直行业应用的安全。垂直应用层用户认证和授权是 SEAL 安全的重点需求之一，主要包含以下内容[8]：一是所有垂直应用层（Vertical Application Layer, VAL）服务的用户都必须被认证；二是在向 VAL 终端提供 VAL 服务用户配置文件和接入用户特定服务前，VAL 终端和 VAL 服务器应相互认证；三是网络中授权的 VAL 服务器和 VAL 终端之间的配置数据和用户配置文件数据传输应受机密性保护、完整性保护和防重放保护；四是 VAL 服务应采取措施检测和减轻拒绝服务（Denial of Service, DoS）攻击，以尽量减少对网络和 VAL 用户的影响；五是 VAL 服务应提供支持 VAL 用户身份机密性保护的方法；VAL 服务应提供支持 VAL 信令机密性保护的方法。此外，域间安全是 VAL 系统应采取措施，保护自己免受系统边界的外部攻击。

3. 安全能力开放

5G 的商用催生垂直行业的安全需求，运营商纷纷借助已有优势拓展安全业务市场。运营商作为网络基础设施运营单位，具有非常强的数据样本优势、智能管道优势、计算资源优势以及性能优势，将运营商的安全能力开放，能极大提升垂直行业安全水平，实现为垂直行业赋能，解决垂直行业安全分散建设成本高和效益低的问题。

运营商安全能力开放体系如图 11-7 所示，运营商向 5G 垂直行业开放的安全能力可分为两大类[9]，一是 5G 基础安全能力——5G 系统独有的可向 5G 垂直行业开放的安全能力，包括切片认证、应用层认证和密钥管理（Authentication and Key Management for Applications, AKMA）、次认证、终端异常行为分析；二是 IT 网络安全能力——IT 网络通用的可向 5G 垂直行业开放的安全能力，这些能力可进一步分为识别类、防护类、检测类和响应类等 4 个子类，分别适用于垂直行业不同阶段安全能力建设。5G 垂直行业对于 5G 网络安全能力开放定制的模式主要采用安全能力订阅和安全能力解约方式，其中运营商主要负责提供安全能力配置和部署，并为 5G 垂直行业提供安全服务能力和运维。

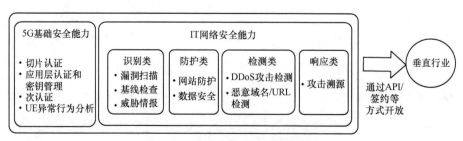

图 11-7　运营商安全能力开放体系

- 识别类：包括漏洞扫描、基线检查和威胁情报，为 5G 垂直行业在系统安全风险识别和梳理阶段提供相应的安全能力。

- 防护类：包括 Web 安全和数据安全，为 5G 垂直行业在安全防护建设阶段提供相应的安全能力。

- 检测类：包括分布式拒绝服务攻击（Distributed Denial of Service，DDoS）攻击检测与清洗和恶意域名/URL 检测，为 5G 垂直行业在安全状态监测阶段提供相应的安全能力。

- 响应类：包括攻击溯源，为 5G 垂直行业在攻击发生后的快速溯源和响应提供相应的安全能力。

11.2　重点行业 5G 融合标准进展

5G 正式商用以来，融合应用场景加速规模落地，已在工业互联网、医疗、电力、车联网、钢铁、港口等多个行业取得积极成效，5G 赋能效果逐步显现。5G 技术渗透到行业核心业务环节需要以标准为指导，当前工业、医疗等先导产业已开始启动 5G 融合行业标准研究，为加快行业内企业实现数字化转型提供技术保障。中国通信标准化协会是国内通信行业 5G 标准的制定者，也是 5G 行业融合标准的重要贡献者，其特设了工业互联网、车联网、医疗健康等多个工作子组，开展了多项行业标准研究工作。工业互联网领域，园区网络部署、数据安全保护、5G 应用场景、无源光网络设备、安全测试评估环境等细分标准在有序制定；医疗领域，5G 院前急救、5G 超声诊断、5G 远程医疗等细分标准已完成立项；电力领域，网络切片、网络管理能力、应用场景等细分标准是行业关注的重点；车联网领域，5G 远程遥控驾驶、面向 5G V2X 自动驾驶场景和数据集等标准已制定完成。除上述领域外，港口、矿山、水泥、钢铁、能源、物流等行业融合标准也已开展，且集中于 5G 应用场景和技术要求统计的初级阶段。

11.2.1　工业互联网标准进展

工业互联网是 5G 行业应用的先导产业，5G 工业互联网标准亦处于先导位置。CCSA 现已开展《工业互联网园区网络 5G 网络部署技术要求》《工业互联网时间敏感网络测试方法》《工业互联网园区网络 5G 网络服务能力总体架构与技术要求》《工业互联网联网用技术 无源光网络（PON）设备测试方法》《工业互联网园区网络 5G 应用场景及技术要求》《基于边缘计算的工业视频安监应用场景与业务需求》《工业互联网安全测试评估环境参考架构》《工业互联网基于 5G 网络的工业室内定位技术要求》等系列标准研究工作，覆盖网络、设备、应用、安全、服务等多个细分领域，本小节将针对网络、应用部分标准进展展开详细介绍。

1.　园区网络

工业园区作为工业企业集聚区，为工业企业提供了大量基础设施和公共服务。随着"互联网+"的快速发展，产业园区需以新一代信息技术为契机，紧密围绕企业快速发展需求，提升服务水平和质量，实现转型发展，获取信息化环境下的核心竞争力及可持续发展能力。工业互联网是推动园区转型，实现数字化、网络化、智能化的关键途径。5G 技术的出现恰逢其时，能够为前沿信息技术在工业园区领域的应用落地提供支持，使工业互联网的智能感知、泛在连接、实时分析、精准控制等需求得到满足，5G 赋能工业互联网，将催生全新工业生态体系，推进制造业高质量发展，形成新一代信息通信技术与先进制造业深度融合的新兴业态与应用模式。

工业园区对无线连接有强烈的需求，包括工业生产无线接入和园区公共业务无线化。5G 在园区内部署可以发挥其灵活性及大带宽、低时延网络特性。工业园区组网架构[10]具体可分为 3 种：一是工业园区 5G 网络与公网共享基站、频谱、承载网和核心网，通过网络切片、端到端 QoS 等技术虚拟出多个逻辑子网，为特定工业需求提供一张具有一定 SLA 保障的虚拟专网；二是工业园区 5G 网络本地部署核心网用户面网元 UPF，而 5G 核心网控制面与公网共用，通过数据分流技术实现本地业务数据不出园区，同时结合 MEC 平台的部署，可动态调整本地 UPF 服务质量；三是工业园区 5G 网络采用单独部署的基站设备，以及按需下沉的核心网，保证公网故障或网络调整时园区业务不受影响，可实现工业园区业务的控制指令、业务数据流不出园区，提供刚性安全保障。

5G 网络需要通过一种便捷的方式把网络切片、MEC、QoS 等能力提供给行业用户，面向工业园区网定义 5G 服务能力应运而生。面向园区网络的 5G 网络服务能力[11]，通过构建标准化的能力服务接口，实现工业平台对网络的便捷调用、配置，促进 5G 和工业互联网的深度融合与协作，主要包括 5G 网络的连接能力、信息能力（网络状态、终端位置、网络质量等）、资源能力（边缘计算资源、网络切片资源）、配置能力（QoS 调度、参数配置）等。5G 服务能力平台作为企业提供 5G 网络服务能力的核心系统，以网络能力、IT 能力、平台自身能力为基础，通过能力开放技术，构建的一系列标准应用编程接口（Application Programming Interface, API）及服务，提升工业互联网园区网络客户对网络的使用效率、便捷度和掌控能力。

2．应用场景

5G 网络技术的蓬勃发展，为前沿信息技术在工业园区领域的应用落地提供支持。5G 大带宽、低时延、高可靠等特性，使工业互联网的智能感知、泛在连接、实时分析、精准控制等需求得到满足，加速了行业智能化升级的步伐。工业互联网园区网络主要由工业生产网络、企业信息网络、园区公共服务网络以及云基础设施组成。其中，工业生产网指部署在园区各企业内部的，用以实现生产现场各类生产设备、传感器、执行器、工控机等互联，以及工业数据采集、工业操控与维护的网络；企业信息网指部署在园区各企业内部的办公区域内，用以实现部门互通的网络；园区公共服务网是指实现园区内工业企业间互联互通并向园区内各企业提供基础公共服务的网络；云基础设施作为工业互联网园区内部信息汇聚的重要基础设施，实现园区内多家企业私有云和公有云的承载。

根据应用使用网络的不同，工业园 5G 业务应用可以分为园区公共服务类应用与园区工业生产类应用。园区公共服务类应用，是指园区运营方和园区企业为自身运营开展的工作，主要使用园区公共服务网和企业信息网，包括人员管理、安防管理、交通管理、能源管理、环境管理、资产管理、工作办公等园区基础管理活动。5G 典型应用场景包括智能安防、智慧园区交通、能源管理等。园区工业生产类应用，是指服务园内企业的生产经营活动的应用，主要使用工业生产网，包括企业的研发、生产、销售、物流等活动。5G 典型应用场景包括设备信息采集、设备远程控制、产品检测、物料运输、远程现场、人员行为监测等。

3．典型应用——工业视频安监

随着工业互联网的发展，新型安全漏洞不断涌现，对工业安监也提出了更高的要求，工业园区、车间、产线的人员、设备均需全面覆盖保障。现阶段，智能视频监控是工业安监的重要实现手段。根据监测主体的不同，视频安监可分为人员类视频安监、环境类视频安监以及设备类视频安监[12]。

人员类视频安监主要保障人的安全、提高生产质量，通过摄像机实时监测员工着装规范、作业规范，有异常及时报警，可以有效约束人员不合规的行为，提高安全生产效率。对人的视频安监，人脸识别是重要的场景，如人员上岗考勤、特定区域的人员进入控制等。

环境类视频安监主要利用智能视频大范围监控生产环境，及时发现异常，有效防患于未然，如危化品存储区域检测、重要生产区域物品遗留检测等。

设备类视频安监主要通过图像监测的方式，可以不接触设备分析其运行状况，在一些未带安全监测预报警的设备运行中，能及时发现问题，并在故障前发出报警，从而预防生产停工、设备破坏和人员伤亡，为企业减少损失。

11.2.2　医疗行业标准进展

全国范围内，医疗智慧化趋势日益凸显。5G、云计算、大数据、人工智能等新一代信息技术成为推动医疗行业数字转型的有力抓手。安全是医疗行业的首要关注因素，核心环节的迭代升级需以严格的标准为指导。CCSA 现已开展《智慧医院专网融合组网架构与技术要求》《基于 5G 的院前急救系统技术要求》《基于 5G 的智慧医疗专用 SIM 卡技术要求》《基于 5G 的可快速布置医院远程医疗系统技术要求》《基于 5G 的超声诊断系统总体技术要求》《基于 5G 的介入诊断系统总体技术要求》《基于

5G 的院内急诊救治系统技术要求》《基于 5G 的智能疾控系统技术要求》《基于 5G 的可快速布置医院智能管理系统技术要求和测试方法》《基于 5G 的可快速布置医院远程医疗系统技术要求》《基于 5G 的可快速布置医院远程监护系统技术要求》等系列标准研究工作，覆盖网络、设备关键器件、应用、管理服务等多个方面，本小节将针对网络、应用场景、设备关键器件部分标准进展进行详细介绍。

1. 医院专网

随着 5G 网络的正式商用化，在全国范围内，智慧医院专网的建设需求日益旺盛。5G 大带宽、高可靠、低时延的网络特性辅以边缘计算平台，借助 SDN、云计算、大数据以及人工智能等技术，成为医疗行业建立行业专网的有力抓手。结合医疗行业网络现状，医院对院内智慧医院专网建设主要有 3 方面需求：一是目前医院内部利用以太网、Wi-Fi 以及 4G 等网络技术已经建设了医疗信息化系统，医院希望与运营商合作，充分利用本身的站址、网络传输等资源与运营商合作共建 5G，实现医院内现有的网络及业务管理系统与 5G 网络平滑融合。同时，借助 5G 及其他前沿技术与通信服务企业合作探索新兴医疗业务应用；二是医院期望对智慧医院专网资源的运营管理能有一定程度的自主权，主要需求包括但不限于网络安全与性能动态感知、网络资源动态调配、网络自主分权分域、切片模板设计与自主开通等；三是数据安全隔离，核心业务数据不出院区，医院期望智慧医院专网能实现本地业务数据的卸载、分流与隔离。智慧医院专网需要在保证本地数据安全隔离的基础上，融合医院现有网络和业务系统，并面向医院管理系统开放安全易操作的网络资源自服务管理能力。

当前，国内各运营商联合设备商积极与医疗机构共同探索搭建医疗

5G 网络并投入使用。早在 2019 年，在国家卫生健康委员会和四川省卫生健康委员会的指导下，全球首个基于 5G 行业专网的医疗应用在四川大学华西第二医院正式投入使用。同年，医疗行业与通信行业联合启动的 5G+医疗的行业级标准制定——《基于 5G 技术的医院网络建设标准》，并将其纳入国家卫生健康标准体系中。3GPP 制定了目前唯一一个面向 5G 智慧医疗的规范 *Study on communication services for critical medical applications*，该规范聚焦于关键医疗场景的 5G 通信服务。

2. 典型应用——远程医疗

随着医疗行业的发展，远程医疗逐渐受到重视。远程医疗利用电子邮件、网站、电话、传真等现代化通信工具，为患者完成病例分析和病情诊断，进一步确定治疗方案的治疗方式。远程医疗使医生和专家之间建立联系，使医生在原地、原医院可接受远地专家的医疗，并在专家的指导下进行治疗和护理，可以节约医生和病人的时间和金钱。虽然远程医疗能缓解我国医疗资源不平衡不充分的矛盾，并在处理应急突发事件方面具有重要的作用，但受制于远程医疗方式、移动网络速度、时延等方面的不足，远程医疗的种种构想，很多还无法实现。5G 网络的出现，使很多远程医疗构想的实现成为可能。5G 网络具有高速率、大容量、低时延的特征，突破了一些制约远程医疗发展的瓶颈。

相对于以往的移动网络以及有线网络，5G 网络既突破了传统远程会诊的有线连接桎梏，其高速率又使 4K/8K 医学影像得以及时共享，毫秒级时延使远程超声检查与远程手术的实施成为可能。常见的远程医疗有远程会诊、远程影像质控、远程手术指导等，其功能需求各有不同[13]。

远程会诊须具备远程健康咨询服务，包括专家出诊情况在线预约、实时高清视频沟通等功能、支持远端专家实时远程控制调节摄像机；支持实时邀请其他站点专家加入，进行多方高清实时会诊/指导。

远程影像质控须支持超声室、内镜室、手术室等站点，动态影像数据流实时汇集；支持多路动态影像站点实时信号接入、同屏展示；支持远端专家远程控制切换动态影像站点画面内容、调整顺序、放大缩小、单点音/视频互动。

远程手术指导须支持在多站点手术支持专家与手术室术者间建立高清音/视频协作通路；支持手术全景、特写、手术过程设备画面的全部采集，且采集信号不变形，不失真；支持多导电生理仪、超声、CT、皮肤显微镜、腹腔镜、胸腔镜、鼻内镜等手术室设备影像全接入；支持专家远程控制特写摄像机，可以调整摄像机角度，设置移动参数；支持对手术室内设备进行远程操控，如对手术设备或手术机器人进行远程打点、标注、测量、操控等。

3. 典型应用——5G 超声诊断

超声检查具有安全性高、价格便宜、操作便捷和动态检查等优点，在我国具有非常广泛的应用基础。5G+超声依托 5G 网络的普及以及 5G 大带宽、高速率、低时延的特点，利用现代信息技术，构建网络化信息平台，连通不同地区的医疗机构与患者，进行跨机构、跨地域医疗诊治，提高检查效率，降低就医成本。5G+超声是提升基层医疗卫生服务能力、推进城乡医疗卫生服务均等化的有效途径。现阶段，我国 5G+超声已经取得明显进展，部分医院已经具备实施 5G+超声的能力，缓解了下级医院或者偏远地区的超声检查不准确的难题，但也存在许多亟待解决的关键问题。一是网络质量不能完全保障 5G+超声的业务需求。在进行 5G+超声诊断时，每名患者会产生以 GB 为单位的海量影像数据，网络质量不稳定会造成网络波动、医患双方沟通不充分，诊断效果不理想甚至导致医患纠纷。二是对 5G+超声网络服务质量无明确性能指标要求。目前 5G+超声的网络服务质量主要依托运营商提供的传统 SLA 作为保障机制，不能十分准确地对应 5G+超声场景的实际需求。三是 5G+超声医疗的监管体系缺乏网络服务质量的有效监测手段，不能明确网络服务质量，定位网络故障点。

4. 医疗设备器件——SIM 卡

医疗通信终端在接入 5G 医疗专网之前均需要安全身份认证，5G SIM 卡是防篡改的安全元素，也是确保 5G 网络访问安全的有效方式之一。相对于个人用户，行业 SIM 卡的应用场景更加复杂。医疗行业 5G 应用场景繁多，根据应用场景的不同，5G SIM 卡可分为以下类型：一是面向医疗终端与监控设备的 5G SIM 卡，主要用于支撑远程会诊、远程超声、远程监护、急诊救治等应用，采集及传输数据类型包括患者体征数据、图像、视频等；二是面向医疗物资 5G 物联网卡，主要用于支撑智慧医院管理、医疗废弃物管理等应用，采集及传输数据类型包括定位信息、物联网信息等；三是面向可穿戴设备的 5G SIM 卡，主要用于支撑远程监护、医院人员管理等应用，采集及传输数据类型包括定位信息、体征数据等；四是面向医护人员终端的 5G SIM 卡，主要用于支撑移动办公、视频会议、智慧医院管理等应用，采集及传输办公数据。针对面向不同应用场景的 5G SIM 卡，基于其所对应的终端类型、数据类型以及用户类型不同，隐私与安全保护要求和接入技术要求存在一定差异。

11.2.3　电力行业标准进展

电力行业是国家支柱性产业，关乎国计民生。随着电网业务快速发展、各类通信需求爆发式增长，迫切需要以新一代 5G 通信技术为智能电网赋能，提升电网的感知能力、互动水平、运行效率，通过信息广泛交互和充分共享，实现电网中能源流与信息流的深度耦合。CCSA 现已开展《面向电网的 5G+工业互联网应用场景及技术要求》《面向垂直行业的 5G 网络管理能力开放需求 电力行业》《面向电力行业应用的 5G 切片网络安全要求》《面向垂直行业的 5G 网络切片端到端技术要求 电力行业》《5G 网络切片服务等级协议（SLA）保障技术要求 电力网络切片》等系列标准研究，集中于电力应用场景和网络切片相关技术要求，本小节将对网络切片安全以及应用场景进展进行介绍。

1. 网络切片安全

5G 智能电网在划分电力生产控制大区和管理信息大区两个不同安全等级的 5G 网络基础上，根据电力业务不同 SLA 要求和不同地域分布特点，可归集为生产控制类、生产非控制类、管理区视频类、局域专网类四大类场景，各场景间采用不同的切片隔离方案[14]。生产控制类包括自动化实现配网差动保护、配网广域同步向量测量单元（Phasor Measurement Unit, PMU）和配网自动化三遥业务等。生产非控制类主要是二区的计量业务，实现电能/电压质量监测、工厂/园区/楼宇智慧用电等。

生产控制大区业务的共性特征在于点多面广，需要全程全域全覆盖，要求 5G 网络提供高安全隔离、低时延、高频转发、高精授时等能力；生产控制大区属于智能电网最核心的业务，需要最高的安全等级保护、业务时延和可靠性保障，应与其他业务大区物理隔离。

管理区视频类包括利用机器人和无人机进行变电站和线路巡检、摄像机监控等，属于广域场景，要求 5G 网络提供上行大带宽等能力。

局域专网类实现智慧园区、智能变电站等局域场景电力业务，其特征在于特定区域有限覆盖，属于典型的局域专网场景，要求 5G 网络提供上行大带宽、数据本地化处理等能力。

5G 智能电网通信管道网络包括无线、传输、核心网和 MEC 边缘节点，各部分均需满足安全分区的要求，同时还需要确保敏感电力业务在整个通信过程中的数据安全。其中，无线空口按切片为客户业务提供高优先级 QoS 或资源块（Resource Block, RB）无线空口资源预留进行隔离；传输网按切片为客户业务提供灵活以太（Flexible Ethernet, FlexE）方式，实现生产控制大区业务和管理大区业务硬隔离；核心网按业务需求为客户提供通过虚拟局域网（Virtual Local Area Network, VLAN）/虚拟扩展局域网（Virtual Extensible LAN, VXLAN）划分切片，并在物理或虚拟网络边界部署硬件或虚拟防火墙完成访问控制，基于物理部署实现切片的物理隔离，保证每个切片能获得相对独立的物理资源；在终端接入 5G 网络的基础鉴权基础上，提供电力终端自主可控的次认证、切片鉴权服务，终端支持电网安全加密能力，满足电网行业安全需求。

2. 应用场景

智能电网业务场景众多，传感器种类众多，每类业务各有特色，全面涵盖了 5G 大带宽、低时延高可靠、大连接的需求。随着电网业务快速发展，各类通信需求爆发式增长，迫切需要利用以 5G 为代表的新一代通信技术为智能电网赋能，提升电网的感知能力、互动水平、运行效率，通过信息广泛交互和充分共享，实现电网中能源流与信息流的深度耦合。

电力从生产到消费全过程可以划分为发电、输电、变电、配电和用电 5 个环节[15]。发电环节 5G 典型应用场景包括发电动态监测、智能发电控制、电厂智能巡检，微能源网综合应用（包括光伏监测、微风发电、光热功能）等；输电环节 5G 典型应用场景包括输电线路状态在线监测及视频监测、输电线路无人机巡检等；变电环节 5G 典型应用场景包括变电站综合监测、变电站巡检机器人等；配电环节 5G 典型应用场景包括智能分布式配电自动化、配网自动化三遥、智能配电房、配电网同步相量测量、精准负荷控制等；用电环节 5G 典型应用场景包括高级计量、工业企业及园区用能、智慧家庭用能、充电桩管控、智慧灯杆等。

11.2.4　车联网标准进展

车联网业务演进依赖于网联通信和网联协同智能的发展，对通信时延、连接可靠性、通信吞吐量等性能指标不仅有更高的要求，还对同时支持多性能指标提出了要求。基于 5G 的车联网通信技术为车联网业务演进提供了有效保障。CCSA 现已开展相关标准制定工作，如《基于 5G 的远程遥控驾驶 通信系统总体技术要求》《面向 5G V2X 自动驾驶场景和数据集》《基于 5G 的车联网通信技术需求研究》，本小节将以远程驾驶标准为例进行介绍。

随着汽车自动化网联化的逐步发展，在发生交通事故的紧急情况、在特殊或恶劣的驾驶路况，借助 5G 无线通信技术，实现远程接管、远程遥控驾驶，将有效保障驾驶安全性，同时提高交通事故处理效率和驾驶舒适度。随着 5G 系统的逐步商用和规模部署，各种实验正在开展。远程遥控驾驶按照对车辆不同的控制程度，不同的使用路况，感知、决策、控制等功能不同的分布方式，对 5G 通信系统提出了不同的通信功能要求和性能指标需求。基于 5G 的远程遥控驾驶是指依托 5G 通信系统，将车、路侧单元、云控平台、远程遥控驾驶舱连接，通过几方的紧密协作和信息交互，实现由人或者机器对远程车辆实施驾驶操控的活动[16]。

基于 5G 的远程遥控驾驶信息通信架构主要包含中心子系统、MEC平台、路侧单元（Road Side Unit, RSU）和车载（交通/运载车）子系统 4个部分，基于 5G 的远程遥控驾驶信息通信架构如图 11-8 所示。其中，车载子系统能够感知周围环境及车辆状态信息，并将其传送给中心子系统；MEC 平台能够支持云控平台和远程遥控驾驶舱进行远程遥控作业；RSU 能够将远程遥控执行监控信息传递给 MEC 平台和中心子系统；中心子系统具备全局数据接收，存储处理、分发能力，负责全局信息感知以及全局业务策略控制。

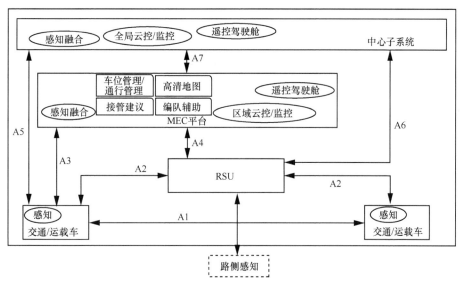

图 11-8　基于 5G 的远程遥控驾驶信息通信架构

11.2.5　矿山行业标准进展

随着技术的不断进步，智慧矿山已成为矿山行业发展的必然趋势。当前智慧矿山 5G+工业互联网的建设规范尚未统一，亟须制定统一的标准规范，为全国统筹推进智慧矿山提供技术支持。CCSA 已开展《面向矿山的 5G+工业互联网应用场景及技术要求》标准研究，本小节将对其进行重点介绍。

随着技术的不断进步，智慧矿山已成为矿山行业发展的必然趋势。智慧矿山是以智能化、自动化采矿装备为核心，以高速率、大容量、双向综合数字通信网络为载体，以智能设计与生产管理软件系统为平台，通过对矿山生产对象和过程进行实时、动态、智能化监测与控制，实现矿山开采的安全、高效和经济效益的有效提升[17]。统筹考虑矿藏赋存情况、开采条件以及矿山的实际作业业务，智慧矿山应用场景可基于露天和井下的作业环境进行分类，细分为 5 个面向矿山行业的典型应用场景。其中，露天开采是指将表土移除后或从敞露的地表采出矿物的方法，主要有两种作业场景：露天开采设备远程操控业务场景，地上无人矿卡业务场景；井下开采是指地下工作人员使用各种专用的设备，开凿一系列井巷，进入井下进行开采，主要包括 3 个应用场景：地下无人化采掘作业场景、井下 AI 高清检测业务场景、井下设备信息采集场景。

露天开采设备远程操控主要通过在设备上安装远程操控系统和监控与感知设备，对露天采矿设备进行远程控制改造，通过控制台实现对机械设备的远程操作、控制。远程操控设备包括但不限于钻机、电铲、液压铲、挖掘机、自卸卡车、平路机、推土机等设备。5G 的大范围连接、低时延的通信特性，可以有效地实现露天开采设备远程操控业务。

地上矿卡的业务场景主要包括矿卡车辆的无人驾驶系统建设、辅助自动驾驶系统建设，用于实现矿料的自动运输，降低人员的实际参与度，增强员工安全性。在矿山上的无人驾驶矿卡车业务需要超低时延，并且需要 5G 的大带宽和低时延的能力，满足多台车的通信需求。

地下无人化采掘业务场景主要通过在无人化采矿设备上装载远程操

控系统、视频监控装置，操作指令到达采矿设备实现矿井井下开采的远程采掘，降低井下作业面的参与人员，提高井下开采智能性和安全性。在该场景中需要使用 5G 三大场景中的 URLLC 和 eMBB 场景，需要较高的上下行速率的能力。

井下 AI 高清检测业务场景主要基于 5G 采用高清视频对重点区域设备运行状态和人员综合状态进行检测，利用低时延、高带宽的特性，以视频图像为处理单元，实现对井下设备异常工况、人员三违行为（违章指挥、违章作业、违反劳动纪律）的图像识别、自动定位人员及设备隐患并感知预警，实现对人、移动设备之间的智能调控和作业流程监管。井下 AI 高清视频业务需要 5G 高速上下行速率的能力，并可以按需增加边缘计算能力。

井下设备采集业务场景主要利用 5G 网络广连接、大带宽的特性，对井下固定设备的设备信息及运行状态检测，对移动装备的位置、状态、安全情况进行状态感知，然后将采集的数据信息上传到数据处理平台，需要用 5G 能力满足井下设备采集业务场景的需求。

11.3　参考文献

[1] 中国通信标准化协会. 5G 网络切片端到端总体技术要求：YD/T 3973-2021[S]. 2021.

[2] 中国通信标准化协会. 5G 移动通信网非公共网络（NPN）技术要求[R]. 2021.

[3] 中国通信标准化协会. 行业现场网数字孪生 第 3 部分：总体技术要求[R]. 2021.

[4] 中国通信标准化协会. 5G 通用模组技术要求（第一阶段）：YD/T 3988-2021[S]. 2021.

[5] 中国通信标准化协会. 5G 用户驻地设备（CPE）通用技术要求[R]. 2021.

[6] 中国通信标准化协会. 面向垂直行业典型场景的 5G 物联网端侧业务质量监测技术研究[R]. 2021.

[7] 中国通信标准化协会. 5G 核心网边缘计算平台技术要求[R]. 2021.

[8] 中国通信标准化协会. 面向垂直行业的服务使能架构层安全技术要求[R]. 2021.

[9] 中国通信标准化协会. 面向 5G 垂直行业的运营商安全能力开放通用技术要求[R]. 2021.

[10] 中国通信标准化协会. 工业互联网 园区网络 5G 网络部署技术要求[R]. 2021.

[11] 中国通信标准化协会. 工业互联网 园区网络 5G 应用场景及技术要求[R]. 2021.

[12] 中国通信标准化协会. 基于边缘计算的工业视频安监应用场景与业务需求: T/CCSA 333-2021[S]. 2021.

[13] 中国通信标准化协会. 基于 5G 的可快速布置医院远程医疗系统技术要求[R]. 2021.

[14] 中国通信标准化协会. 面向电力行业应用的 5G 切片网络安全要求[R]. 2021.

[15] 中国通信标准化协会. 面向电网的 5G+工业互联网应用场景及技术

要求[R]. 2021.

[16] 中国通信标准化协会. 基于 5G 的远程遥控驾驶 通信系统总体技术
要求[R]. 2021.

[17] 中国通信标准化协会. 面向矿山的 5G+工业互联网应用场景及技术
要求[R]. 2021.

第十二章 6G 与 toB 新型使能技术展望

移动通信领域科技创新的步伐从未停歇，从第一代模拟通信系统（1th Generation Mobile Networks, 1G）到万物互联的第五代移动通信系统（5th Generation Mobile Networks, 5G），移动通信不仅深刻变革了人们的生活方式，更成为社会经济数字化和信息化水平加速提升的新引擎。5G 已经步入商用部署的快车道，随着 5G 物联网的大规模商用，它将提供高速率、低时延、大容量的连接通道，开启一个"万物互联"的新时代，渗透工业、交通、农业等各个行业，成为各行各业创新发展的使能者。

按照移动通信产业"使用一代、建设一代、研发一代"的发展节奏，业界预期 2030 年左右商用下一代移动通信系统（6th Generation Mobile Networks, 6G），其中 2018—2025 年将聚焦愿景需求制定、关键技术研究及概念验证，2026—2030 年将聚焦标准制定、产业化和初步商用。6G 研究已经逐步成为行业新的关注点，目前全球各国已竞相布局，紧锣密鼓地开展相关工作。

根据目前的研究进展，全球 6G 的研究还处于愿景和需求的定义阶段，国内外的研究机构还在积极布局，技术方向还非常发散，处于百家争鸣的阶段。芬兰于 2018 年 5 月率先启动 6G 旗舰项目，欧盟已于 2020 年初发布 6G 创新计划，美国已于 2018 年启动了 95GHz～3THz 频率范围的太赫兹频谱新服务研究工作。中国也启动了面向 6G 的研发工作，在 6G 网络架构、空口技术、组网技术等多个技术方向进行了布局。IMT-2030（6G）推进组也已经成立，主要开展 6G 需求、愿景、关键技术与全球统一标准的可行性研究工作。国际电信联盟无线电通信部门（International Telecommunication Union-Radio Communication Sector, ITU-R）的 WP5D 工作组计划在 2021—2023 年完成《IMT-2030 之后愿景》的研究报告，在 2023 年年底讨论 6G 频谱需求，预计 2027 年年底完成 6G 频谱分配。然而，关于 6G 的关键技术及网络架构等尚未达成共识，6G 研究还处于探索的初期阶段。回顾移动通信系统从第一代到第五代的演进历史，移动通信在业务形式、服务对象、网络架构和承载资源等方面都进行了不同程度的能力扩展和技术变革，面向 6G 的网络演进预计将突破移动网络的原有架构体制，重点突破移动通信网络支持行业应用的能力，进一步加强其泛在性、智能性、可信性、宽带性、绿色性，面对未来通信系统多场景、多频段、多制式的差异化性能需求，可以更好地提升移动通信网络赋能行业应用的关键能力。

12.1　6G 总体愿景

随着 5G 应用的快速渗透和关键技术的不断突破，以及大数据技术、信息与通信技术的深度融合，必将衍生出更高层次的新需求。未来 6G 移动通信网络将在 5G 基础上全面支持数字化，并结合人工智能等技术的发展，实现智慧的泛在可取、全面赋能万事万物。

在未来 2030 年及以后的时代，整个世界将基于物理世界生成一个数字化的孪生虚拟世界，物理世界的人和人、人和物、物和物之间将可以通过数字化世界来传递信息与智能。孪生虚拟世界则是物理世界的模拟和预测，它将精确地反映和预测物理世界的真实状态，并对物理世界进行预测性维护，避免其偏离正常的轨道，进而帮助人类更进一步地解放自我，提升生命和生活的质量，提升整个社会生产和治理的效率。6G 将助力人类走进人–机–物智慧互联、虚拟与现实深度融合的全新时代，最终实现"万物智联、数字孪生"的美好愿景。

围绕总体愿景，未来移动通信网络将在生活、生产和社会 3 个方面催生全新的应用场景，例如，与人类发展相关的数字孪生人、智能交互和通感互联，与社会发展相关的超能交通、全息通信等。6G 将更好地支持 toB 行业的应用和发展，这些新的应用场景对目前基于 5G 的 toB 技术的发展演进提出了更高的性能要求。例如，在面向 6G 的全息通信中，极高的数据速率可以带来身临其境的全息连接体验，但这需要数据传输速率达到 Tbit/s 级。在数字孪生人中，主要挑战是端到端时延，预期时延需要低于 1ms。为了满足高精度和有保障的服务（如远程手术、云电力线通信、智慧传输等），数据包的传输需要从"及时"转变为"准时"。针对超能交通，需要满足用户对超高速实时通信服务和高精度定位服务的需求。在混合现实生活场景下，对吞吐量、时延、随时随地一致的体验、连接可靠、电池寿命等方面提出了挑战。

此外，6G 网络将极大地增强和扩展应用场景，IMT-2030（6G）推进组发布的《6G 总体愿景与潜在关键技术》[1]白皮书提出的 6G 潜在的八大业务应用场景中，除了沉浸式云 XR、全息通信、感官互联和智慧交互以外，还包括通信感知、普惠智能、数字孪生和全域覆盖。其中，通信感知可以在通信之外赋予用户更多服务能力，如成像、环境重构、精准定位等；普惠智能让每一个设备成为智能体，彼此之间不仅可以支持高速数据传输，还可以实现不同类型设备的协作与学习。6G 将是 2030 年及之后数十年生产力增长的最大推动力，将成为加速整个工业部门再创新的最新一波数字新浪潮。值得注意的是，6G 将在工业垂直化应用上继续造福人类，以期推进社会经济发展的垂直性收益。

6G 网络也将面向全连接与一体化，全连接是指从目前的人与人通信扩展至人-机-物协同通信，形成超密集的智能连接；一体化是指结合地面通信与卫星通信，实现空天地海一体化的全覆盖信息传输，并与云计算、人工智能、大数据等技术深度融合，形成全域全频谱普适智能无线通信。因此，6G 的终极目标将是"万物智联"，使得网络信号能够抵达任何一个偏远的乡村，让深处山区的病人能接受远程医疗，让孩子们能接受远程教育；也能覆盖天空与海洋，远在星辰大海的人不再孤立无援；此外，在卫星定位系统、电信卫星系统、地球图像卫星系统和 6G 地面网络的联动支持下，全覆盖网络还能帮助人类预测天气、快速应对自然灾害等。

12.2 6G 网络关键性能指标需求

与现有的 5G 网络相比，6G 网络将提供更场景化和体系化的能力要求，特别是针对 toB 应用的场景。一方面，6G 将推动技术的演进发展，在现有 5G 能力指标基础上，尽可能提升关键性能指标需求；另一方面，

6G 将提供比 5G 更全面的性能指标，支撑拓展新的业务空间，如更精准的定位、确定性 QoS、AI、安全、计算、感知等。

未来 6G 网络峰值速率将达到 Tbit/s 量级；用户体验速率将超 10～100Gbit/s，空口时延低于 0.1ms；连接数密度支持 10^8～10^9/km²，考虑立体覆盖；可靠性大于 99.99999%；频谱效率较 5G 提升 2～3 倍；网络能效较 5G 提升 10～100 倍；支持超过 1000km/h 的移动速度；流量密度将达到 0.1～10Gbit/(s·m²)，考虑立体覆盖。此外，6G 还将引入一些新增性能指标，如定位精度（室内厘米级，室外亚米级）、超低时延抖动、AI、感知、计算、安全等，6G 网络关键性能指标需求如图 12-1 所示[2]。

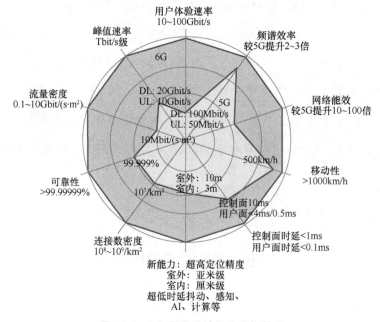

图 12-1　6G 网络关键性能指标需求

为了更好地满足未来 6G 全新的应用场景需求，6G 网络不仅要满足上述极致多维空口关键性能指标，还要具备覆盖立体全域、网络分布至简、智慧内生泛在、安全内生可信和运营孪生自治等特性，从而满足个人和行业用户精细化、个性化的服务需求[3-4]。

6G 时代的通信场景将发生根本性变化。6G 时代将出现多点对多点、人与机器、机器与机器等多种通信的混合模式，这些网络场景需要任务驱动的网络。满足多种场景的多样化业务需求，对可靠性、确定性、智能化等提出了更高的要求。需要说明的是，6G 不等于 5G 三大业务场景的简单增强、相关技术指标的简单增强或现有关键技术的简单增强；也不简单等于 5G+卫星、5G+人工智能或 5G+太赫兹。6G 时代有属于自己的全新特征，有革命性的关键技术，突破性的技术指标与全新的应用场景，将引入通感算一体化结构、语义通信、智慧内生等变革技术。

12.3　toB 新型使能技术展望

面对未来通信系统多场景、多频段、多制式的差异化性能需求，需要探索下一代移动通信系统的无线通信关键技术，使未来 6G 网络可以深度融入人们的生活、赋能千行百业、实现共同发展。

面向 6G 的关键技术研究已经得到了学术界和产业界的关注，包括面向 6G 的空口技术、网络架构、组网技术、安全技术等，如超大规模多天线技术、太赫兹通信技术、可见光通信技术、智能超表面技术、通感一体化、智能网络、语义通信、卫星通信等。本章将重点针对目前对行业应用场景有直接支撑的 3 类技术进行介绍。

12.3.1　面向 6G 的语义通信技术

随着人们对移动通信系统智能化需求的不断提升，智能车联网、智慧医疗、全息投影等智能化业务层出不穷。未来移动通信将延续目前 5G 向多个垂直行业延伸的趋势，面向更多的业务场景提供个性化的服务[5-6]。随着信息社会逐渐数字化与智能化，通信的本质已然发生改变，更侧重于对数字化后信息的流动进行有效且智能化地控制。因此，在各种新兴业务的发展驱动下，未来移动通信系统不仅需要考虑内容的准确传输，还需要进一步考虑内容的"达意"传输。

1948 年，香农在其著作《通信的数学理论》中，抽象出了信息传输的经典系统模型，提出信息熵的概念，用于解决点到点可靠通信理论问题，奠定了通信系统的理论基础。然而，香农在原本的信息论的定义只能解决可靠信息传输的问题。后来，香农和威沃进一步指出通信应该包含 3 个层次的内容[7]：

层次一（语法问题）：通信符号如何准确地传输。

层次二（语义问题）：传输的符号如何精确地表达期望的含义。

层次三（语用问题）：传递意义如何有效地影响期望的行为。

香农经典信息论，即语法信息论，去除了语义问题和语用问题对通信的影响，重点考虑信息可靠信息传输的问题，期望使用最少的资源实现最大速率的数据比特可靠传输。然而，移动通信系统传输的比特量多，并不意味着语义信息量多。语义这个词在计算机视觉、AI 中普遍使用，如语义分割、语义分析、语义理解，甚至语义计算，但目前对其内涵表述还不具有操控性。随着新一代信息技术的蓬勃发展，人工智能和计算技术使语义表示成为可能。具备通信与计算融合功能的设备智能化水平和对外界的认知能力不断增强，这为深入开展语义通信研究提供了可能，语义通信也逐渐成为移动通信领域的一大研究趋势[1,7]，并将成为未来通信网里潜在的关键技术之一。

与语法通信不同，语义通信泛指在不同的智能体间进行的以"达意"为目标的通信，核心不在于数据互联互通而在于信息交换，以将语义在通信双方之间准确传递为目标[8-12]。作为面向未来信息交互的高效通信方式，语义通信通过提取信源信息特征，并结合信道特征进行联合编码，实现语义的准确传递、通信效率与用户体验质量的大幅度提高[8-9]。与传统的语法通信相比，语义通信并不要求数据或通信符号的准确传递，而关注发送端输入的语义信息与接收端恢复出的语义信息之间的匹配[5]，通过减少信息交流和理解的时间，提升通信节点协作的效能。语义通信放松了信息传输的差错要求，被学者认为有望突破基于经典信息论的通信系统传输瓶颈，从根本上解决基于数据的传统通信协议中存在的跨系统、跨协议、跨网络、跨人机不兼容和难互通等问题，最终实现"万物透明智联"[11]。

12.3.2　面向 6G 的空口技术增强

随着垂直行业应用需求不断扩张，容量不足成为垂直行业应用持续创新和快速发展的瓶颈。此外，垂直行业在安全性、可靠性等方面对通信指标也提出了更高的要求。

在提升容量方面，大规模天线技术是一项潜在使能关键技术。多天线技术及密集组网作为提高频谱效率的主要方法在 3G 到 5G 中得到广泛应用[13-14]。从 2G 到 5G，基站天线数从传统的单发单收到 64 发 64 收，并行传输的数据流从 1 到 16，系统的频谱效率也从 0.5bit/(s·Hz)到

100bit/(s·Hz)，实现了大幅度的提升。未来天线阵列的规模持续增大，天线阵元数以及射频通道数将进一步增多，基站硬件设计将面临天线阵面尺寸扩大、重量显著增加、馈电网络更加复杂的挑战，对未来基站天线设计提出了更高要求。在此背景和需求下，无蜂窝组网及相应的大规模协作 MIMO 传输技术作为新的解决方案，可通过在相同的时频资源上，所有的接入点共同服务所有的用户，实现频谱效率的有效提升[15-16]。

在保障垂直行业通信的安全性、可靠性方面，可见光通信作为一种与照明融合的新型技术，在现有照明节点的基础上进行网络搭建，可避免大功率射频信号对垂直行业自身业务造成影响，提高安全性。另一方面，可见光频段与微波频段之间存在巨大频率间隙，在通信过程中可避免与现有微波系统之间的干扰，提高通信的鲁棒性。

12.3.3　面向 6G 的网络技术增强

随着 6G、人工智能、物联网、云计算、大数据等技术的不断发展，网络智能化、数字化转型升级持续加速，对 6G 网络的算力资源、时延、差异化服务、网络自治等方面提出了更高要求。

面向 6G 产业互联网的不断发展，设备与设备、设备与用户之间的连接变得更加重要。为满足垂直行业对于提升算力资源和降低时延的需求，通感算融合的云–边–网–端协同网络概念被提出并实践。在通感算融合的云–边–网–端协同网络中，计算与存储资源被分散部署在云、边缘与终端，连接云–边–端的网络提供通信资源，云–边–网–端的协同实现通感算的融合。通过构建云–边–网–端连接架构，为垂直行业提供全套的网络服务和便捷的开发框架，有效提升效率，降低管理成本。

另一方面，不同的 6G 行业应用对业务需求各异，对运营商网络差异化服务需求持续升级。传统的增加网络容量的方法已经无法满足 6G 多样化的业务需求，因此，需要通过对 6G 专网进行灵活组网及配置，为不同的场景应用提供定制化解决方案，以满足差异化服务需求。从网络功能的角度看，也即在通用的物理设施平台上构建多个定制化的、虚拟化的、专用的和相互隔离的逻辑网络，不同的逻辑网络满足不同的业务需求。

此外，数字孪生技术为实现 6G 网络自治提供新思路[17]。数字孪生网络是一个由物理网络实体及其孪生的数字化网络构成，且物理网络与孪生的数字化网络间能进行实时交互映射的网络系统。在该系统中，各种网络管理与应用可以利用网络的数字孪生体、基于数据和模型对物理网络进行高效的分析、诊断、仿真和控制。构建数字孪生网络可以帮助 6G 实现具有自优化、自演进和自生长能力的自治网络。相较于 5G，6G 网络新增内生的智能面、数据面和虚实交互的数字孪生网络，并通过内生智慧与数字孪生网络的交互与融合，实现 6G 网络全生命周期的高水平自治。根据网络自治场景的性能需求，可灵活选择合适的架构，构建、编排并调整各类模型，生成、更新并实施数字孪生体和数字规划体。在此过程中，数字孪生网络将强烈依赖于高性能的数据和智能能力。

12.4　总结与展望

从 1G 发展到 5G，移动通信在业务形式、服务对象、网络架构和资源承载等方面进行了能力扩展和技术变革，随着 5G 向 6G 的演进，移动通信网络将进一步突破原有架构体制，进一步加强其泛在性、智能性、可信性、宽带性、绿色性，以更好地提升移动通信网络赋能行业应用的关键能力。值得注意的是，5G 演进不等于 5G 三大业务场景的简单增强，或相关技术指标的简单增强、现有关键技术的简单增强。未来 6G 移动通信网络将有属于自己的全新特征、革命性的关键技术、突破性的技术指标与全新的应用场景，必将对行业应用能力带来极大的提升。同时，6G 将跨越人联和物联，迈向万物智联，并将推动各个垂直行业的全面数字化转型。6G 如同一个巨大的分布式神经网络，集通信、感知、计算等能力于一体。物理世界、生物世界以及数字世界将无缝融合，开启万物互联、万物智能、万物感知的新时代[18]。

12.5 参考文献

[1] 中国信息通信研究院, IMT-2030 (6G) 推进组. 6G 总体愿景与潜在关键技术白皮书[R]. 2021.

[2] LIU G Y, HUANG Y H, LI N, et al. Vision, requirements and network architecture of 6G mobile network beyond 2030[J]. China Communications, 2020, 17(9): 92-104.

[3] 尤肖虎. 5G 应用创新与 6G 技术演进[J]. 视听界, 2020(6): 9-11.

[4] 赵亚军, 郁光辉, 徐汉青. 6G 移动通信网络: 愿景、挑战与关键技术[J]. 中国科学: 信息科学, 2019, 49(8): 963-987.

[5] 张平, 许晓东, 韩书君, 等. 智简无线网络赋能行业应用[J]. 北京邮电大学学报, 2020, 43(6): 1-9.

[6] 张平, 牛凯, 田辉, 等. 6G 移动通信技术展望[J]. 通信学报, 2019, 40(1): 141-148.

[7] Weaver W. Recent contributions to the mathematical theory of communication[J]. ETC: A Review of General Semantics, 1953(10): 261-281.

[8] ZHANG P, XU W J, GAO H, et al. Toward wisdom-evolutionary and primitive-concise 6G: a new paradigm of semantic communication networks[J]. Engineering, 2022, 8: 60-73.

[9] 张亦弛, 张平, 魏急波, 等. 面向智能体的语义通信:架构与范例[EB]. 2021.

[10] 牛凯, 戴金晟, 张平, 等. 面向 6G 的语义通信[J]. 移动通信, 2021, 45(4): 85-90.

[11] 石光明, 李莹玉, 谢雪梅. 语义通讯: 智能时代的产物[J]. 模式识别与人工智能, 2018, 31(1): 91-99.

[12] 石光明, 肖泳, 李莹玉, 等. 面向万物智联的语义通信网络[J]. 物联网学报, 2021, 5(2): 26-36.

[13] 魏克军, 赵洋, 徐晓燕. 6G 愿景及潜在关键技术分析[J]. 移动通信, 2020, 44(6): 17-21.

[14] 尤肖虎, 潘志文, 高西奇, 等. 5G 移动通信发展趋势与若干关键技术[J]. 中国科学: 信息科学, 2014, 44(5): 551-563.

[15] 王东明. 面向6G的无蜂窝大规模MIMO无线传输技术[J]. 移动通信, 2021, 45(4): 10-15.

[16] TANG W K, DAI J Y, CHEN M Z, et al. MIMO transmission through reconfigurable intelligent surface: system design, analysis, and implementation[J]. IEEE Journal on Selected Areas in Communications, 2020,

38(11): 2683-2699.

[17] 中国移动研究院. 基于数字孪生网络的 6G 无线网络自治白皮书
（2022）[R]. 2022.

[18] 华为技术有限公司. 6G: 无线通信新征程白皮书[R]. 2022.

第十三章　语义通信技术

13.1　从语法通信到语义通信探索

　　从信息论的角度，信息流动可以分为信息产生、信息传输和信息处理 3 个环节。1948 年，香农抽象出了信息传输的经典系统模型，其核心思想包括无失真信源编码定理、有噪信道编码定理和限失真信源编码定理，成为移动通信系统进行信源压缩编码、信道编码和有损压缩编码的理论基础。香农提出的信息论主要基于离散无记忆有损传输的假设，实现点对点传输，通过信源编码压缩数据，保证网络传输的内容解码后具有可解释性，通过信道编码降低传输内容的错误率。基于该基础理论，移动通信产业从 1G 到 5G 保持了大约每 10 年更新一代的节奏，主要解决人与人之间的可靠通信问题。

　　然而，随着全球信息基础设施建设数量的持续增加，未来万物智联的智能社会，将具有万物感知、万物互联和万物智联 3 个显著特征。在智能社会，万物可感，诸多智能设备感知物理世界，并转变为可用于共享的数字信息；网络联接万物，所有数据将实现在线共享；智能遍布网络，基于大数据和人工智能的应用将实现万物智能。不同于基于香农容量的以人与人、点对点之间的可靠传输为主的传统通信场景及业务模式，未来通信将支撑更多的单点对多点、多点对多点、人与机器、机器与机器等多种通信模式。在未来的数字化智能社会中，信息服务的对象既包括人也包括机器，因此，信息的数字化势必需要更高效率的信息编码机制服务机器任务。如果继续沿用现有的数据编码方式，通信中传输的数据量将超出网络所能承受的上限，通信网络将遇到前所未有的挑战。6G 移动通信系统需要重新出发，从信息理论源头上考虑通信的本质问题，通过基础理论的突破与技术上变革，应对未来万物智联和行业数字化的发展需求。

在 1948 年信息论工作的基础上，信息论学者威沃和香农首次提出语义通信，并指出语义通信是面向信号语义的通信，其本质是传递由义符号表达的信息[1]。传统语法通信的服务对象是人，主要以信号波形或数据比特保真为原则传递信息信号，提取和理解信号中的信息任务最终由人来完成。作为智能化时代的新型通信技术，语义通信的服务对象不仅包括人还包括物或机器，旨在建立使用者与机器都可理解的普适性语义知识库，完成信息语义在不同智能节点间的准确传递[2-6]。语义通信作为一种高等生物通信的手段，通过研究语义通信的基本理论问题，有可能超越经典的信息论，达到更高程度的信息压缩传输。

随着新一代信息技术的蓬勃发展，人工智能和计算技术使语义表示成为可能。与此同时，脑机交互、类脑计算、语义感知与识别、通信感知一体化和智慧内生等新兴技术和架构的出现和发展，将使 6G 网络具备语义感知、识别、分析、理解和推理能力，从而实现网络架构从数据驱动向语义驱动的范式转变[7]。语义通信有望突破经典信息论只研究语法信息在研究范畴、研究层次与研究维度方面的局限，扩展信息研究的层次，从语法信息深入到语义信息。因此，在赋能垂直行业时，语义通信比传统通信具有更大的应用潜能，被认为是 6G 关键候选技术之一。

首先，在语义通信中，发送端可以预先理解通信的目的和环境，进而减少冗余数据的传递，这有利于缓解移动通信系统中无线资源日趋紧张的限制[3]。其次，语义通信中的背景知识有助于提高在带宽有限、信噪比较低或误码率较高的不理想通信环境中通信系统的有效性和准确性[8]。通信双方积累的上下文信息、个体通信目的等背景知识有助于在较差的通信环境中部分信息丢失的情况下对接收的信息进行智能纠错和恢复。再次，语义通信还能达到更好的隐蔽通信效果[3]。因为语义通信主要基于收发双方的上下文知识建立起来的，同样的一句话，对于了解背景的友方而言可能包含重大信息，而对于不了解背景的窃听者而言可能毫无意义。此外，由于传统通信中传输数据对于网络中不同接收方有相同价值的假设不再适用于物联网、云服务等新技术，因此仅仅考虑接入时间、频谱等无线资源使频谱利用率最大化的方法已不能满足新技术对通信网络自动化、智能化、服务多样化的需求，而语义通信考虑信息含义和用户对信息的需求，可在根本上实现跨系统、协议、网络、人机，从而最终实现"万物透明智联"[6]。

13.2 语义通信系统框架

基于香农信息论的传统语法通信，要求接收端译码信息与发送端编码信息严格一致，即实现比特级的无差错传输。而语义通信可以充分利用人工智能等技术从信源中提取语义信息，在发送端与接收端进行联合编码、解码，并不要求译码序列与编码序列严格匹配，只要求接收端恢复的语义信息与发送端发送的语义信息匹配即可[4]。

由于放松了信息传输的差错要求，语义通信系统有望突破语法通信系统的传输瓶颈，为 6G 网络演进提供新的解决思路[2]。在未来移动通信的各种场景中，移动通信网络有望将拥有不同程度智能（自然或人工）的人和机器连接起来，形成人–机–物–智慧的连接闭环。人–机–物–智慧业务 4 类通信对象之间会产生大量不同形态的数据，各种对象之间的通信不再仅仅是传输比特数据，语义和有效性成为了不可忽视的重要因素[7-9]。针对复杂多变的智能任务，未来移动通信网络有望借助其"智能"特性，利用语义通信与语用通信，实现人–机–物–智慧业务对象间的高效通信与准确控制。

面向 6G 的语义通信系统架构如图 13-1 所示。在发送端，信源产生的信息首先送入基于语义基元（Semantic Base, Seb）的语义分析和编码模块，基于发送端背景知识库和语义基元进行语义特征提取和压缩编码进而产生语义表征序列，然后将语义表征序列送入信道编码器，产生信道编码序列，使其能够适应在无线信道中的传输。基于 Seb 的语义分析和编码模块根据信源冗余特性，采用不同结构的深度学习模型。例如，时序以及文本信源可以采用循环神经网络（Recurrent Neural Network, RNN）模型、图像信源可以采用卷积神经网络（Convolutional Neural Network, CNN）模型、图数据源采用图卷积网络（Graph Convolutional Neural Network, GCN）模型。若信源具有多模态或异构性，则语义提取编码时还需要对多源数据进行语义综合。在接收端，信道输出信号首先送入信道译码模块输出译码序列，接着基于接收端背景知识库，基于 Seb 的语义解码和重组模块对译码序列进行语义译码和重组，得到语义表征序列，最终将恢复出的数据送入信宿。基于 Seb 的语义解码和重组模块基于接收端背景知识库和深度学习模型，对接收的语义信息进行重建。在语义通信系统中，语义的分析、编码、解码和重组等过程均需要基于背景知识库，且收发两端共享云端知识库，通过数据驱动的方法赋予神经网络特定场景下的先验知识[2-4]。

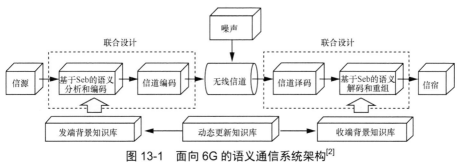

图 13-1　面向 6G 的语义通信系统架构[2]

未来语义通信技术的突破，有望对多模态数据类型提供支持。目前学术界对多模态数据已有多种尝试，其中较为典型的是文本数据[10-13]和图像数据[1,13]。下面以文本数据和图像数据这两类模态为例，简要介绍当前研究成果。

对于文本信源，传输的目的是传递文本表达的内容及含义，而文本的组织方式，如助词、连接词、标点符号的使用是实现文本通顺且符合语法规则的一种有效手段。因此，文本信源除具有统计冗余外，还含有额外的语义冗余。文本信源可采用 Transformer 或 RNN 模型进行语义提取与关联建模[10-13]，输出与上下文有关的文本表征向量，在译码器中根据语义特征进行文本重建，文本语义编码传输示例如图 13-2 所示。文献[14]表明，语义编码能够很好地对抗信道传输差错，其重建文本虽然与原句不尽相同，但与原始文本的含义近似一致，其抗噪声能力及连续片段的重合度方面均显著优于传统信源信道编码。

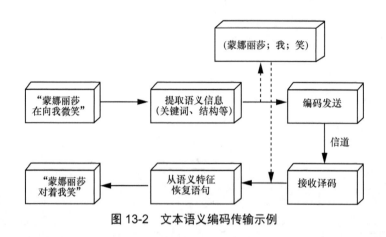

图 13-2　文本语义编码传输示例

对于图像信源，借助 CNN，将图像信源压缩编码、差错控制信道编码及信号调制等模块融合为一个整体。语义信道迭代接收机既能与数字通信系统兼容，又可以有效压缩数据，提高对移动通信网络传输的容错能力，更好地平衡有效性与可靠性，图像语义编码传输示例如图 13-3 所示。文献[2]表明，相较于经典 H.264+LDPC 图像编码方案，在学习感知图像块相似度（Learned Perceptual Image Patch Similarity, LPIPS）接近的情况下，语义编码方案的编码速率仅有 H.264 编码方案的 1/5，因此语义编码相较于经典 H.264 编码，能大幅度降低传输带宽开销，从而显著提升了频谱效率。

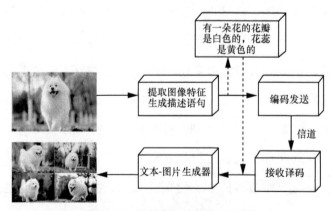

图 13-3　图像语义编码传输示例

13.3 语义通信技术应用展望

在未来移动通信智能化的时代，机器人、智能助手、智能终端等快速发展，人类通过自然交互、远程操控方式控制智能系统等应用场景不断增多，无处不在的智能体也将遍布移动通信网络的各个方面，智能体间的互联通信需求是一项亟须解决的问题。智能体通信和语法通信的任务目标并不相同：传统的语法通信需要无差错的比特搬移，而智能体通信只需要针对特定任务精确地表达传输符号期望的含义。语义通信在未来有望成为智能体间最有效的通信方式，一方面，因为智能体间传输的更多的是交互任务驱动的业务，语义通信能帮助其更精准地理解上下文；另一方面，在人与智能社会中智能体进行通信的过程中，语义推理、语义理解等技术也可为解决通信问题提供重要帮助。语义通信模式使得通信功能从信号的相互传递转变为意图的相互交流，这将推动智能体之间沟通语言的诞生，它们之间的沟通理解也将成为现实，以语义通信为基础的智能体语言将会促进智能体之间的高效合作，从而解决更多复杂、开放、时变、鲁棒的通信问题[3]。

除了未来智能体之间的通信，语义通信还将对人机智联领域产生深远影响。随着触觉互联网、人机交互网络等新兴应用的出现，未来通信网络将会包含大量复杂的人机智联应用和服务[6]。人机智联重点针对多种传感器和虚拟或实体人机交互设备，并高度依赖基于人工智能技术的感知、学习和自适应算法对人类用户的情绪、个性等进行识别与感知。但是，目前以信号传递为核心的人机交互模式阻碍了人机协同、人机混合性能的提升。语义通信是一种人工智能通信方式，针对机器理解意图、人机自然交互等难点，从构建人与智能系统、智能系统与智能系统之间的"达意"通信出发，通过规范语义描述框架、自学习知识库和语义通信编码解码方式，以在不断学习中积累的"知识库"为基础，将为人与机、机与机等多种智能体之间的通信、协同提供自然顺畅的交互方式。基于语义通信的人机交互是一种自然的、拟人的、能够直接理解信息的模式，它将搭建人机之间沟通的桥梁，这必将大大提升人机协同的效能[1]。

13.4 基于语义通信的达意网络关键技术

13.4.1 从语义通信到达意网络

如前文所述，1953 年威沃在香农信息论的基础上，提出通信不仅需要关注语法问题，更要关注语义问题和语用问题[1]。受限于当时通信工程的特殊需要，香农信息论主要聚焦于语法问题，而近年来，通信中的语义信息逐渐得到关注。语义问题关注传输的符号如何精确地表达期望的含义，以解决可靠机器推理下的信息传输问题，而语用问题则主要聚焦于"意图"，重点关注信息含义如何有效地影响期望的行为[6]。随着移动通信技术、人工智能、自然语言处理等相关支撑技术的快速发展，以及通信设备的智能化水平和认知能力不断增强，使通信的智能机器间自主交互、理解彼此的意图，并灵活、迅速地构建通信与网络成为可能，为实现"达意通信（On-purpose Communications）"、构建未来"达意网络"奠定了基础[6]。

达意网络将逐渐成为未来通信领域的一大研究趋势、将带动产业新生态。智能车载网络、远程医疗、智能制造等领域的迅速发展。其中面向智能机器的网络将成为未来移动通信发展的新引擎，将带动未来移动通信新一轮增长。2020 年，全球无人机市场规模达到 809 亿元[15]，2022 年车联网市场规模将达到 1629 亿美元[16]，预计 2023 年教育机器人市场规模将达到 841 亿美元[14]，2023 年工业 4.0 市场规模将达到 2140 亿美元[17]，2030 年全球将有约 1250 亿台智能机器加入现有的通信网络[18]。目前，针对以用户意图为中心的网络[19-26]的研究中，意图的分解、适配、智能决策以及机器间的交互均来自于用户及运维人员的调配，机器原生智能的缺乏使得机器无法应对网络拓扑及环境的高速动态变化。同时，以意图为驱动的网络目前尚无法支撑未来移动通信网络沉浸化、智慧化、全域化的业务应用场景[27-29]。为实现"达意通信"，提升机器原生智能，构建以机器意图为驱动的意图网络将成为未来我国进一步发展数字化实体网络基础设施建设的关键动力。

在机器拥有原生智能的未来达意网络中，机器将拥有原生智能与决策思维的能力，这使得运维人员和用户可以专注于探索与创造性任务。以车联网为例，在以机器意图驱动的车联网中，路侧基站、传感器、车辆、移动边缘计算服务器等智能机器可以自主感知整个道路状态，并实现按需交互、自主决策。例如，当车辆即将右转时，受意图的驱动作用，机器自主产生与右侧节点交互，以获得盲区的道路状态。车辆将利用感知到的实时信息和路侧基站发布的道路预测信息，通过进一步的意图分析及模型处理立即确定最佳通信目标的位置。随后车辆将通过定向发送的方式将信息传输至右侧的通信目标。简而言之，通过融入机器意图可以使现有的通信网络节点更加智能，依据已有信息进行分析即可得出优化的信息传输方案。意图网络能够自动感知网络态势,并依据历史经验和先验消息形成特定场景的网络总体目标,最后通过网元交互实现网络的自配置与自组织。

13.4.2 面向达意网络的系统架构

未来达意网络的架构可以参考现有网络中的云-边-端 3 层结构[30]。其中,云层可以由具有强大的计算能力和存储能力的集群服务器组成,在达意网络中起到统筹规划的核心控制作用,是实现网络的自优化、自配置和自愈合,达到系统性能最优目标的有力保障。云服务器可以聚合和处理来自不同区域的边缘服务器的各类信息。例如,达意网络的云层可以得到来自不同区域的边缘服务器覆盖范围内的智能机器的运行状态及网络拓扑结构,并根据场景与需求重塑通信链路与网络。

达意网络的边缘层主要由基站和 MEC 服务器组成,是连接终端层和云层的纽带。达意网络边缘层可以按需结合先验信息加速其覆盖范围内智能机器间的同步过程,减少通信开销,统筹规划覆盖范围内的智能机器。同时,达意网络边缘层智能设备可以对其覆盖范围内的智能机器意图进行统一的融合和计算,实现区域自治。此外,达意网络边缘层还可以通过数字孪生技术构建特定区域内不同智能机器的数字孪生实体,从而完成海量智能机器从物理空间到数字空间的映射,实现智能机器的全生命周期管理。

达意网络终端层可以由大量不同类型的智能机器组成。智能机器可以感知、获取周围环境的多模态数据,并通过通感一体化技术与周围的机器进行实时交互。此外,智能机器可以通过先验信息对感知到的信息进行分析、转译,得到针对特定用户与场景的意图。进一步地,智能机器将根据分析得到的意图，对感知得到的信息进行定制化的特征提取，得到定制化的语义信息，并且机器节点可以通过泛在计算、分布式计算等方式对感知信息进行协同信息融合、数据处理，用以弥补计算能力不足等问题，实现终端层机器节点的自主感知、认知及决策过程。

13.4.3 达意网络的主要技术驱动力

人工智能、语义通信等新技术的迅猛发展极大地推动了达意网络的兴起。同时，为了实现按需通信、达意通信的目标，达意网络离不开智能体的实时感知功能与网络中计算资源与通信资源的合理调配。此外，达意网络中智能体全生命周期的管控与决策控制离不开数字孪生技术提供的对达意网络实况的监控、计算和控制功能。在本节中，将介绍支撑达意网络的关键技术，包括算力资源共享、边缘数字孪生、感知辅助通信及网络智能化管控等。

13.4.3.1 算力资源共享模式提供可靠的先验信息

算力资源共享模式旨在运用云–边–端分布式计算技术实现网络算力的互联共享[27]。在算力资源共享网络中，通过智能化和自动化调度，使智能机器可以在任何时间和任何地点都能够最优地利用云终端框架的多层计算资源，形成算网一体的算力资源共享模型[27]。在算力资源共享模式下，达意网络中的多个智能机器可以共享计算资源，也可以根据需要利用服务器和云服务器的计算资源来完成定制化的语义特征提取、意图的分析、转译及决策控制等任务。通过这种方式，智能机器可以融合海量的感知信息，并通过在线训练实时预测通信目标的轨迹，为达意通信提供先验信息，实现快速通信和自主决策。因此，如何融合各种异构的计算资源、实现多级算力节点的网络互通、最优化调度算力资源是实现达意通信面临的关键挑战。

13.4.3.2　边缘数字孪生构建数字世界的实时映像

数字孪生技术可以根据现有的或者将有的物理世界中的实体对象构建数字模型，并通过实测、仿真和数据分析来实时感知、诊断、预测物理实体对象的状态，调控物理实体对象的行为[31]。同时，数字孪生技术赋能的智能体可以通过模型间的迁移学习迭代更新数字模型，指导、调整、改进物理实体对象生命周期内的决策[31]。数字孪生技术已成为促进数字经济发展的重要抓手，已建立了普遍适应的理论技术体系，并在航空航天、健康医疗、城市管理、建筑、电力等行业有了较为深入的应用[32]。

达意网络可以借助边缘服务器的强大算力构建其所覆盖范围内物理实体的实时镜像，建立相应的虚拟孪生网络，实现基于镜像的态势演化分析和实时决策。具体来说，达意网络边缘层的服务器可以基于终端层上传的感知信息，构建数字空间和物理空间紧密耦合的网络拓扑关系。这个过程需要通过测绘扫描、几何建模、网络建模、物联网等技术将物理对象表达为计算机和网络所能识别的数字模型[32]。同时，终端层的智能机器可以基于构建的虚拟世界的网络拓扑，优化自身的行为。边缘层的区域控制中心可以利用数字孪生技术基于终端层提供的大量信息对物理边缘网络进行有效的分析、诊断、模拟和控制，从而对智能机器和边缘网络的具体内容进行管理，实现物理空间与数字空间的实时动态互动。此外，边缘服务器可以根据边缘层提供的海量信息和虚拟孪生网络，不断分析、预测智能机器的意图，最终形成达意通信及达意网络。

在达意网络中应用数字孪生技术构建虚拟世界需要海量的数据，包括终端层智能体的位置、速度、能耗、存储能力、计算能力，周围环境的温度、湿度、光照，网络节点密度、道路信息、信道状态、用户行为特征等。因此，如何大规模地采集多维度的数据，并对得到的数据进行精准、高效的分析和建模，是达意网络应用数字孪生技术时需要解决的两个关键问题。

13.4.3.3 感知信息辅助的达意网络按需快速组网

达意网络中对节点机动性及网络拓扑变化的精准感知，对于构建虚拟孪生网络及基于虚拟孪生网络调整、优化决策，实现达意通信至关重要。例如，在智能车联网中，智能机器可以根据感知信息在极少的时隙内快速发现可用邻居节点，为实现当智能机器有通信意图时的快速组网、决策提供精准的网络拓扑信息。同时，网络事件驱动的按需感知策略将赋予意图与语义双驱动网络更大的弹性与智能。智能机器可以依据网络环境及其机器通信意图进行通信状态预测，提前在数据链路层为通信链路按需分配时隙和频域资源，实现快速入网。

丰富的感知信息是实现达意通信的强力保障。在达意网络中，智能机器不仅可以搭载毫米波雷达、激光雷达和照相机等传感器为网络带来丰富的环境先验信息，还可以根据机器意图实现按需感知，以减小数据采集的规模，并显著降低信息处理开销。同时，达意网络中的智能机器可以支持多种异构感知信息的有效融合。例如，在车联网按需通信场景中，智能车辆可以根据摄像机和毫米波雷达得到的感知信息，综合处理得到精确的目标结点的位置、速度、形状等，实现对通信目标的精准定位与识别。简而言之，感知信息的引入将赋予网络进行可视化通信的能力，赋予网络更强的按需自主性，实现高效精准的按需达意组网。

13.4.3.4　达意网络智能化管控与发展趋势

机器的原生智能是意图网络应用的主要驱动力，而智能化管控则成为了达意网络搭建过程中不可或缺的一部分。智能化管控可使得各算智模块在达意网络中充分发挥其作用，并且随着网络的演变，将越发凸显其要性。在网络结构方面，未来的达意网络将逐渐趋于智能自治，各节点的环境感知和决策能力将逐渐增强，而网络环境中终端与人类的耦合将逐渐减弱[27]。在信息传输方面，达意网络需要大量的交互信息来实现实时、高效的数据融合、自主决策和智能传输。因此，上行链路和下行链路均对带宽有较大需求。在网络评估体系方面，未来的达意网络将在追求提高频谱效率及峰值流量的基础上，进一步向超可靠、低时延通信、海量接入覆盖、强室内渗透性和灵活可扩展性靠拢。因此，在达意网络中的智能体将利用分布式的网络架构进行数据采集、清洗、处理、建模，以实现对网络数据的实时分析、对网络状态的实时感知、预测以及管控。同时，达意网络的边缘层智能节点将通过数字孪生技术对网络环境进行监控、建模以及态势推演，以实现网络的智能管控与自治优化。

13.5　总结与展望

传统语法通信中面向精确数据传输的通信模式，无法满足未来人与机、机与机以及智能节点之间的智能协同通信。语义通信可实现信息含义在通信双方之间的准确传输，显著提升通信的效率，特别适用于智能设备之间的通信。在面向 6G 演进的移动通信网络智能化时代，语义通信将对以香农信息论为基础的移动通信系统带来新的发展机遇。作为一种高效的通信方式，语义通信技术将变革未来网络中智能节点的交互方式，促使未来网络向达意演进。同时，语义通信技术将促进各行各业开展联合创新，探索新机遇、新模式、新商业，打造新一代数字化信息通信网络基础设施、生产基础设施、社会基础设施，更好地赋能千行百业。

13.6 参考文献

[1] RAPOPORT A. Recent contributions to the mathematical theory of communication (vol 10, pg 261, 1953)[J]. Etc ; a Review of General Semantics, 1954, 11(3): 240.

[2] 张亦弛, 张平, 魏急波, 等. 面向智能体的语义通信:架构与范例[EB]. 2021.

[3] 石光明, 肖泳, 李莹玉, 等. 面向万物智联的语义通信网络[J]. 物联网学报, 2021, 5(2): 26-36.

[4] 张平, 牛凯, 田辉, 等. 6G 移动通信技术展望[J]. 通信学报, 2019, 40(1): 141-148.

[5] 牛凯, 戴金晟, 张平, 等. 面向 6G 的语义通信[J]. 移动通信, 2021, 45(4): 85-90.

[6] ZHANG P, XU W J, GAO H, et al. Toward wisdom-evolutionary and primitive-concise 6G: a new paradigm of semantic communication networks[J]. Engineering, 2022, 8: 60-73.

[7] SHI G M, XIAO Y, LI Y Y, et al. From semantic communication to se-mantic-aware networking: model, architecture, and open problems[J]. IEEE Communications Magazine, 2021, 59(8): 44-50.

[8] KOUNTOURIS M, PAPPAS N. Semantics-empowered communication for networked intelligent systems[J]. IEEE Communications Magazine, 2021, 59(6): 96-102.

[9] CALVANESE STRINATI E, BARBAROSSA S. 6G networks: beyond Shannon towards semantic and goal-oriented communications[J]. Computer Networks, 2021, 190: 107930.

[10] XIE H Q, QIN Z J. A lite distributed semantic communication system for Internet of Things[J]. IEEE Journal on Selected Areas in Communications, 2021, 39(1): 142-153.

[11] LU K, LI R P, CHEN X F, et al. Reinforcement learning-powered semantic communication via semantic similarity[EB]. 2021.

[12] LU K, ZHOU Q Y, LI R P, et al. Rethinking modern communication from semantic coding to semantic communication[EB]. 2021.

[13] XIE H, QIN Z, LI G Y. Task-oriented semantic communications for multimodal data[EB]. 2021.

[14] 北京师范大学智慧学习研究院. 2019 全球教育机器人发展白皮书[R]. 2019.

[15] QYResearch. 2021-2027 全球与中国人工智能载人无人机市场现状及未来发展趋势[R]. 2021.

[16] 华经产业研究院. 2021—2026 年中国车联网行业市场供需格局及行业前景展望报告[R]. 2020.

[17] BCC Publishing. Global markets for 5G technologies[R]. 2018.

[18] SHARMA S K, WANG X B. Toward massive machine type communications in ultra-dense cellular IoT networks: current issues and machine learning-assisted solutions[J]. IEEE Communications Surveys & Tutorials, 2020, 22(1): 426-471.

[19] 周洋程, 闫实, 彭木根. 意图驱动的 6G 无线接入网络[J]. 物联网学报, 2020, 4(1): 72-79.

[20] 刘天蟾, 牟晓晴, 陈新展. 基于意图驱动物联网架构的研究[J]. 现代信息科技, 2020, 4(10): 176-179, 182.

[21] 张佳鸣, 杨春刚, 庞磊, 等. 意图物联网[J]. 物联网学报, 2019, 3(3): 5-10.

[22] 王敬宇, 周铖, 张蕾, 等. 知识定义的意图网络自治[J]. 电信科学, 2021, 37(9): 1-13.

[23] MEHMOOD K, KRALEVSKA K, PALMA D. Intent-driven autonomous network and service management in future networks: a structured literature review[EB]. 2021.

[24] YANG H, ZHAN K X, BAO B W, et al. Automatic guarantee scheme for intent-driven network slicing and reconfiguration[J]. Journal of Network and Computer Applications, 2021, 190: 103163.

[25] GOMES P H, BUHRGARD M, HARMATOS J, et al. Intent-driven closed loops for autonomous networks[J]. Journal of ICT Standardization, 2021: 257-290.

[26] BANERJEE A, MWANJE S S, Carle G. Contradiction management in Intent-driven cognitive autonomous RAN[EB]. 2021.

[27] 中国信息通信研究院.6G 总体愿景与潜在关键技术白皮书[R]. 2021.

[28] OUYANG Y, WANG L L, YANG A D, et al. The next decade of tele-communications artificial intelligence[EB]. 2021.

[29] CAREGLIO D, SPADARO S, CABELLOS A, et al. Results and achievements of the ALLIANCE project: new network solutions for 5G and beyond[J]. Applied Sciences, 2021, 11(19): 9130.

[30] YAN G Q, MAO S J. Cloud-edge-end simulation system architecture[C]//2020 2nd International Conference on Advances in Computer Technology, Information Science and Communications (CTISC), 2020.

[31] 中国信息通信研究院,IMT-2030（6G）推进组. 6G 网络架构愿景与关键技术展望白皮书[R]. 2021.

[32] 中国电子技术标准化研究院.数字孪生白皮书[R]. 2020.

第十四章　无蜂窝超大规模协作 MIMO 系统

无蜂窝超大规模协作 MIMO 系统传输技术框架突破了传统蜂窝组网方法，具有不同于传统蜂窝组网的新特性，是一种新型可扩展的无蜂窝无线接入网（Cell-free Radio Access Network, CF-RAN）架构。

面向 6G 的无蜂窝超大规模协作 MIMO 系统框架的基础架构为无蜂窝（Cell-free, CF）超大规模协作 MIMO 系统，如图 14-1（a）所示。在此基础之上，衍生出智能超表面（Reconfigurable Intelligent Surface, RIS）辅助的无蜂窝超大规模协作 MIMO 系统（如图 14-1（b）所示）、网络辅助全双工无蜂窝超大规模协作 MIMO 系统（如图 14-1（c）所示）和毫米波无蜂窝超大规模协作 MIMO 系统（如图 14-1（d）所示）。关于 4 个系统的具体介绍参见第 14.1～14.4 节。

通过研究低频段频谱效率的无蜂窝超大规模协作 MIMO 系统，可以解决其面临的可扩展性、复杂性问题。例如，增加空间可拓展单元，可将 AP 所需的计算能力移到空间可拓展单元上，同时空间可拓展单元也受到中央处理单元（Central Processing Unit, CPU）的调度，从而使系统具有一定程度的协作能力。

通过研究高频段吞吐量的无蜂窝超大规模协作 MIMO 系统，可以解决其面临的大带宽、近场光学和易遮挡的问题。通过研究 RIS 辅助的无蜂窝超大规模协作 MIMO 系统,可克服复杂环境下传统蜂窝系统难以有效解决的通信覆盖问题。

(a) 无蜂窝超大规模协作MIMO系统

(b) RIS辅助的无蜂窝超大规模协作MIMO系统

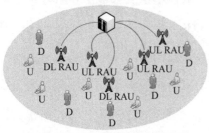

(c) 网络辅助全双工无蜂窝超大规模协作MIMO系统

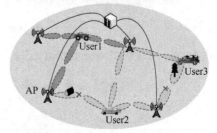

(d) 毫米波无蜂窝超大规模协作MIMO系统

图 14-1　面向 6G 的无蜂窝超大规模协作 MIMO 系统

14.1　基本的无蜂窝超大规模协作 MIMO 系统

在无蜂窝超大规模协作 MIMO 系统中,如图 14-1 (a) 所示,大量 AP 分布在一大片区域内,在相同的时频资源上,共同服务大量的用户。在无蜂窝超大规模协作 MIMO 系统中,没有小区的概念,所有的 AP 共同服务所有的用户[1-2]。由于无蜂窝超大规模协作 MIMO 结合了分布式 MIMO 和大规模 MIMO 的概念,所以无蜂窝超大规模协作 MIMO 系统应该同时具有分布式 MIMO 系统和大规模 MIMO 系统的优势。另外,由于用户距离 AP 更近了，无蜂窝超大规模协作 MIMO 能够提供更高的覆盖概率。通信系统中上行和下行传输常用到的共轭波束赋形/匹配滤波技术因为计算复杂度低，可以以分布式的方式实现，即大部分处理可以在 AP 本地完成。

在无蜂窝超大规模协作 MIMO 系统中，有一个 CPU，但是 AP 和 CPU 之间的信息交换受有效负载数据限制，并且功率控制系数变换缓慢。在 AP 之间或者在 CPU 都没有即时的信道状态信息（channel state information, CSI）共享。获得的信道估计信息用来对下行传输数据进行预编码以及对上行数据进行检测。从概念上来说，无蜂窝超大规模协作 MIMO 系统是一些概念的一般化形式，如"虚拟化 MIMO""网络 MIMO""分布式 MIMO""（相干）协作多点传输""分布式天线系统（Distributed Antenna System, DAS）"。这一概念的目的是利用先进的回程技术，使地理位置分散的基站天线能够进行协作处理，从而为网络中的所有用户提供统一的优质服务。

无蜂窝超大规模协作 MIMO 系统的突出之处在于它的运行机制：利用复杂度较低（共轭波束赋形）的信号处理，许多单天线 AP 同时服务相对较少的用户。因此，在无蜂窝超大规模协作 MIMO 系统中，也可以利用被广泛研究的有效传播（Favorable Propagation, FP）和信道硬化等特性，使用计算效率高且全局最优的功率控制算法以及导频分配的简单方案。概括来讲，无蜂窝超大规模协作 MIMO 系统是网络 MIMO 系统和 DAS 概念的一种有效且可扩展的实现方案，就像蜂窝大规模 MIMO 系统是传统多用户 MIMO 系统概念的一种有效且可扩展的形式一样。

14.2　RIS 辅助的无蜂窝超大规模协作 MIMO 系统

在现代城镇生活当中，建筑物、车辆、植被等的普遍存在会对实际通信造成不可避免的遮挡、衰落和散射，大量覆盖空洞区域存在于实际的通信环境中。因此，研究低成本、低功耗的广域通信覆盖技术就成为通信系统最重要和最基本的能力之一。RIS 能够提供一种节能的替代方案，增强覆盖范围并提高网络容量，逐渐成为未来 6G 通信的一种有前途的智能无线电技术。

RIS 从物理结构上就是一种亚波长尺寸的人工二维材料，通常由金属、介质和可调元件构成，是一种随着新型电磁材料科学的发展而逐渐应用到移动通信领域的新型技术。其典型特征是作为可重构的空间电磁波调控器，能够智能地重构收发机之间的无线传播环境，核心特征在于准无源、连续孔径、软件可编程、宽频响应和低热噪声[3]。

得益于 RIS 单元低成本、低功耗和易部署的显著优势，RIS 可以与无蜂窝超大规模协作 MIMO 系统架构进行深度融合，如图 14-1（b）所示，RIS 辅助的无蜂窝超大规模协作 MIMO 系统采用以用户为中心的传输设计，通过在大范围内部署多个分布式基站（Base Stations, BS）和 RIS，协同服务所有用户，各 BS 之间的高效协作可以有效地缓解小区间的干扰，从而提高网络容量。其中，CPU 用于控制和规划，所有的 BS 通过光缆或无线回程与它相连接；RIS 通过专有的控制器接受相应 BS 的控制，能够实现对空间传输信号进行相位和幅度的重构，增加额外的无线通信路径与信道子空间，从而可以提高信号传输的复用增益，进一步提升系统性能和通信服务质量。

RIS 辅助的无蜂窝超大规模协作 MIMO 系统主要解决的是实际场景中覆盖空洞区域对通信造成的阻塞问题。因为城市中普遍存在密集城区场景以及高大建筑物的阴影区域，这些地方作为基站覆盖的盲区，信号不容易到达，通信链路特别容易受到阻挡。这种情境下，将 RIS 合理地部署在基站与覆盖盲区之间，可以建立二者之间的有效连接，保证空洞区域用户的覆盖。相似的场景还有室内通信，目前大量的通信业务发生于室内场景之中，然而室内墙壁和家具的存在对于传输信号有着很强的遮挡、折射和散射作用，造成用户接收信号较差，将 RIS 部署在建筑物的玻璃表面，能有效接收基站传输的信号并透射到室内，增强室内通信质量。总结来说，引入 RIS 辅助的关键作用在于有效解决实际通信场景覆盖盲区的问题，进一步提升通信系统性能。

14.3　网络辅助全双工无蜂窝超大规模协作 MIMO 系统

双工方式也是移动通信标准所关注的热点。5G 采用了灵活双工，随着同时同频全双工（Co-frequency Co-time Full Duplex, CCFD）技术的逐渐成熟，其在 6G 中的应用被进一步关注。但是 5G 引入的灵活双工以及 CCFD 在组网时，不可避免地面临交叉链路干扰（Cross Link Interference, CLI）问题。

为了减少灵活双工、混合双工或全双工网络中的 CLI，可以采用一种无蜂窝超大规模 MIMO 网络下的网络辅助全双工（Network-assisted Full Duplexing, NAFD）技术。NAFD 是一种基于无蜂窝架构的自由双工方式[4]。在基于无蜂窝超大规模协作 MIMO 系统的网络辅助全双工技术中，如图 14-1（c）中所示，多个远端天线单元（Remote Antenna Unit, RAU）配备大量天线并密集地分布在区域内，它们与同一个中央处理单元相连接，中央处理单元负责基带处理。在每个时隙，每个 RAU 可以进行上行接收或者下行发送，而且不同的 RAU 可以有不同的选择，这样，在同一个时频资源块内，上行接收和下行发送可以同时进行。与传统的全双工系统相比，NAFD 系统中不存在 RAU 内部的自干扰，这可以降低收发机的复杂度，降低系统时延，提升能效谱效。

为了给出一个统一的描述，对于同时同频全双工的 RAU，我们实际上可以把它看成两个 RAU，一个用于上行接收，一个用于下行传输。由于链路的准静态特性，可以用导频信号估计 RAU 之间下行链路与上行链路的信道，开销非常低。另外，对于无蜂窝超大规模 MIMO，上行和下行基带信号都集中在 CPU 上处理，这使得 CPU 可以提前获取所有用户下行预编码后的信号。因此，可以在数字领域实现下行对上行的抗干扰。利用现有的半双工硬件设备，我们可以在无蜂窝超大规模 MIMO 环境下实现带内全双工。虽然用户设备可以使用同时同频全双工收发器，但为了降低实现复杂度，用户设备只考虑半双工收发器。每个用户可以在灵活的双工模式下工作，为了减轻上行链路与下行链路的干扰，在 CPU 上进行联合调度或在用户设备上进行干扰消除。

综上所述，通过上下行链路之间的干扰消除，无蜂窝超大规模 MIMO 与 NAFD 结合可以实现包括动态 TDD、灵活 FDD 和全双工在内的真正灵活双工的网络，从而高效灵活地利用上行和下行链路的资源。

NAFD 和现有的双工技术相比，主要有以下不同和优势。首先，和传统的时分双工相比，NAFD 能够提供低时延的服务；和传统的频分双工相比，NAFD 能够在不降低频谱利用率的情况下支持非对称业务。其次，与 5G 灵活双工技术相比，对于基于无蜂窝架构的 NAFD，RAU 可以为半双工或者 CCFD，通过联合处理，可以降低灵活双工、混合双工和 CCFD 网络中的交叉链路干扰。另外，基于无蜂窝架构的 NAFD 可以支持 5G NR 的灵活时分双工：当所有的 RAU 都在半双工模式工作，由于不同的 RAU 的时隙结构不同，同一时刻，存在部分 RAU 发送、部分 RAU 接收的情况，采用 NAFD 技术可降低这种场景引发的交叉链路干扰。理论上来说，NAFD 和 CCFD 的性能对比就类似于分布式 MIMO 和集中式 MIMO 的对比，分布式 MIMO 可以获得额外的功率增益以及宏分集。由于 RAU 密度的增大，NAFD 可以获得比 CCFD 更好的性能。

14.4　毫米波无蜂窝超大规模协作 MIMO 系统

现有的移动通信业务大多建立在 6GHz 以下（sub-6GHz）的载波频段上，并且经过长时间的发展逐步走向成熟。sub-6GHz 频段具有传播距离远，覆盖范围广，信号穿透力强的优势，但在拥挤的热点区域，使用 sub-6GHz 通信无法有效解决网络拥塞问题，也无法实现更高的传输速率和众多的 QoS 需求。因此，将通信频段扩展到毫米波范围逐渐成为下一代移动通信技术的关键。

如图 14-1（d）所示，毫米波将在未来的无蜂窝超大规模协作 MIMO

系统中激发出更大的潜能：首先，毫米波的波长短，加之低功率互补金属氧化物半导体（Complementary Metal Oxide Semiconductor, CMOS）器件小型化技术的进步，能够将大量天线元件集成到小尺寸面板中，替代大型共置天线，因此硬件复杂性更低；其次，毫米波通信容易被障碍物中断，信道衰减非常大，不利于长距离传播，在毫米波与无蜂窝超大规模协作 MIMO 结合[5]的系统中，AP 的密集部署可以实现用户与距离最近 AP 之间的通信，从而有效缩短用户到 AP 的距离，提升频谱效率的同时，提高系统的鲁棒性，降低时延。因此，毫米波大规模协作 MIMO 结合无蜂窝实现架构，将是满足 6G 高峰值速率、高频谱效率及低时延高可靠的关键技术之一。

在毫米波频率下的无线蜂窝系统的设计相较于传统的 sub-6GHz 面临着新的挑战，最典型的包括毫米波通信具有和传统的 sub-6GHz 不同的传播机制，基站两侧需要使用大型天线阵列以抵消路径损耗[6-9]。随着天线数量的大规模增加，波束能量在期望的方向上更加集中，波束管理的计算复杂度也不断增大。人工智能技术在通信领域的成功应用激励研究者使用人工智能方法提升未来通信中波束管理的性能。如何合理地建模并运用人工智能方法进行波束管理也是未来研究的一个难点。

一个颇具前景的解决方案是使用不同的机器学习技术学习周围环境的信息。基于机器学习的波束管理技术可按照是否基于 CSI 划分为两类[10]：基于 CSI 的智能化波束管理技术与不依赖 CSI 的智能化波束管理技术。基于 CSI 的智能化波束管理技术被广泛应用于波束选择与追踪[11-13]，主要技术包括：以分类器为代表的深度学习技术，它是将毫米波波束选择建模为多分类问题，通过学习以获取最优波束对；多臂老虎机（Multi-Armed Bandit, MAB）算法，它是将波束管理建模为环境感知的基于上下文的

MAB 问题，通过学习历史信息进行求解。上述算法在研究中求解速度较快，且表现出接近最优策略的性能。除此之外，还有一类算法思路是求解波束选择的联合策略，基于云端的毫米波多基站多用户通信场景如图 14-2 所示，在多基站场景下使用基于一类多智能体强化学习（Muti-agent Reinforcement Learning, MARL）分布式算法求解联合用户调度与波束选择策略，获得了较好的效果。基于这样的策略，当通信双方间的信道快速变化时，也能以较小的系统开销，提供稳定、良好的通信服务[14]。

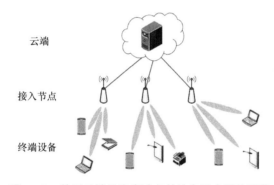

云端

接入节点

终端设备

图 14-2　基于云端的毫米波多基站多用户通信场景

对于不依赖 CSI 的智能化波束管理技术，主要思路是不显式地获取信道信息，而是通过应用智能算法，隐式地获取信道信息，通过诸如神经网络这样的工具，求解出最优波束。其主要技术包括 3 类[10]：直接训练、数值搜索、基于定位信息的技术。这类技术的优势在于避免了获取 CSI 带来的系统开销。基于直接训练思想进行优化的波束管理技术主要是应用深度强化学习（Deep Reinforcement Learning, DRL）技术，将动作空间建模为码本中波束的相邻区域，在较小的波束索引范围内进行波束搜索，并将波束搜索获取的反馈信息，如接收信号强度（Received Signal Strength, RSS）等作为信通环境的特征信息，从而研究出性能良好的波束管理策略。而基于定位信息的波束管理技术是将毫米波最优波束选择问题建模为多分类问题，应用相邻车辆的位置信息进行网络的训练。这一类位置信息的获取在室外主要基于全球定位系统（Global Positioning System, GPS）等定位系统，而室内的位置信息的获取主要基于 Wi-Fi 等技术。

14.5　总结与展望

无蜂窝超大规模协作 MIMO 系统作为 6G 重要使能网络架构，以用户为中心，部署大量分布式小型基站并在基站间引入协作充分消除用户间干扰，提高系统频谱效率，降低通信时延，增强系统扩展性和可靠性。未来无蜂窝超大规模协作 MIMO 系统架构将进一步促进各行技术革新和框架创新，进一步赋能千行百业。

14.6　参考文献

[1] MIRETTI L, BJÖRNSON E, GESBERT D. Precoding for scalable cell-free massive MIMO with radio stripes[C]//Proceedings of 2021 IEEE 22nd International Workshop on Signal Processing Advances in Wireless Communications. Piscataway: IEEE Press, 2021: 411-415.

[2] MARZETTA T L, LARSSON E G, YANG H, et al. Fundamentals of

Massive MIMO[M]. Cambridge: Cambridge University Press, 2016.

[3] ALEXANDROPOULOS G C, SHLEZINGER N, DEL HOUGNE P. Reconfigurable intelligent surfaces for rich scattering wireless communications: recent experiments, challenges, and opportunities[J]. IEEE Communications Magazine, 2021, 59(6): 28-34.

[4] 王梦涵. 无蜂窝大规模 MIMO 系统的网络辅助全双工性能理论与调度技术研究[D]. 南京: 东南大学, 2020.

[5] FEMENIAS G, RIERA-PALOU F. Cell-free millimeter-wave massive MIMO systems with limited fronthaul capacity[J]. IEEE Access, 2019, 7: 44596-44612.

[6] GAO X Y, DAI L L, HAN S F, et al. Energy-efficient hybrid analog and digital precoding for MmWave MIMO systems with large antenna arrays[J]. IEEE Journal on Selected Areas in Communications, 2016, 34(4): 998-1009.

[7] ZHANG Y, HUO Y M, WANG D M, et al. Channel estimation and hybrid precoding for distributed phased arrays based MIMO wireless communications[J]. IEEE Transactions on Vehicular Technology, 2020, 69(11): 12921-12937.

[8] ZHANG Y, WANG D M, HUO Y M, et al. Hybrid beamforming design for mmWave OFDM distributed antenna systems[J]. Science China Information Sciences, 2020, 63(9): 1-12.

[9] ZHAN J L, DONG X D. Interference cancellation aided hybrid beamforming for mmWave multi-user massive MIMO systems[J]. IEEE Transactions on Vehicular Technology, 2021, 70(3): 2322-2336.

[10] ELHALAWANY B M, HASHIMA S, HATANO K, et al. Leveraging machine learning for millimeter wave beamforming in beyond 5G networks[J]. IEEE Systems Journal, 9536, PP(99): 1-12.

[11] KLAUTAU A, GONZÁLEZ-PRELCIC N, HEATH R W. LIDAR data for deep learning-based mmWave beam-selection[J]. IEEE Wireless Communications Letters, 2019, 8(3): 909-912.

[12] WANG Y Y, KLAUTAU A, RIBERO M, et al. MmWave vehicular beam selection with situational awareness using machine learning[J]. IEEE Access, 2019, 7: 87479-87493.

[13] CHENG M, WANG J B, WANG J Y, et al. A fast beam searching scheme in mmWave communications for high-speed trains[C]//Proceedings of ICC 2019 - 2019 IEEE International Conference on Communications. Piscataway: IEEE Press, 2019: 1-6.

[14] XU C M, LIU S H, ZHANG C, et al. Joint user scheduling and beam selection in mmWave networks based on multi-agent reinforcement learning[C]//Proceedings of 2020 IEEE 11th Sensor Array and Multichannel Signal Processing Workshop. Piscataway: IEEE Press, 2020: 1-5.

第十五章 感知信息辅助的快速组网接入

15.1 环境感知

15.1.1 指纹定位

在 6G 中，工业物联网等应用场景对终端的定位精度提出了更高的要求，甚至要求达到厘米级[1-2]。传统的用户位置估计方法利用基站接收信号时的相关信息来确定用户位置，但估计的精度会因为障碍物的遮挡而下降。考虑在无蜂窝超大规模协作 MIMO 系统中丰富的散射环境，指纹定位因其抵抗多径效应的能力成为一种更加合适的定位方法。指纹定位的基本步骤是：首先从已知地理位置的环境参考点的发送信号中提取其信道特征作为指纹，建立起参考点的信道特征和其地理位置一对一的对应关系，再从设备发送的信号中提取每个设备的信道特征并和指纹库里的指纹进行对比，根据指纹之间的相似性，使用参考点的位置坐标进行加权即可估计得到用户位置。指纹定位将定位问题转换为相应的模式识别问题，降低了通信过程的开销，提高了在具有丰富散射的环境（如室内环境）中设备的定位精度。指纹定位不仅可以用于二维空间，也可以用于三维空间。通过构建三维立体空间的信道模型，相比二维指纹定位，三维指纹定位能更有效地利用空间信息，更精确地实现多维定位[3]。

15.1.2　信道知识地图

信道知识地图也是实现环境感知的一种方法。信道知识地图是指一个以发射器/接收器的位置为标记的数据库。该数据库中包含和位置相关的有用的信道信息，一旦有了终端的位置信息，就可以在数据库中实时获取该位置信息对应的信道状态信息，以实现系统优化。假设用户位置信息通过 GPS 等方法提前获取，信道相关信息则需要在线或离线地使用地面装置测量或通过雷达追踪方法离线计算获得，最后通过机器学习的技术建立地理位置到信道信息的映射，即获得信道知识地图[4]。利用信道知识地图，一方面可以利用用户位置信息获取信道信息，进而获得信道模型里的参数信息，重构信道矩阵，根据信道进行参数优化，另一方面可以直接得到用户位置到优化的参数的映射。这种方法的好处在于不需要进行基于导频的信道估计，节约了开销。但是在信道知识地图中用户位置是需要已知的。

15.1.3　指纹定位技术和信道知识地图的结合

指纹定位技术旨在借助于环境中参考点，通过离线建立指纹库和在线匹配指纹两个阶段，将用户位置信息的获取转化为用户信道信息和参考点信道信息的匹配问题。信道知识地图则是在已知接收端和发送端信息位置的前提下，通过地面装置或者雷达收集信道相关信息，再通过离线计算获得特定位置相关的信道信息。

在信道知识地图中的定位一般假设由 GPS 定位获得，然而在散射环境或者遮挡物较多的场景中，GPS 定位并不准确，且更新也并不及时，此时指纹定位可发挥作用，提供较为精确的定位信息，而指纹定位中的参考点信息也可以充分利用建立信道知识地图过程中的众多地面装置，不需要额外增加参考点就可获得丰富的指纹数据库。这样两种技术互相促进，取长补短，可科学有效地实现环境感知，环境感知的场景如图 15-1 所示。

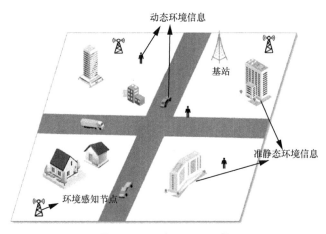

图 15-1 环境感知的场景

15.2 活跃用户检测

15.2.1 基于协方差的活跃用户检测

在 mMTC 场景中，有限的可分配资源和海量设备之间的冲突是制约设备接入的重要因素。如果采用正交多址接入（Orthogonal Multiple Access,

OMA）方式，给每个设备分配一个正交导频，考虑有限的时频资源，当设备数足够大的时候显然是不现实的。所幸，在实际场景中，海量设备并不是同时接入通信网络的，在同一时间往往只有很小一部分设备处于活跃状态，设备接入冲突问题可以得到缓解。因此，可以采用免授权接入方式，事先将有限长度的正交/非正交导频通过适当的方式分配给所有接入设备[5]。然后，活跃的设备通过给定的导频直接发送信号。在这种情况下，如果直接对用户和基站之间的信道进行估计，由于活跃用户太少，非零的信道增益也较少，很难进行低复杂度的精确信道估计[6]。因此，首先需要识别出活跃的用户，再对其进行信道估计，活跃用户检测的场景如图 15-2 所示。活跃用户检测一般采用的方法是基于压缩感知（如近似消息传递）和基于协方差（如梯度下降）的算法。基于压缩感知的算法需要的导频长度较长，不适用于海量用户接入的场景。基于协方差的活跃用户检测方法是一种复杂度较低、准确率较高的方法，它没有活跃用户数和导频数之间关系的限制，也不需要复杂的数学近似和运算。所谓协方差，就是指接收端接收信号矢量的协方差矩阵。在该矩阵中，包含了信道信息和用户的活跃信息，接收端接收到的某用户的协方差越大，那么该用户就越可能是活跃的，因此该协方差矩阵即是用户活跃性检测的充分统计量。

在集中式网络中，所有天线集中部署在基站，用户离基站越近，其在基站接收到的信号分量越强，用户离基站越远，其信号越弱，且基站上所有天线接收的特定用户信号强度都是相同的，无法通过不同天线的接收信号强度来区分用户，因此一旦有多个用户选择了相同的导频，势必将造成基站侧用户信号之间的较强干扰，从而导致活跃用户的漏检和错检。在蜂窝网络中，每个蜂窝网中的基站负责检测该基站内的用户活

图 15-2 活跃用户检测的场景

跃度，然而小区边缘用户受到的较强干扰也会导致检测性能的下降。在无蜂窝超大规模协作 MIMO 系统中，AP 分布在广大区域内，接收来自各个用户的信号，基于接收信号，可以计算信号的协方差矩阵。每个 AP 接收信号的协方差信息中包含用户的活跃信息和位置信息，用户活跃度的不同分布情况对应着不同的协方差信息，且每个 AP 接收信号的协方差矩阵都不相同。因此，针对不同的用户，可以选择不同 AP 上的协方差信息进行活跃用户检测，这大大突出了无蜂窝超大规模协作 MIMO 系统架构在活跃用户检测中的优越性。

15.2.2 基于智能方案的可扩展活跃用户检测

通过采用基于协方差的方法进行活跃用户检测可以降低对导频长度的要求，因此能满足海量用户接入的场景。但在某些极端情况下，如海量低时延高可靠通信（massive Ultra-Reliable & Low-Latency Communication, mURLLC）场景中，协方差方法通过迭代运算的方法往往需要一定计算时间，可能没法满足系统的实时性要求[7]。鉴于目前硬件计算水平的提高以及深度学习算法的普及，出现了很多基于智能方案的活跃用户检测方法。事实上，如果采用基于数据的深度学习算法，能很好地建模实际的应用场景，并通过简单的迁移学习方式应用到现实问题中。但考虑动态的系统环境以及海量的用户数，往往需要事先采集庞大的含标签样本和利用多层的神经网络模型才能解决问题，除了固定位置的活跃用户检测，这种算法是不太推荐的。为了加速训练的收敛，另外一种方案是基于压缩感知或者协方差具体算法结构的神经网络，通过采用端到端的神经网络结构将导频设计和活跃设备检测问题联合考虑，而且在检测的神经网络中通过引入压缩感知和协方差计算过程来加速网络的收敛[8]。但由于导频矩阵的获得过程是对实际信道进行训练，这在实际环境中难以直接获取，所以应用中需要将这两种方案结合起来考虑以适应动态的海量用户场景。

相较于集中式以及蜂窝网络系统，无蜂窝超大规模协作 MIMO 系统对于实现可扩展的活跃用户检测有更大的帮助。无蜂窝超大规模协作的结构本身能够提供更好的覆盖范围，显著提高频谱的利用率。若将该结构与移动边缘计算等分布式计算方法相结合，就能够利用分布式训练过程降低对于 CPU 的性能要求，实现可扩展的检测方案[9]。进一步地，通过引入联邦学习的智能算法，仅对模型参数进行训练，可以极大地降低对 CPU 的性能要求且提高检测的可靠性。而且，基于采用深度学习离线训练在线部署的特点，能够很好地为活跃用户检测提供实时性保障。同时，深度学习方案通过离线学习获得的简单映射模型也能够降低传统基于协方差和压缩感知方法的计算复杂度。

15.3 用户聚类和 AP 关联

15.3.1 用户聚类技术

在海量终端场景中，海量设备竞争有限的资源并行接入网络，会产生接入网络过载及冲突碰撞问题，进而导致大量数据重传引起的时延过长及接入成功率降低问题[10]，因此在大规模场景中利用有限的资源对每个用户进行一对一的资源分配是不切实际的。在这种情况下，实现有限资源与多用户的适配是非常重要的，包括资源竞争和资源复用，以提高资源的利用率。在用户聚类技术中，用户可以根据业务需求或者地理位置等相似特征被划分为不同等级的聚类，以减小同时竞争接入的规模从而协调竞争接入的干扰，同时，针对高优先级的设备，可以通过分配更多更专用的资源，减少来自低优先级设备的干扰，以实现高可靠低时延接入[11]。用户聚类算法有 K 均值、联邦强化学习等，结合相似特征实现目标聚类。基于用户聚类，可以实现类内以及类间资源的合理分配，包括类间对资源的复用和类内对资源的竞争，提高资源的利用率和接入成功率。

15.3.2 动态关联技术

在无蜂窝超大规模协作 MIMO 系统中，大量 AP 任意分布在覆盖区域内，并以任意方式连接到 CPU，在 CPU 的协调和计算辅助下，各 AP 在相同的时频资源联合为大量的移动设备提供服务。此时，AP 需要计算所有用户信息，并且将所有用户的信息通过前传链路发送给 CPU，显然，AP 的计算复杂度和前传容量随着用户的个数增加而增加[12]。在这种情况下，各 AP 给海量用户服务是不切实际的，会导致 AP 计算复杂度过大以及前传链路过载，进而导致无蜂窝超大规模协作 MIMO 系统不可扩展。在动态关联技术[13]中，各用户依据大尺度等准则或智能优化算法关联特定 AP，即每个用户仅由特定的 AP 集服务，相当于 AP 以用户为中心进行分簇，因此每个 AP 只服务有限数量的用户，取代传统的 AP 给所有用户服务的不可扩展的方案，即 AP 的计算复杂度以及前传链路的负载不随用户个数增加而增加，实现无蜂窝超大规模协作 MIMO 系统可扩展。

15.3.3 联合用户聚类和动态关联技术

在无蜂窝超大规模协作 MIMO 场景中，考虑到设备数量的爆炸性增长，一方面，海量终端数据并发传输会导致接入网络过载并产生冲突碰撞问题，另一方面，接入节点给海量用户服务会导致计算复杂度和前传容量不可扩展。在这种情况下，为了提高网络的接入效率，以满足各种 QoS 需求设备的大量接入，联合用户聚类和动态关联接入管理技术，可以协调冲突碰撞和不可扩展问题。在该技术中，根据需求，AP 可以结合以用户和以聚类为中心的两种分簇方案，进一步减小由 AP 服务所有用户导致的计算复杂度，提高传输效率。

15.4 非正交多址接入

传统无线通信系统大多基于正交多址接入（OMA）方案为多个用户提供连接，从而避免多址干扰。OMA 只能为一个用户分配单一的无线资源，即时间、频率或码域正交的无线电资源，理想情况下它们之间不存在干扰，且接收机复杂度较低。因此，在实现良好系统吞吐量的同时，为了保持接收的低成本，在 4G 中采用了 OMA 方案。然而，OMA 方案的一个缺点是当接入用户数量较多时，由于无线电资源有限，系统无法为每个用户分配正交资源[14]。

随着移动通信技术飞速发展，技术标准不断演进，面对移动数据流量呈爆炸式增长的趋势，5G 无线通信系统需要满足高频谱效率、低传输时延、高数据速率和海量连接等需求。为了满足以上需求，非正交多址接入（Non-Orthogonal Multiple Access, NOMA）成为一种很有前景的技术，它允许多个用户在功率域或码域多路复用，从而共享同一空间层中的时间和频率资源。NOMA 的核心理念是在发送端使用叠加编码，而在接收端使用串行干扰消除（Successive Interference Cancellation, SIC）实现正确解调。其中，SIC 的基本思想是采用逐级消除干扰策略，在接收信号中对用户逐个进行判决，进行幅度恢复后，减去该用户信号产生的多址干扰，再对剩下的用户进行判决，如此循环操作，直至消除所有的多址干扰[15]。在功率域 NOMA 方案中，系统在发射端会为不同的用户分配不同的信号功率，来获取系统最大的性能增益，同时达到区分用户的目的，在接收端，采用 SIC 根据用户信号不同的功率级别来排出消除干扰的用户的先后顺序，从而在功率域上实现多址接入。

在海量终端场景中，采用功率复用的 NOMA 方式较传统的 OMA 有明显的性能优势，虽然其接收机复杂度有所提升，但可以获得更高的频谱效率和网络吞吐量，传输时延和信令开销也显著降低。预计在 6G 场景下，将需要新的访问方案，可以根据当前的情况在 OMA 方案和 NOMA 方案之间作出动态调整[15]。

15.5　参考文献

[1] ALVES H, JO G D, SHIN J, et al. Beyond 5G URLLC evolution: new service modes and practical considerations[EB]. 2021.

[2] ZHOU C Y, LIU J Y, SHENG M, et al. Exploiting fingerprint correlation for fingerprint-based indoor localization: a deep learning based approach[J]. IEEE Transactions on Vehicular Technology, 2021, 70(6): 5762-5774.

[3] LIAO C J, XU K, XIA X C, et al. AOA-assisted fingerprint localization for cell-free massive MIMO system based on 3D multipath channel model[C]//Proceedings of 2020 IEEE 6th International Conference on Computer and Communications. Piscataway: IEEE Press, 2020: 602-607.

[4] WU D, ZENG Y, JIN S, et al. Environment-aware and training-free beam alignment for mmWave massive MIMO via channel knowledge map[J]. 2021 IEEE International Conference on Communications Workshops (ICC Workshops), 2021: 1-7.

[5] WEERASINGHE T N, BALAPUWADUGE I A M, LI F Y. Priority-based initial access for URLLC traffic in massive IoT networks: schemes and performance analysis[J]. Computer Networks, 2020, 178: 107360.

[6] SHAO X D, CHEN X M, QIANG Y Y, et al. Feature-aided adaptive-tuning deep learning for massive device detection[J]. IEEE Journal

on Selected Areas in Communications, 2021, 39(7): 1899-1914.

[7]　SHE C Y, SUN C J, GU Z Y, et al. A tutorial on ultra reliable and low-latency communications in 6G: integrating domain knowledge into deep learning[J]. Proceedings of the IEEE, 2021, 109(3): 204-246.

[8]　CUI Y, LI S C, ZHANG W Q. Jointly sparse signal recovery and support recovery via deep learning with applications in MIMO-based grant-free random access[J]. IEEE Journal on Selected Areas in Communications, 2021, 39(3): 788-803.

[9]　KE M L, GAO Z, WU Y P, et al. Massive access in cell-free massive MIMO-based Internet of Things: cloud computing and edge computing paradigms[J]. IEEE Journal on Selected Areas in Communications, 2021, 39(3): 756-772.

[10] YANG H L, XIONG Z H, ZHAO J, et al. Deep reinforcement learning based massive access management for ultra-reliable low-latency com-munications[J]. IEEE Transactions on Wireless Communications, 2021, 20(5): 2977-2990.

[11] WEERASINGHE T N, BALAPUWADUGE I A M, LI F Y. Priori-ty-based initial access for URLLC traffic in massive IoT networks: schemes and performance analysis[J]. Computer Networks, 2020, 178: 107360.

[12] BJÖRNSON E, SANGUINETTI L. Scalable cell-free massive MIMO systems[J]. IEEE Transactions on Communications, 2020, 68(7): 4247-4261.

[13] CHEN S F, ZHANG J Y, BJÖRNSON E, et al. Structured massive access

for scalable cell-free massive MIMO systems[J]. IEEE Journal on Selected Areas in Communications, 2021, 39(4): 1086-1100.

[14] TOMINAGA E N, ALVES H, SOUZA R D, et al. Non-orthogonal multiple access and network slicing: scalable coexistence of eMBB and URLLC[C]//Proceedings of 2021 IEEE 93rd Vehicular Technology Conference. Piscataway: IEEE Press, 2021: 1-6.

[15] LIU Y W, YI W Q, DING Z G, et al. Application of NOMA in 6G networks: future vision and research opportunities for next generation multiple access[EB]. 2021.

第十六章　通感算融合的云–边–网–端协同

16.1　云–边–网–端协同网络结构

16.1.1　云计算

6G 技术的发展对算力资源与时延问题提出更高要求。云计算是分布式计算的一种,通过高性能服务器组成的系统进行处理和分析这些小程序得到结果并返回给用户。通过这项技术,可以在几秒内完成对数以万计的数据的处理,从而提供强大的网络服务。传统的云计算引发了软件开发部署模式的创新,成为承载各类应用的关键基础设施,并为大数据、物联网、人工智能等新兴领域的发展提供基础支撑,成为推动制造业与互联网融合的关键要素。但是云计算具有实时性较差、能耗较大、带宽有限、不利于保护数据安全和隐私等突出问题。因此,引入了边缘计算。

16.1.2　边缘计算

对于基于云计算的集中式解决方案不适合的场景,边缘计算在促进和提升服务质量方面至关重要。各种基于边缘的技术,如移动边缘、雾计算等已经被采用来克服这些挑战。随着信道容量和数据速率的增加，将大数据从物联网连接设备转移到云端通常是低效的，甚至是不可行的，例如在受到带宽等因素限制的情况下。因此，随着包含位置感知信息和时间敏感的各类应用场景的出现，例如实时制造、患者监控、无人机集群、自动驾驶汽车或认知帮助等，由于云端是遥远的，它无法满足与低时延相关的需求，需要靠近终端的边缘设备提供计算和存储能力，边缘计算是在网络边缘执行计算，对解决时延问题具有天然优势，可以更快进行数据处理和分析，减小网络流量，缩短服务时间，有效提高传输效率。此外，在某些应用程序中，由于隐私问题和顾虑，在云中存储数据并不可行。为了解决低时延、高带宽问题、隐私敏感的应用程序和地理分布相关的问题，典型的需求是将计算任务定位到更接近连接设备的位置。边缘计算将物联网设备和云端之间连接起来，扩展了移动设备的连接能力，同时增强了数据的存储、处理和管理能力[1-2]。由于物联网设备接近用户，边缘计算的时延通常比其他计算平台更低，不需要等待高度集中的平台来提供服务。与云计算平台相比，边缘计算的特点是数据中心小。然而边缘计算无法满足 AI 算法的高算力需求和用户的高质量服务要求。因此，需要通过云–边–网–端协同运作，提高计算存储能力。

16.1.3　云边协同

云边协同等概念的出现与实践，正是为了弥补传统中心化云服务的短板。云端具有强大的计算能力、丰富的资源、持续的可用性，边缘端在靠近用户端的无线接入网提供计算和存储能力，用户端通过感知技术获取大量数据。云边协同架构首先需要在边缘环境中部署智能设备，使边缘端能够处理这些关键任务数据并实时响应，提供近距离的数据传输与分析。将很多工作部署在本地，既可以大幅减少对传输资源的依赖与消耗，又可以大幅提升本地响应速度。同时，只靠边缘设备只能处理局部数据，无法形成全局认知。所以在实际应用中仍然需要借助云计算平台，通过收集数据来进行第二轮评估、处理和深入分析，实现信息的融合治理。确保在满足数据安全隐私方面需求的同时，又可以发挥云服务快速迭代刷新的优势。最终，通过分布式计算技术和合理的资源调度，把边缘计算节点的算力、存储等资源和云计算资源进行统一管理起来，形成"逻辑集中，物理分散"的云边协同平台。

16.1.4 联邦学习与数据隐私

未来网络的各类智能业务数据将由多源感知节点采集得到，具有多样的结构、功能和语义，需要对获得的数据进行实时地处理，减少需要传输的数据量和增加单位数据量所含信息的价值，从而缓解通信的压力和提高信息感知的效率。开源无线网元的算力部署灵活，更适合千差万别的物联网业务，但算力有限且高度碎片化与随机性，因此引入联邦学习解决通信中的数据孤岛和数据安全的问题，在保证数据隐私安全的基础上实现共同建模，使云计算中心和边缘设备的数据不断加密交换[3]。

联邦学习本质上是一种分布式机器学习技术，或机器学习框架。联邦学习的目标是在保证数据隐私安全及合法合规的基础上，实现共同建模，提升 AI 模型的效果[4]。在传统的机器学习建模中，通常是把模型训练需要的数据集合到一个数据中心，然后训练模型，最后预测。在联邦学习中，可以看作基于样本的分布式模型训练，分发全部数据到不同的机器，每台机器从服务器下载模型，然后利用本地数据训练模型，之后返回给服务器需要更新的参数；服务器聚合各机器上返回的参数，更新模型，再把最新的模型反馈到每台机器。在云–边–网–端协同网络架构中，各边缘、网、端可从云下载学习模型，再利用本地感知的原始数据对模型进行快速推理，并将更新的模型参数反馈给云服务器，进行全局模型的更新，依托联邦学习的云–边–网–端模型如图 16-1 所示。其中，边–网–端可通过模型分割与裁剪，减小推理空间，以实现快速推理。这种主从分布式的网络结构，既保障了高效可靠的数据隐私，又实现了融合开放的数据管理，有效分配网络资源。

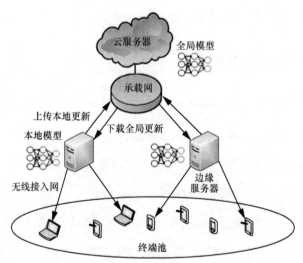

图 16-1　依托联邦学习的云–边–网–端模型

16.2　通感算融合一体化

通感算融合，是指通信、感知和计算 3 个功能融合在一起，使得未来的通信系统同时具有这 3 个功能。在无线信道传输信息的同时通过主动认知并分析信道的特性，从而感知周围环境的物理特征，实现通信与感知功能相互增强。例如，利用基站信号感知周围环境信息，设计通信链路，可以避开一些障碍物，提升通信性能。在 1G 到 4G 的发展中，通信和感知都是独立存在的，例如 4G 通信系统只负责通信，雷达系统只负责测速、感应成像等功能。这样分离化设计存在无线频谱与硬件资源的浪费，功能相互独立也会带来信息处理时延较高的问题。5G 至 6G 时代的到来使得通信频谱迈向了毫米波、太赫兹，未来通信的频谱会与传统的感知频谱重合，这就需要研究新技术探讨二者融合，通感一体化可以实现通信与感知资源的联合调度。此外，未来网络将融合数字世界和物理世界，不再是单纯的通信传输通道，也能感知万物，从而实现万物智能，成为传感器和机器学习的网络，数据中心是头脑，机器学习遍布全网，对通信进行网络优化及管理，通信网络能够自生、自治、自演进，例如通信网络能进行信道自适应。网络需要承载原生 AI，必然需要数据来支撑，通信感知一体化为 AI 服务提供基本数据，组成通感算融合一体化网络[5]。

　　通感算一体化技术以波形通信感知一体化技术为核心，利用同一射频收发设备和相同频谱同时实现无线电通信与雷达功能，降低传统通信和感知功能分离带来的相互之间的干扰，实现通信、感知功能增强。为了有效提升通信感知一体化性能，需要引入智能化计算能力进行高效干扰管理，使网络学习到叠加在接收信号中的信道特性，而后利用该特性可以有效恢复通信感知一体化信息。综上所述，通过进行一体化波形设计与干扰管理可以有效提升通信与感知效率、降低部署成本。由于通信和感知达到最佳性能所需要的信号波形一般并不相同，如何高效地利用分布式的计算资源进行不同节点间一体化波束有效协同，实现多目标多点感知以及智能协同通信，是未来提升通感算一体化系统的整体感知精度和通信性能的重要方向[6]。

16.3　通感算融合的云−边−网−端协同网络

16.3.1　融合网络协同数据处理

通感算融合网络与云−边−网−端架构相辅相成，通感算融合网络主要由中心网云、分布式网元和用户终端组成，中心网云和分布式网元通过协作，对用户终端的信息进行获取、传递和计算。中心网云主要由高性能的计算服务器及大容量存储设备组成，包括全局网络信息感知、全局模型训练及全局网络性能优化三大功能。分布式网元由通感一体化设备和智能边缘计算设备组成，具备在通信的同时进行网元自身所处物理环境及电磁环境的检测的功能，可基于 AI 算法实现用户终端计算的管控，并通过对场景和业务的感知，依需求、性能的不同，进行算力的智能动态调配。依靠感知、通信、计算之间的耦合关系紧密相连，实现了通信感知计算融合一体化。感知能力的增强一方面需要通信对协作感知的支撑，拓宽感知的广度和深度，另一方面需要分布式算力融合降维，挖掘数据深层次的含义，实现用户意图感知、网络性能优化；而感知到的多维数据又反过来促进了算法性能的提升，通信能力的增强也进一步提高了计算的能力，使得算法不仅能在局部进行优化，还得以在全局调优。当新业务到来时，在通信和感知的支撑下，感知数据得以层层汇总，网络逐渐学习到新业务的特性，并做出针对性地调优；当故障发生时，中心网云通过数据挖掘识别出异常区域，根据历史数据分析故障原因，重新规划分布式网元，隔离故障区域，及时主备切换，实现故障的无感修复；当任务完成时，分布式网元将主动降低无关能耗，协同完成热点区域任务，分担其他网元的负载。

16.3.2 多维资源分配

在通感算融合的云–边–网–端协同网络中,计算与存储资源被分散部署在云、边缘与终端,连接云–边–端的网络提供通信资源,通过云–边–网–端的协同实现通感算的融合。面向 6G 产业互联网的不断发展,设备与设备、设备与用户之间的连接变得更加重要,通过构建云–边–网–端连接架构,为企业和开发者提供全套的网络服务和便捷的开发框架。云边技术的融合一方面可以极大程度地提升效率,降低管理成本,并给企业的经营带来更多的灵活性[7-8],另一方面,云、边缘、传输、存储、人工智能、大数据,不同技术之间的协调整合比使用孤立的技术更加困难,如何合理控制成本,平衡好投入产出价值,给更多企业带来了预料外的挑战。

16.4 参考文献

[1] TAN K, BREMNER D, KERNEC J L, et al. Federated machine learning in vehicular networks: a summary of recent applications[C]//Proceedings of 2020 International Conference on UK-China Emerging Technologies (UCET). Piscataway: IEEE Press, 2020: 1-4.

[2] LIN F P C, BRINTON C G, MICHELUSI N. Federated learning with communication delay in edge networks[C]//Proceedings of GLOBECOM 2020 - 2020 IEEE Global Communications Conference. Piscataway: IEEE Press, 2020: 1-6.

[3] YE D D, YU R, PAN M, et al. Federated learning in vehicular edge

computing: a selective model aggregation approach[J]. IEEE Access, 2020(8): 23920-23935.

[4] LIU Y, YUAN X L, XIONG Z H, et al. Federated learning for 6G communications: challenges, methods, and future directions[J]. China Communications, 2020, 17(9): 105-118.

[5] MA D, LAN G H, HASSAN M, et al. Sensing, computing, and communications for energy harvesting IoTs: a survey[J]. IEEE Communications Surveys & Tutorials, 2020, 22(2): 1222-1250.

[6] CUI Y H, LIU F, JING X J, et al. Integrating sensing and communications for ubiquitous IoT: applications, trends, and challenges[J]. IEEE Network, 2021, 35(5): 158-167.

[7] KHAN L U, MAJEED U, HONG C S. Federated learning for cellular networks: joint user association and resource allocation[C]// Proceedings of 2020 21st Asia-Pacific Network Operations and Management Symposium (APNOMS). Piscataway: IEEE Press, 2020: 405-408.

[8] YAN M, CHEN B L, FENG G, et al. Federated cooperation and augmentation for power allocation in decentralized wireless networks[J]. IEEE Access, 2020(8): 48088-48100.

第十七章　网络切片智能化

17.1　简述

随着 6G、人工智能、物联网、云计算、大数据等技术的不断发展，网络智能化、数字化转型升级持续加速，网络应用日趋丰富，行业用户对运营商网络差异化服务需求持续升级。不同的 6G 行业应用对业务需求各异，例如，移动办公、媒体保障、金融服务、智慧巡检等场景的广域服务需求及中小企业无线云联等低成本网络需求；智慧警务、智慧园区、工业制造、交通物流、体育场馆等场景对数据隔离性和业务时延要求较高；矿井、油田、码头、核电、风电、工业制造等地理区域封闭场景对数据本地化要求极高、自主运维管控诉求强。传统的增加网络容量的方法已经无法满足 6G 多样化的业务需求，"一张网络"的部署方式不能定制化以及生态地为多种业务提供服务。运营商如果按照传统的网络部署方式，仅通过一个网络满足多种差异化业务，在增加巨大投入的同时也使网络受益效率急剧降低。因此，需要通过对 6G 专网进行灵活组网及配置，为不同的场景应用提供定制化的解决方案，以满足差异化的服务需求。从网络功能的角度看，也即在通用的物理设施平台上构建多个定制化的、虚拟化的、专用的和相互隔离的逻辑网络，不同的逻辑网络满足不同的业务需求。

网络切片是提供特定网络功能和网络特征的逻辑网络，它由一组网络功能实例和运行这些网络功能实例的计算、存储和网络资源组成，该逻辑网络能够满足特定业务的网络需求，从而为特定的业务场景提供网络服务。在一个网络切片中，至少可分为无线网子切片、承载网子切片和核心网子切片 3 个部分。具体的网络切片方法有很多种，最基本的是按照三大业务场景进行切片，即分为 eMBB 切片、mMTC 切片和 URLLC 切片三大类，6G 网络切片实现差异化定制服务如图 17-1所示。由于这三大类的实现技术尤其是无线网的技术不一样，所以这三大场景内部可以根据服务等级、网络制式或者企业不同进行进一步的细分。

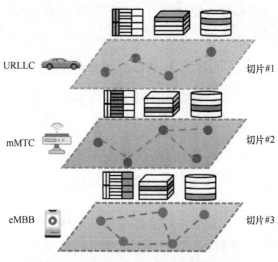

图 17-1　6G 网络切片实现差异化定制服务

17.2　融合优势与研究挑战

将网络切片技术融合于无蜂窝超大规模协作 MIMO 系统架构，具有许多显著的优势。首先，网络切片能够实现资源共享，降本增效。在物理设施上，多个网络切片同时在统一的架构上运行，可显著降低网络建设成本，提高物理基础设施的利用率。其次，由于逻辑上每个切片都是安全隔离的，每个切片有着自己独立的生命周期，一个网络切片的创建以及销毁不会影响到其他切片，能够实现安全可靠地通信。此外，网络切片基于云计算的原生架构能够为不同的业务服务，所以可以根据不同的业务场景需求定制基础设施，即服务资源，而云端监控的方式可实现对网络切片资源利用率的实时监控，提供高可靠的弹性伸缩，适应通信网络的潮汐效应。另外，由于不同业务需求决定了网络切片的性能，通过端到端的部署方式，即从核心网、传输网和接入网部分进行的资源切分，能够实现端到端差异化服务，全面满足 6G 多样化的业务需求。

网络切片作为 6G 中极具潜力的技术之一，能够应对多样化的业务场景，为用户提供差异化的业务服务。但是，随着对网络切片的深入研究，不难发现 6G 网络切片在为人们带来诸多便利的同时，也面临着一些挑战，主要表现在以下几个方面。

（1）接入网虚拟化

基础设施虚拟化的主要挑战在于无线电接入网（Radio Access Network, RAN）切片虚拟化。将不同的频谱块预先分配给虚拟基站实例（切片）是接入网虚拟化的一种解决方案，可以直接实现并提供无线电资源隔离，但也有无线电资源使用不足的缺点。替代的动态和细粒度的基于频谱共享的 RAN 虚拟化方法没有这个限制，因此是可取的。然而，确保无线电资源隔离是这种方法面临的挑战。这可以通过调整软件定义的无线电接入网（Software Defined Radio Access Network, SD-RAN）控制器来解决。

从 RAN 虚拟化的观点来看，实现机器人即服务（Robot as a Service, RaaS）范式是在上面概述基础上的一个主要挑战。RaaS 模式要求超越无线电资源和物理基础设施共享，有能力通过定制的虚拟控制功能（如调度、移动管理），满足单个片/服务的需求，同时确保不同片之间的隔离（虚拟 RAN 实例）。

（2）具有细粒度网络功能的服务组合

用可用的网络功能组合服务的难易程度直接取决于这些功能的粒度。网络切片若划分的粒度太大，则无法为用户提供差异化的网络服务，而且还会使资源的利用率下降。如果网络切片划分的粒度过小，虽然能够实现较好的灵活性，但无疑会增大网络切片的管理和编排的难度。粗粒度函数很容易组合，因为只需要定义很少的接口就可以将它们链接在一起，但这是以降低片的适应性和其服务需求的灵活性为代价的。细粒度的网络功能没有这个限制，更受欢迎。然而，我们缺乏一种可伸缩的、可互操作的方式来实现具有细粒度功能的服务组合，这些功能可以由不同的供应商实现。为每个新功能定义新的标准化接口的简单方法，随着功能数量的增加和粒度的细化，存在不可扩展的缺陷。

（3）端到端切片编排和管理

实现网络切片的一个重大挑战是如何从服务的高级描述过渡到基础

设施和网络功能方面的具体方案。解决这一空白的一个好方法是开发领域特定的描述语言，该语言允许以一种全面的方式表达服务特征、关键绩效指标（Key Performance Indicator, KPI）、网络元素功能和需求，同时保留简单和直观的语法。这种语言本身应该提供的两个重要特性是灵活性和可扩展性，以适应未来可能出现的新的网络元素，以及提高在多供应商环境中使用的适用性。一个理想的特性是能够将简单的规则和表达式组合成复杂的规则和表达式，从而在服务需求的表达式中引入抽象层。

为了使不同片的整体编排满足每个片的服务需求，同时能够有效利用底层资源，网络切片需要一个复杂的端到端编排和管理平面。这样一个平面不应该局限于简单的片生成，即将片映射到网络组件，并静态地为它们分配资源。相反，它应该是自适应的，确保已部署服务的性能和弹性需求得到满足。为了实现这一点，它应该根据片的当前状态以及它们在不久的将来中预测的状态及需求做出决策，从而有效地管理整体资源。

这些问题已经在云计算和数据中心的背景下进行了深入的研究，已经提出了许多具体的解决方案。虽然可以利用这些其他背景下的基本原则，但针对 6G 网络切片的机制应该适当地适应和扩展，并且考虑到其他类型的资源。具体来说，不仅需要包括云环境中的资源（内存、存储、网络），还需要包括无线资源，考虑到它们的相关性，以及如何调整一种资源类型会对另一种资源类型的效率产生直接影响，从而影响整体服务质量。在 6G 网络分片环境下，如何满足不同业务的需求，同时有效管理底层网络资源，这个问题也有些类似于网络中的QoS 发放。

17.3　基于网络切片的资源联合优化

为适应 6G 网络爆炸性增长的网络流量，网络中的部分节点将被赋予计算和存储能力，以进一步提高网络性能。随着 SDN、网络功能虚拟化（Network Functions Virtualization, NFV）及 MEC 等技术的发展，6G 网络将支持接入更多的移动用户，提供更高的网络性能，满足更加多样化的业务需求。但同时，这也为网络的部署和资源分配带来了更多的挑战。

为了更高效地实现网络部署及资源分配，可以将移动通信系统的计算、存储和通信资源进行统一、高效地调度，即三维资源联合优化。在三维资源总量有限的情况下，能够基于网络切片技术针对特定业务需求进行资源的灵活调配，在保证用户 QoS 的同时实现网络资源的高效利用。此外，还可以通过时间尺度与空间尺度的拓展，实现全局资源分配及灵活实时性能跟踪。移动网络的计算、存储和通信资源三维资源联合优化与调度已成为极具研究价值的理论与技术问题。然而，现有的无线网络资源分配算法大多聚焦于改善网络系统的某个指标，如频谱效率、能量效率、时延等。因此需要对系统多个维度的资源进行综合的优化，才能达到网络系统的整体最优性能。

此外，由于物联网业务的多样性与实时性，网络中的业务类型往往是动态变化的，而传统的资源分配算法在解决复杂的资源分配问题时计算复杂度高，算法收敛速度较慢，这使传统的资源分配算法无法应对复杂的应用场景，因此很难适用于下一代移动网络和物联网中。因此，对高效的资源分配算法的研究显得尤为重要。

为了应对不同的网络场景，需要不同的计算、存储和通信资源分配策略，而其最终目的是最大化 MVNO 的总效用。因此，需要对三维资源的效用进行权衡，以构建统一的效用函数。统一的效用函数有许多不同的构建形式，一个合适的效用函数应同时具有严格的数学特性和直观的物理意义。当下网络切片的资源分配问题大多数是针对核心网的，而用户的接入问题对整个网络性能具有非常大的影响，因此 RAN 切片的研究具有重要价值。对于接入网切片来说，通信资源的分配主要包括功率分配和物理资源块（Physical Resource Block, PRB）的分配。引入 MEC 后，需要联合计算卸载和缓存放置来计算处理时延，通过限制时延与能量约束得到最优方案。接入网切片的最终目标就是使系统整体的效用最大化，效用函数中包含频谱效率、时延、可靠性等许多因素。因此，网络切片的问题最终可以转化为一个优化问题，旨在满足资源约束的基础上，最大限度地提升系统性能。

17.4　AI 赋能网络切片

一般来说，求解网络切片的优化问题采用传统的方法计算复杂度高。同时，当下高效的网络切片面临几个技术上的难点：一是在 RAN 中频谱资源稀缺，需要保证频谱效率；二是分片用户的服务级别协议通常会提出严格要求；三是分片的实际需求很大程度上依赖移动用户的请求模式。在动态、复杂的网络环境中，多样化的数据请求难以获取先验的知识，使优化的目标式难以得到直接解。基于强化学习的算法可以求解这一类问题。目前，强化学习主要应用场景有自动驾驶、问答系统、游戏、智能电网等，在通信网络中也有一定的应用，例如用于动态路由、流量分配，利用强化学习进行资源分配也是一种高效的手段。强化学习在实际应用中进行求解有 3 种常用的方法，分别是动态规划法、蒙特卡罗法以及时间差分学习。然而，传统的强化学习算法在求解时需要考虑的是所有策略的累积回报，计算量巨大、难以解决复杂的决策问题，将深度学习与强化学习结合起来的深度强化学习是完成复杂决策的切入点。深度强化学习用结构复杂的深层神经网络来估计强化学习中的价值函数、收益、策略等，推动了强化学习的发展与应用。考虑到网络切片复杂的动态环境以及多维度的目标约束和资源分配使强化学习中状态空间和动作空间都会过大，所以计算复杂度很高，只有结合深度学习的算法才可以较高效地求解这一类问题。

深度强化学习有非常多种算法，每种算法各有其优势，目前主要应用于网络切片中的算法包括基于值函数和基于策略的算法。基于策略的深度强化学习可以直接搜索最优策略，当具有大量参数时具有更高的采样效率。例如多智能体深度确定性策略梯度（Multi-agent Deep Deterministic Policy Gradient, MADDPG）算法具有集中训练和分布式执行的特点，可以解决连续动作空间问题，能够更好地处理多目标协作通信网络。传统强化学习算法面临的一个主要问题是由于每个智能体都在不断学习改进其策略，因此从每一个智能体的角度看，环境是不稳定的，这不符合传统强化学习收敛条件。并且在一定程度上，无法仅通过改变智能体自身的策略来适应动态不稳定的环境。由于环境的不稳定，将无法直接使用之前的经验回放等深度 Q 网络（Deep Q-network, DQN）的关键技巧。

策略梯度算法会由于智能体数量的变多使本就有的方差大的问题加剧。而 MADDPG 算法具有以下 3 点特征，一是通过学习得到的最优策略，在应用时只利用局部信息就能给出最优动作；二是不需要知道环境的动力学模型以及特殊的通信需求；三是该算法不仅能用于合作环境，也能用于竞争环境。

MADDPG 算法将多维度定制化网络切片中的多目标联合优化问题转化为多智能体深度强化学习问题，并完成了通信模型与人工智能模型之间元素的一一映射。在算法训练阶段，每个智能体都包含一个演员和评论家网络，其中演员负责更新策略，即利用局部信息给出最优动作并根据评论家的反馈不断优化动作选择；评论家负责更新价值，即利用其他智能体的策略进行全局学习并更新 Q 值以对演员选择的动作进行评估。通过演员与环境进行交互的过程，把交互所产生的样本存储在经验池中，然后小批量采样经验池中的数据传递给演员和评论家进行训练。经过大量经验轨迹的训练，最终可以收敛。因此，利用 MADDPG 算法能够有效地求解网络切片的多目标优化问题，实现千行百业的差异化定制服务。

第十八章　面向未来深度融合的星地统一

18.1　简述

未来的 6G 网络将实现卫星通信和地面网络一体化发展，从业务、系统等不同层次进行融合，构建星地融合通信系统，实现全球无缝立体覆盖，星地融合网络通信架构如图 18-1 所示。

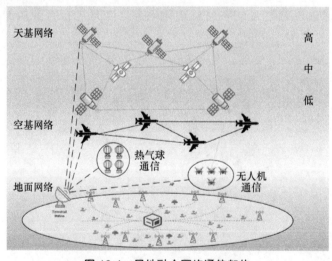

图 18-1　星地融合网络通信架构

　　星地融合网络涵盖了多种空间平台，是一个立体多层、异构动态的复杂网络，科学合理的体系架构设计是实现整网高效管控和异构融合的基础。目前天地融合网络的体系架构可以归纳为以下 3 种形式：天星地网、天基网络和天网地网。天星地网结构比较简单，系统通过地面多个信关站完成大部分功能，卫星一般采用透明转发方式，由于卫星之间不进行组网，因此系统复杂度较低，典型系统包括国际通信卫星（International Telecommunications Satellite, Intelsat）移动用户目标系统（Mobile User Objective System，MUOS）、全球星系统等；天基网络结构利用星间链路互联的方式构成卫星网络，完成信息采集、处理、传输等功能，地面信关站只是一个补充的角色，卫星一般采用处理转发或柔性转发的方式，具有较强的鲁棒性，一般用于军事需求，典型系统有铱星系统、美军先进极高频（Advanced Extremely High Frequency, AEHF）系统等；天网地网结构介于前两者之间，将地面网络和卫星网络互联构成一体化空间信息网络，在实现全球无缝覆盖的同时，不需要全球布设地面信关站即可完成对整个系统的管理和控制，在一定程度上减少了系统的维护成本和技术复杂度，典型系统有美军的转型卫星（Transformational Satellite, TSAT）系统、美国国家航空航天局（National Aeronautics and Space Administration, NASA）的空间通信和导航（Space Communications and Navigation, SCaN）系统等[1]。

　　星地融合智能组网具有覆盖范围广、可灵活部署、动态性强和不易受地面灾害影响等特点，可为用户提供统一业务支持与调度，实现用户随时随地无感知地接入网络、获得无缝的通信服务，在智能工厂、远程医疗、智能家居、自动驾驶以及智慧农业等多种业务场景中都可以发挥重要作用，满足面向未来的万物智联的需求。

18.2　融合趋势与研究方向

总体来说，星地融合将从以下 5 个方面实现：标准融合、终端融合、网络融合、频谱融合和资源管理融合，并研究新型网络架构、统一的可调空口配置、多址接入与 NOMA 和频谱共享与干扰管理等。未来的研究将集中在以下几个方向。

18.2.1　智能组网架构

星地融合网络是任务驱动聚集的弱连接网络，具备网络碎片化、拓扑动态化的特性，因此很容易出现部分区域内不存在负责连接功能的天基卫星，此时低轨卫星需要进行独立组网，故需要研究适配星地融合网络时空动态变化场景下的智能化、动态化、自适应组网方法，同时充分考虑方法的可扩展性，以更好地满足未来更加复杂的业务场景。同时，正因星地网络融合使得移动性管理的复杂程度也陡然上升，网络的快速时变特性导致信道估计不准确，设备在异构网络内外频繁的水平切换和垂直切换带来高额时空开销，用户定位困难造成路由优化效率低下。因此，星地融合组网亟须提出创新型移动管理解决方案，目前，星地融合网络的融合会催生更加多样化的服务，而且不同的业务对 QoS 的要求各不相同，然而星地融合网络中 QoS 需求与多维资源之间的复杂关系尚未明确，加之星地融合网络的异构性特征，各子网的通信方式、媒介、设备和应用场景均有所不同，故而未来还可研究实现精准面向业务的统一资源管理和合理资源调配。

18.2.2　智能感知

考虑到星地融合网络传感平台对传统传感器的限制，应该设计能够胜任星地融合感知任务需求的新型传感器，结合天地一体感知结构，传感器需要从物理层、控制层与应用层 3 个方面进行重新设计。其中，物理层中的频谱感知以及功率控制是提高传感器频谱利用率以及功率收益最大化的核心，也是设计的难点；此外，由于星地融合网络中网络的复杂异构性，控制层应该在确保系统鲁棒性的前提下，制定新的协议以正确地将感知数据转发至应用层；最后，应用层应该对感知数据加以清洗、筛选，进而完成整个感知任务。

18.2.3　智能接入控制

星地融合网络可以为用户设备提供广泛的通信覆盖，而天基网络是地基网络的补充，星地融合网络必须能无缝集成天基网络与地基网络。为此网络应该具有高度的动态性和智能性，以支持种类繁多的服务。但是，星地融合网络中用于随机访问的设备传输覆盖范围有限，且接入设备多样，需要对这些接入设备进行集中控制，因此，有效地接入控制以传输数据也是一项重大挑战，有必要为用户设计适当的访问和切换标准，以便集中控制接入设备。此外，接入设备网络环境的动态性以及资源和服务的多维异构性，使网络中部分区域接入能力冗余而部分无法高效接入，因此在进行资源分配时，应考虑不同部分的特性，可以研究利用时变资源图来描述卫星和空中网络资源的演变，并进一步与地面上的可用资源结合，以动态地保证网络的接入能力和数据传输服务。

18.2.4　动态拓扑

在星地融合网络中，网络拓扑具有动态性。首先，卫星、航天器等节点会增加、失效或更新，不同节点间会建立新的连接或断开原有链路；其次，不同卫星按照各自的轨道有规律地飞行，时间不断更迭，空间相对位置不断改变，网络拓扑结构实时变化；同时，无人机等航空飞行器具有极强的机动性，在空中接收指令需要不断改变自身位置，经常会产生极不规则的网络拓扑。网络拓扑的动态性大大增加了星地融合网络的管理难度，要求 SDN 控制器应实时掌握节点状态信息，不断更新与下发新的流表，保证业务链路的连通。

18.3　关键技术

18.3.1　网络融合技术

仅利用有限的地面网络资源难以支持大规模 QoS 业务需求，在偏远地区以及恶劣的环境下难以保证无缝覆盖。因此，异构网络融合成为未来移动通信发展的必然趋势，这就对目前已有的无线接入技术和计划部署的无线网络提出做到互补融合的要求。由于异构网络之间组网协议差异大、互联融合要求高，因此，异构网络应当采取成本小、转换效率高的融合技术[2]。

18.3.2　移动管理技术

移动性管理主要由两部分组成：位置管理和切换管理。系统可以通过位置管理获取通信中用户的实时位置，定期将相关位置数据更新到系统信息数据库中；切换管理是指在移动过程中管理移动终端节点或移动网络节点的呼叫以及会话传输，它可以分为同构网络间的水平切换和异构网络之间的垂直切换。在卫星这种具有高速移动特点的网络中，一般不能由同一网络节点保持较长的通信链路，需要根据切换算法的结果及时选择节点进行切换，如果切换策略使目标与当前服务单元之间的切换频繁发生，将产生乒乓效应，网络资源和能耗将超过正常速率，也会增加切换失败的风险。另外，网络中移动节点数量众多，极大地增加了与移动相关的信令开销。因此，切换算法的好坏直接关系到通信业务的可靠性[2]。

18.3.3　太赫兹

扩大通信带宽是提升速率最有效的方式之一。太赫兹频段为 0.1～10THz，带宽可高达 20Gbit/s，理想情况下，是 5G 使用的毫米波的 10 倍以上。我们知道，当物体表面凸起与波长在一个数量级时，会产生散射。毫米波在 60GHz 左右，波长为 5mm；300GHz 为 1mm，与正常物体表面尺寸相当，会产生较强散射，可以帮助进行阴影区域的覆盖。在超大规模 MIMO 系统中，散射使多径数量增多，可以提供更高的复用能力，提高频谱效率。但是频率越高则波长越短，所以信号的散射就越差，损耗也就越大，并且这种损耗会随着传输距离的增加而增加，基站所能覆盖到的范围会随之缩小。因此在 6G 时代，通过太赫兹技术可以实现配备数万天线的超大质量多输入多输出收发器，利用波束成形技术可以有效地对抗信号严重的路径损耗，进一步扩大通信范围。太赫兹技术可以提供无处不在的连接，将其应用到星地融合场景通信中，可以提供覆盖全球的应用服务。

18.3.4 接入技术

卫星的轨道高度决定了卫星系统的通信距离远远大于地面 5G 系统，而高轨道导致了星地链路之间传输时延的增加，这使现有地面 5G 的随机接入方案无法直接在卫星场景下应用。一方面需要针对卫星长时延特点对随机接入信号格式做出适应性修改和设计，另一方面，星地链路长时延特点使终端与卫星之间完成一次上行接入过程所需时间大大增加，这给一些具有低访问时延需求的应用带来了挑战。由于正交多址接入技术中不同接入用户所占用的物理资源之间是相互正交的，因此其系统容量会受到限制。非正交多址接入技术作为 5G 空口核心技术之一，得到了广泛的关注。与正交多址接入技术的不同之处在于，非正交多址接入方式在同一时域、频域、码域叠加传输多个用户信息，可以在有限物理资源内承载更多的用户信息，并结合接收端的多用户检测算法分离用户信息，从而实现系统容量的提升并大大提高用户的接入能力[3]。

18.3.5 同步技术

同步信道的主要问题是如何使 UE 和卫星实现时间和频率同步，并获得小区身份识别（ID）信息和系统广播信息，以便准备 UE 以访问网络。UE 的下行链路同步可以分为 3 个步骤：卫星信号搜索、小区 ID 搜索和同步以及小区广播信息获取。对于卫星信号搜索，应考虑卫星信号搜索辅助搜索和盲搜索。盲搜索可用于静止地球轨道（Geostationary Earth Orbit, GEO）信号，但搜索时间更长，而近地轨道（Low Earth Orbit, LEO）信号通常有准确的星历信息，因此搜索时间要短得多。在跟踪卫星之后，UE 将首先检测主同步信号（Primary Synchronization Signal, PSS）以接通时间和频率粗略同步，然后 UE 将使用辅助同步信号（Secondary Synchronization Signal, SSS）以便在时间和频率上获得微量同步，以实现单元格 ID 信息。此外，UE 解调物理广播信道（Physical Broadcast Channel, PBCH），获取主信息块（Master Information Block, MIB），与随后随机接入处理的同步信号和 PBCH 块（Synchronization Signal and PBCH Block, SSB）传输时间，剩余最小系统信息（Remaining Minimum System Information, RMSI）和其他系统参数有关的信息[4]。

18.4 参考文献

[1] 曲至诚. 天地融合低轨卫星物联网体系架构与关键技术[D]. 南京: 南京邮电大学, 2020.

[2] 李鑫. 空天地一体化通信网络的性能分析与优化技术[D]. 北京: 北京邮电大学, 2021.

[3] 聂玉卿. 卫星与 5G 融合系统快速随机接入技术研究[D]. 北京: 北京邮电大学, 2021.

[4] CHEN S Z, SUN S H, KANG S L. System integration of terrestrial mobile communication and satellite communication—the trends, challenges and key technologies in B5G and 6G[J]. China Communications, 2020, 17(12): 156-171.

第十九章　6G 赋能行业典型应用场景

||||||||||||||||||||||||||||||||| **19.1　元宇宙** |||||||||||||||||||||||||||||||||

随着虚拟现实技术、计算机图形学的发展，2000 年前后，元宇宙在学术界激起了第一波讨论浪潮。2020 年新冠肺炎疫情暴发后，人们的生产生活逐渐向线上迁移，关键性科技、工具、设备也逐步走向成熟。在这样的背景下，带有科幻色彩的元宇宙再一次成为讨论的热点。

元宇宙既不是平行世界，也不是完全的虚拟世界，而是现实和虚拟的结合，是一个与现实世界平行存在、相互连通的模拟世界。早在 1992 年，科幻作家 Neal Stephenson 创作的《雪崩》中第一次提出并描绘了元宇宙，在移动互联网到来之前就预言了未来元宇宙中人类的各种活动。而后 1999 年的《黑客帝国》、2018 年的《头号玩家》则把人们对于元宇宙的解读和想象搬到了大银幕上。元宇宙不仅存在于电影、小说这些艺术类作品中，也正在飞速地走入现实生活。在 2016 年任天堂公司发售的精灵宝可梦 go 游戏中，用户使用手机在现实地图上寻找虚拟宠物。2020 年 7 月用户以虚拟角色在虚拟世界游戏动物森友会中召开了学术会议 ACAI

（Animal Crossing Artificial Intelligence）。

元宇宙目前的存在形态和消费级 VR/AR 发展现状基本相似，以娱乐和游戏为主，未来还会面向其他垂直行业不断探索发展。元宇宙不可能是一家独大彻底封闭的宇宙，也不可能是完全扁平彻底开放的宇宙，而是像我们的真实宇宙一样，是一个开放与封闭体系共存、大宇宙和小宇宙相互嵌套、小宇宙有机会膨胀扩张、大宇宙有机会碰撞整合的宇宙。

元宇宙第一公司"Roblox"CEO 戴夫·巴斯祖客认为，元宇宙的主要特征包括身份（Identity）、经济系统（Economy）、沉浸式体验（Immersive）、随地（Anywhere）、低时延通信（Low Friction）、多元化（Variety）、文明（Civility），以及社交（Friends）。在元宇宙中虚拟世界与真实世界一样真实，用户在真实世界与虚拟世界中没有空间感、距离感，并且可以随时完成两个世界间的切换，甚至可以在两个世界间交互物质信息。

元宇宙的功能与发展依赖于数字孪生、全息投影、语义通信、达意网络等众多领域的高精尖技术。其中，游戏技术与交互技术的协同发展，是实现元宇宙用户规模爆发性增长的前提。游戏技术为元宇宙提供了极度丰富的内容，而高精尖交互技术可以支持高效的计算以及元宇宙内庞大数据量的传输。语义通信技术可以通过提取定制化语义信息，突破传统语法比特传输的限制；可以大幅压缩通信量，保证海量数据的高效传输。而达意网络可以通过分析、建模、预测智能机器的意图，利用智能体原生智能支持元宇宙中智能体间按需组网与通信的需求。云化的综合智能网络将成为元宇宙最底层的基础设施，通过提供高速率、低时延、高算力、高 AI 的规模化接入，为元宇宙用户提供实时、流畅的沉浸式体验。云计算和边缘计算可以使元宇宙用户使用更轻量化、成本更低的终端设备，比如高清高帧率的 VR/AR/MR 眼镜等。

19.2 人机交互

人机交互与认知科学、人机工程学、心理学、计算机科学、行为科学、设计学、传媒学、语言学等多学科领域都有着密切的联系。人机交互旨在通过电极将神经信号和电子信号联系起来，达到人脑与电脑互相沟通的目的。6G 网络将助力情感交互[1]和脑机交互[2]等全新研究方向，用具有感知、认知能力的智能体取代传统的智能交互设备，变革人类的交互方式。

未来的移动通信网络通过引入"X"的交互理念，将人与物理世界、虚拟世界协同，使人类智能启发化，机器智能意识化，让人参与到网络中，实现人与万物互联互通的美好愿景。人机交互的典型领域包括 VR、AR、MR 以及三者混合形成的 XR 等，可以为体验者带来虚拟世界与现实世界之间无缝转换的"沉浸感"。

未来的 XR 系统将支持包括语音、手势、头部、眼球交互等复杂的用户与环境的交互，实现主动的智慧交互。当前的通信系统受限于语法通信传输能力，无法保障 XR 技术的无线流畅体验，而语义通信技术可以通过通信压缩、语义提取等手段大幅度减少通信量，打造以云渲染技术为核心的国产软硬件生态系统，带动 XR 全产业链条规模发展，孵化若干创新型云 XR 骨干企业，助力云 XR 商用平台，云 XR 关键技术及标准，赋能云 XR 在一些垂直行业的融合应用为用户带来了全新的交互体验。

19.3　超互联未来城市

　　随着人类社会的不断发展，全球城市化进程不断加速。与此同时，城市发展面临着公共安全、教育和医疗资源分配不均、交通拥堵、低能源效率等问题，智慧城市应运而生。全球越来越多的政府，正在运用信息通信技术手段感测、分析、整合城市运行核心系统的各项关键信息，实现城市智慧式管理和运行。我国智慧城市建设和发展在 2009 年拉开帷幕，2014 年确定了智慧城市建设的重点方向，即信息网络宽带化、基础设施智能化、规划设计数字化、公共服务便捷化、社会治理精准化、产业发展现代化。2016 年后，我国提出新型智慧城市概念，强调以数据为驱动，用智慧做引领，实现更好的感知、协同、洞察和创新，实现城市治理模式突破、产业模式突破、服务模式突破和发展理念突破，发挥智慧城市的真正价值。

　　近年来，随着人工智能、5G、大数据、物联网、云、GIS 和区块链等信息技术的不断发展，数字中国战略方向更加明确，未来的城市将无处不"智慧"，呈现出超互联未来城市形态[3-5]。超互联未来城市将是一个复杂巨系统且场景极具碎片化，需要因地、因时制宜地按需使用"智慧"，以人工智能、意图感知、语义通信等新技术创新引领城市发展转型，构建城市长效健康发展新机制，从而持续提升城市现代化水平。

　　然而，由于不同的场景对"智慧"的需求不同，不同场景的"智慧"对算力的要求并不一致，算力太弱影响"智慧"效果，算力太强又会造成资源浪费，需要做好"智慧"与算力的适配，保证"智慧"在得到最佳算力支撑的同时节约成本。

"云+边缘+智慧"将成为超互联未来城市的主要方式，在云端建立指挥中心、将部分"智慧"任务下放到边缘侧，以达到快速感知、快速响应、快速治理的目的，避免由时延导致的决策滞后。超互联未来城市拥有以下六大特征。

（1）密码学原住民，共建共享个人数据中心，大型化、虚拟化、综合化数据中心服务成为主要特征。服务内涵也由原来的机柜租出、线路带宽共享、主机托管维护等拓展至语义表征度量所支撑的数据存储和计算能力虚拟化、设备维护管理综合化等。

（2）超级视频体验，城市无处不在的大屏/多屏、高清/超高清、VR/AR等，语义通信中语义压缩助力高性能存储芯片、超高清图像传感器、高速数据传输接口、视/音频编解码、音频处理算法、超高清广播级讯道摄像机等重点领域关键核心技术的实现。

（3）实体产业数字化、去中心化的工业物联网互联互链，以耗散结构理论为指导，语义智能引导工业互联网的相变、涌现等，促进网络"简约"演进，突破网络端到端实时可靠互联瓶颈。

（4）跨星际文明和科幻文化，以创造 ID 身份进行社交关系网的初步建立为主的平台型尝试。

（5）分布式商业组织、密码学经济和通证交易，各类云端设备成为新的切入点，将线上线下打通，服务形式逐渐"虚拟化"。

（6）链原生未来城市公共管理与社会治理，通过运用语义感知传输计算等新一代信息通信技术，对政府大数据进行挖掘、分析、匹配、存储，借助中台技术、可视化技术加强实时动态数据的决策判断与辅助支持，逐步支持政府决策从主观的"经验决策"向客观的"科学决策"转型，以智慧治理提升政府治理的科学化、智能化、精细化。

超互联未来城市的数字化转型将基于云原生+链原生技术，利用语义表征度量、语义感知、语义传输及语义计算等技术，针对海量数据节点的城市节点，从系统观点出发，分析利用超互联未来城市中的有序结构和基本规律，从理论层面分解网络的"简约"结构，进而推动数字孪生、互联互通的超级未来城市建设。

19.4　智慧工厂

智慧工厂是在数字化工厂的基础上，以数据为轴激发企业智慧化进程，利用物联网技术和设备监控技术，加强安全管理和设备安全维护，提高生产过程的可控性，加强远程操控与辅助装配，即时、正确、合理地调整生产进度[6]。智慧工厂典型应用如图 19-1 所示，其中分布着对时延和可靠性需求各异的自动化设备，随着未来工厂智能设备的激增以及物联网应用的逐渐普及，如何为海量终端提供超高可靠超低时延通信服务，在保证 URLLC 终端的高可靠低时延通信需求的同时，又不牺牲其他设备的性能，从而最大化系统性能成为亟待解决的问题。

作为 6G 通信场景的关键技术之一，mURLLC 对海量终端系统应用的统计服务质量提出了严格的要求，需要实现端到端（End to End, E2E）的可靠性和低时延特性。它将通信终端的数量多和通信要求高两个问题交织在一起，大大提高了解决通信问题的难度。在智慧工厂中，由于通信终端过多就容易出现大量用户同时申请接入网络从而导致冲突和碰撞的情况，这不仅会导致系统过载、用户接入失败，更会增加接入时延、降低可靠性，导致系统崩溃，从而严重影响工厂的生产。

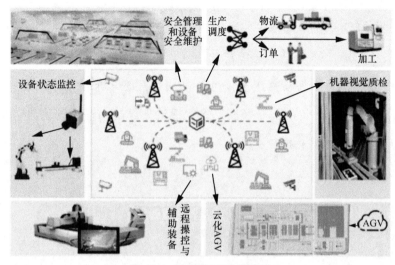

图 19-1　智慧工厂典型应用

面对智慧工厂中对时延和可靠性需求各异的海量自动化设备，无蜂窝超大规模协作 MIMO 系统中大量的 AP 分布在广大的区域内，可为海量终端提供超高可靠超低时延通信服务，因此该技术可用于使能智慧工厂的有序高效运行。

在无蜂窝超大规模协作 MIMO 系统中，环境感知技术可为智慧工厂的安全管理和设备安全维护提供便捷环境信息和设备定位获取方式，动态深度强化学习技术可有效优化生产调度，而活跃用户检测技术可以实时准确监控设备状态，利用 NOMA 技术和边缘计算技术可提高机器视觉质检的实时性和可靠性，用户聚类和 AP 关联则可辅助机器远程操控与辅助装配。

19.4.1　设备状态监控和安全维护

在存在海量终端的智能工厂环境中，某一时刻大部分设备处于静默状态，仅有部分设备需要接入网络，为了控制系统运行的成本，需要对设备的活跃状态进行监控并实时进行安全维护，以实现高速可靠的接入。

为了解决在海量终端高可靠低时延的设备状态监控问题，环境感知极其重要。成千上万个通信终端，有时延敏感型终端、时延容忍型终端以及高可靠低时延终端，需要依靠高效率的环境感知方法对其进行定位和获取环境信息，才能及时对终端状态进行管理。在海量终端场景中，海量的分布式 AP 不仅作为天然的参考点，辅助建立环境知识地图，而且由于接入距离的缩短，设备接入成功率也将大大提高。借助环境感知技术，根据用户的位置信息即可快速获得信道状态信息，减少了导频等信令开销。另外，在 URLLC 中，利用指纹定位进行更加精确的定位有利于提高可靠性和降低时延。

基于以上环境感知，在无蜂窝超大规模协作 MIMO 系统中，中心处理器对分布式 AP 采集到的用户活跃信息进行联合处理，获取用户状态矢量。在具体实现过程中，可以借助数字孪生技术，结合传感器、合理设计的物理模型将采集的数据映射到仿真平台上。通过仿真，在有限区域内合理布置多个信号采集的传感器来构成多接入点通信场景，并通过提出的活跃设备检测方案进行算法应用。经过多次调试之后，将验证通过的算法方案迁移到实际场景进行联调测试。另外，物联网设备间以及物联网与控制系统间需要保持实时通信。通过环境感知，一旦物联网设备出现故障，可由其信道状态信息，利用指纹定位进行设备的精确定位，进一步进行设备安全维护。

19.4.2　生产调度

在智慧工厂的海量终端 URLLC 场景中，为了实现可拓展的高可靠低时延通信，对有限资源和海量终端进行高效适配是非常重要的，在提高资源利用率的基础上满足 QoS 需求。工厂终端聚类技术能够根据业务需求在功能层面对设备进行优先级聚类，例如以时延为指标，对低时延需求设备分配高优先级的时频资源，可以避免 URLLC 设备在海量场景中一些不必要的冲突，降低传输时延和提高接入可靠性。设备和 AP 关联技术能够实现可拓展，减少 AP 在海量终端场景中出现计算复杂度过大和前传容量过载问题，提高处理速率和传输效率，进一步减少处理时延和传输时延，满足 QoS 需求。

此外，在海量终端场景下，为了满足 URLLC 需求，NOMA 技术允许多个设备通过在功率域或码域多路复用共享相同的时间和频率资源，可以有效降低传输时延和排队时延。基于用户聚类和 AP 关联，非正交时频空和功率等多维资源可进行更好的分配优化。

随着市场环境的变化和工业生产复杂程度的加深，在实际的生产环境中，会出现不可预测的动态事件打乱原有的生产调度，给工厂生产带来负面影响。为了应对生产制造环境中的动态事件，通常需要考虑订单变化、工件加工、设备状况等多类优化目标和性能评价指标，各类调度目标可能互相联系、独立甚至冲突，因此需要采用多目标动态优化算法针对性地优化。可将无蜂窝超大规模协作 MIMO 系统中的 AP 或者 AP 簇作为智能体，实时收集传感器设备传回的信息，基于深度强化学习，为应对动态事件的需求，建立调度模型，优化调度方案。

19.4.3 机器视觉质检

在智慧工厂的环境下，基于机器视觉的检测对网络带宽和实时性提出较高要求。一方面，可以采用 NOMA 技术通过功率域复用资源提高频谱效率，提升系统的整体传输速率。另一方面，采用边缘计算技术可以迅速处理从移动设备上卸载的计算密集型任务，有效降低人工智能的计算时延和处理时延，从而减少端到端时延，提供端到端毫秒级的超低时延能力。同时，利用多个边缘节点协同合作，既能保证高效解决问题，又能节省能源消耗、提高数据传输的可靠性，实现海量终端 URLLC 的机器视觉质检。但是由于边缘设备的计算和存储能力有限，经常会发生数据卸载以平衡系统的整体负载，这会导致额外的传输时延和能量消耗，如何合理分配移动边缘计算服务器上的计算资源也会影响任务的执行时延。在利用边缘计算降低端到端时延的同时，如何有效地管理通信和计算资源，实现动态、大规模地部署运算和存储能力以及云端和设备端的高效协同、无缝对接，仍是资源分配中的一大难题。

此外，本地/边缘服务器存储图像采集系统输出的图像及识别结果，可定期上传到人工智能平台，不断迭代优化模型，提高模型准确率，减少设备误判和人工复检，从而提高检测可靠性。无蜂窝超大规模协作 MIMO 系统的架构更有利于信息在本地和边缘服务器之间传输。

19.4.4　远程操控与辅助装配

智能工厂中，大量机器设备执行不同的处理工作，为了满足高可靠低时延通信，根据机器设备的时延和可靠性需求，对机器设备分为时延可靠敏感、时延敏感、可靠敏感以及一般通信 4 类等级设备，并利用智能算法进行聚类，在此基础上，为了减少关联的复杂度，分别对不同的聚类设备以大尺度信息等准则选择附近的 AP，形成不同的特定 AP 集，用服务不同的聚类设备，并对不同资源进行混合调度以满足不同等级设备需求：类内设备采用正交导频、类间采用正交导频复用方式，时延敏感设备采用免授权两步接入方式，可靠敏感设备采用

OMA 方式，一般设备采用 4 步 NOMA 方式。

辅助装配方面，通过边缘设备和传感器等采集工厂生产线、运营系统的环境信息传至边缘服务器进行分析处理，利用边缘智能协同计算技术实现高效实时的信息采集和处理，帮助现场人员实现复杂设备或精细化设备的标准装配动作。

19.5 智慧农业

智慧农业就是将物联网技术应用到传统农业中，充分利用计算机网络技术、物联网技术和无线通信技术，实现智能农业植物保护、远程控制、智能农业物流等。

智慧农业集互联网、云–边–网–端计算和物联网技术于一体，依托各类传感节点，借助无人机 3D 检测技术，依托无蜂窝超大规模协作 MIMO 系统，使温度、湿度、图像等各类信息可以在本地和互联网中快速交互，为农业生产、运输提供智能化决策。

19.5.1 智能农业植物保护

无人机智能农业植物保护如图 19-2 所示，无人机可根据播种施肥需求规划最佳作业航线，远程控制网联无人机进行精准播种、施肥，带领农业生产走向现代化、智能化。落实党的十八大以来的大数据战略和数字乡村战略、大力推进"互联网+"现代农业等一系列重大部署安排，通过 6G 网联无人机遥感技术和大数据技术，实现动态监测区域作物长势信息、土地肥力等。对农作物长势进行智能建模，实现对粮食作物产量、养分、病虫害等关键信息的精准预测，从而不断深化农业农村大数据建设，加快智能感知、智能分析、智能控制等数字技术向农业农村渗透，为农业农村生产经营、管理服务数字化提供广阔的空间。空天地一体化观测网络的基本建成，结合农业农村数据采集体系、农业农村基础数据资源体系、农业农村云平台的建立健全，加快融合了数字技术与农业产业体系、生产体系、经营体系，能够使农业生产经营数字化转型取得明显进展，管理服务数字化水平明显提升，农业数字经济比重大幅提升，乡村数字治理体系日趋完善。

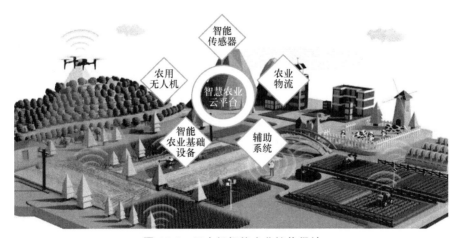

图 19-2　无人机智能农业植物保护

19.5.2　智慧物流

智慧物流，是指通过智能硬件、物联网、大数据等智慧化技术与手段，提升整个物流系统分析决策和智能执行的能力。通过各种智能手段，让物流更加"智慧"。其强调信息流与物质流快速、高效、通畅地运转，从而实现降低社会成本、提高生产效率、整合社会资源的目的。

和传统物流相比，基于 6G 的物流的"智慧"，不仅体现在物流过程中使用物联网、人工智能、电子标签等新技术与设备，更体现在整条供应链的协同共享、即时响应、实时可视、柔性定制等新理念与模式上。在运输和配送环节，智慧物流加快实现自动化运输、无人驾驶等智能化场景在物流领域的运用，降低人力成本；在包装、搬运等环节，智能机器人将得到更多的应用。无人机、无人仓、无人商店等高科技物流场景开始改变物流行业的形态。无接触快递外卖点到点配送服务也将成为可能。

6G 技术将进一步赋能智慧物流与数字化仓储，推动数字化自动物流网络建设。未来智慧物流中，6G 技术辅以自动化工具，将实现更小时隙的履行能力，从而大幅提升整个物流系统的效率。

此外，随着无人机技术的不断成熟，民用无人机开始向国民经济产业渗透，与农业的联系更加紧密，解决了农业日常运作中遇到的很多痛点。从农业市场需求和技术成熟度考量，物流配送对无人机的需求量巨大，但无人机应用仍处于早期发展阶段，且无人机飞行涉及空中管制，在监管尚未明确的背景下，无人机在物流领域尚未大规模实现商用，众多我国及海外物流、快递及电商企业在大量测试物流无人机应用，尝试将无人机添加为常用的物流配送工具。未来 3 年，将是政府与产业界协同推进监管政策落地的关键阶段，当无人机商用牌照发布时，物流无人机行业应用将迎来发展高潮。无人机利用空中平台的优势，通过搭载高清相机、喊话器，可实现农场指挥中心实时显示、统一调度。物流运输方面，无人机可搭建城市空运网络，相较于地面运输方式，无人机物流具有方便高效、节约土地资源和基础设施的优点。在一些交通瘫痪路段、城市拥堵区域，以及一些偏远区域，地面交通无法畅行，导致物品或包裹的投递比正常情况下耗时更长或成本更高。类似的情况时常发生，严重影响送达的效率；如果用户急需的物品不能及时送达,很可能造成重大损失。这些情况下,合理使用无人机派送,则会非常方便高效。而且,通过合理利用闲置的低空资源,能有效减轻地面交通的负担,还能节约土地资源,节约基础设施的投入。一些发达国家和地区的经验表明,一些城市的高层建筑会越来越多地配备直升机停机坪。一些乡镇、村落等地方,也很方便设置数平米的场所供无人机起降。对这些场所的条件要求不高,只需要在原有的基础上简单布置就可以满足。相较于一般的航空运输和通航运输方式,无人机运输具有成本低、调度灵活等优势,并能填补现有的航空运力空白。近些年,航空货运的需求量逐年攀升,持证飞行员的数量和配套资源已无法满足发展的需求。加之飞行员和机组成员的人工成本也很高,制约了航空货运的发展,无人机货运的成本相对低廉。同时,无人驾驶的特点能使机场在建设和营运管理方面实现全要素的集约化发展,在运力调度中也减少了飞行员和机组等人为因素的制约。在很多四五线城市之间、区域内各城市之间,存在一定的航空速运的需求,但由于距离较近、批量较小,传统的航空货运在起降、高度、飞行距离和容积载重等方面难以实现经济运力的匹配效益,因而此类需求比较适合发展支线无人机货运。此外,对于某些偏远山区和河海险要地区的农产品,陆运水运极为不便,也比较适合无人机货运。

19.6 智慧矿山

智慧矿山是保障矿山生产和职业健康与安全,能提供技术支持与后勤保障的数字化、信息化矿山建设。在矿山这一环境复杂、对安全性要求较高的场景中，无蜂窝超大规模协作 MIMO 系统以其特有的分布式接入点和协同处理机制，能较好地应对矿山中立体巡检地理测绘、应急救援等难度大或对实时性要求高的应用，为智慧矿山的建设助力。在立体巡检地理测绘中，无人机通过立体巡检采集立体数据，并通过无蜂窝超大规模协作 MIMO 系统，通过邻近接入点接入网络，在计算中心对数据进行处理。在应灾救援中，无人机、卫星和地面构成空天地一体化架构，更有助于发挥无蜂窝超大规模协作 MIMO 系统的优势。

矿山中会引发一些地质灾害，地质灾害是自然因素或者人为活动引发的危害人民生命和财产安全的崩塌、滑坡、泥石流、地面塌陷、地裂缝、地面沉降等与地质作用有关的灾害。我国是一个自然灾害类型多、发生频率高的国家，经济发展和人口增长而引起的生存环境的恶化，又影响和加剧了自然灾害的发生频率和波及的范围。尤其是近年来地质灾害的频繁发生，致使国家财富和人民生命财产受到重大损失。随着无人机通信的快速发展，应灾救援的压力也因此减轻很多。通过空地一体化移动通信网络覆盖，无人机实时捕捉现场高清图像，并对无人机进行远程控制，辅助救援人员更及时有效地控制灾情。在自然灾害发生时，使用无人机进行灾情侦查，可以无视地形和环境，快速到达现场，利用 6G 网络回传实时图像，辅助第一时间查明灾害事故的关键因素，有助于灾害救援决策、灾害评估、灾后重建规划。严重的公共事件需要城市的警力、消防等外援做进一步处理。采用的三维实景的平台也能为外部的救援方提供救援实施的有效帮助，帮助救援人员快速了解现场环境，做好施救计划，规划施救路线，在施救过程中及时发现最近可用的设施，实现场内外人员的高效沟通等。

应对矿山中的灾害，也可以利用卫星应急通信技术来进行应急处理。

卫星通信技术在应急通信系统中的应用通常包含通信卫星及通信地面站，其中通信地面站包含固定站与车载站，其中固定站属于通信中心站，在运行中，固定站与指挥中心站相互连接，可以很好地实现信息汇总与命令发布等；车载站具备机动性与灵活性能，能够及时到达现场，并采取有效措施进行应急处理。卫星应急通信系统可以在现场搭建临时指挥中心，并通过卫星传送信号至后方指挥中心，为应急救援决策提供数据支撑，基于卫星通信的应急救援网络架构如图 19-3 所示。

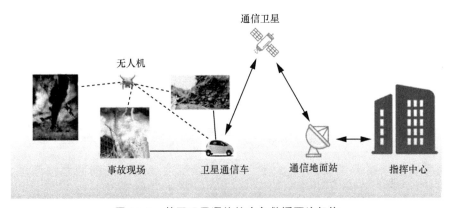

图 19-3 基于卫星通信的应急救援网络架构

卫星通信技术的应用具备以下特征：通信距离较远，通过卫星通信可实现远距离、大范围的信息通信；多址连接特性，即卫星通信覆盖范围内，通过地球站可以很好地实现卫星通信；灵活性特征，即卫星通信设备可以在多种载体上进行装载，如个人、汽车与船体等，可以突破空间限制，尤其在某些通信条件并不完善、网络不发达的地区尤其有优势；频带宽特征，其频段随着技术的发展而扩展，单颗卫星带宽明显提升；线路稳定性特征，卫星通信电波线路稳定，其质量影响因素较少，信息通信质量较好；应急通信成本较低，尤其是卫星通信距离与通信成本之间并不具备直接联系，因此在实际使用中尤其适用于远距离应急通信[7]。

应急通信系统依托于通信卫星网络，采用卫星地面站、卫星通信资源等设备，以及带宽动态分配技术、信号调制解调与编码技术，进行事故灾害区域内图像、视频、音频等数据的实时传输，帮助指挥中心在短时间内掌握事故状况，并及时采取相应措施来完成抢险[8]。在卫星应急救灾场景中，带宽动态分配技术与信号调制、解调与编码技术起着十分重要的作用。

19.7 数字能源

近年来，世界能源市场复杂多变，不确定性和不稳定性进一步增加。能源环境问题特别是大气污染已成为人类社会高度关注的问题，充足、稳定、绿色、低污染的能源供应成为影响我国经济发展的重要因素，数字化被视为实现能源转型的重要途径。数字能源是物联网技术与能源产业的深度融合，通过能源设施的物联接入，并依托大数据及人工智能，打通物理世界与数字世界，在瓦特流基础上加入比特流，用比特管理瓦特，引导能量有序流动，实现能源品类的跨越和边界的突破，放大设施效用、优化品类协同，构筑更高效、更清洁、更经济的现代能源体系，提高能源系统的安全性、生产率、可及性和可持续性。数字化的能源系统能够准确判断谁需要能源，并明确如何能够在合适的时间、合适的地点以最低的成本提供能源[9-11]。

然而，数字能源领域正面临传统数据中心建设久、弹性差、效率低、管理弱四大痛点，无法满足云时代需求。加之商业趋势由支撑向生产系统转变，更先进的数据中心呼之欲出。语义通信通过语义表征度量，面向多环境的行业场景，提取海量数据中的语义信息，建立统一的语义信息综合表征理论，提升了边缘网络通信容量和计算能力，助力提供全场景智能站点、从边缘到云的智能数据中心等全面满足 ICT 行业应用场景的能源解决方案，支持 ICT 网络向 5G、全云化平滑演进。例如，在智能供配电场景中，通过语义提取、可信计算搭建大中小微型数据中心，基于微模块进行语义通信网络部署，实现全连接、广覆盖场景搭建，通过全模块化设计，一体化集成+一站式按需部署，实现按需扩展、模块级安全配置、灵活适配多种供配电场景[12]。在智能勘测场景中，通过语义通信数据节点随时随地完成地震数据上传、存储、计算预测以及三维可视化等大数据量的地质勘测等。语义通信技术还支持快速应急自组网，针对地震、雨雪等灾害环境下的电力抢险救灾场景，语义应急通信系统可提供自组网及大带宽回传能力，支撑现场高清视频集群通信和指挥决策。

同时，由于语义通信主要是基于收发双方的上下文知识建立起来的，语义通信相比传统通信可以达到更好的隐蔽通信的效果。同样的一句话，对于了解背景的友方而言可能包含重大信息，而对于不了解背景的窃听者而言可能毫无意义。这为未来数据赋能至上的数字能源中数据的隐私管理减轻了负担，可以实现在挖掘数据价值的同时，确保数据在存储、流转和处理中全程加密，实现数据安全流通。通过可信计算，能够自动识别行业信息及其相关信息，将普通区域、重点区域等各种网络进行逻辑隔离，控制不安全因素的扩散，进而支持数据中心架构模块化、智能化，引领能源数字化，建设绿色智能世界。

19.8 智能电网

近年来，可再生能源清洁能源的开发已成为顺应绿色发展潮流的关键。但新型清洁能源普遍具有不可控的波动特性，其落地使用对电网的接入和调节能力都有非常高的要求。分布式能源系统的出现，使普通用户可以生产、储存能源，突破了传统集中式供电的弊端，获得的经济效益最大化，使电网走向"微电网"时代。由于同时管理多种能源，管理众多接口不一、种类不一的设备，分布式能源系统需要更精细的控制以减少从产能到用能的能源消耗。

大量不同形式的分布式和间歇性能源系统已经渗透到当前的电网中，传统的无源、单向电网已经远不能满足能源发展的需求，在配电自动化、应急通信、精确负荷控制等高质量电力服务要求的驱动下，电网架构及资源管理方式也需升级以与之匹配。这促使电网转型为有源、双向的智能电网。双向的电力和通信流可以提高电力系统的可靠性、安全性和效率。电网不断连接到越来越多不同种类的设备和系统，这要求智能电网具有接纳海量终端的接入能力、低时延高可靠的承载能力、开放共享的可扩展能力、安全管控能力以及高效灵活的运营管理能力。

智能电网涵盖了发电、传输、转换、配电、功耗等环节。由于电力业务的多样性，智能电网中生成的大量数据需要强大的通信网络支撑其传输。智能电网给通信网络带来了新的挑战。根据电力用户的不同需求，需要一个具有良好隔离性、高度可靠性、超低时延和低成本的网络。

面向未来，智能电网将出现更多的分布式点对点连接，主站系统将逐步下沉，出现更多的本地就近控制且与主网控制联动的需求，时延需求将达到毫秒级，可靠性要求提高至 99.999%；电网采集类服务种类将激增，且在覆盖广度上将提高 50～100 倍，达到数十亿级别，接入密度将增加至 6000 个/km^2；电网移动应用类服务单终端通信速率达到 50Mbit/s，时延要求将达到数十毫秒，将向 4K/8K 高清、VR/AR 方向发展，单终端接入带宽需求将达到 50Mbit/s。通信带宽将提高 5～10 倍，采集频次将提高 15～24 倍，连接用户数将增长10～13 倍。

为了实现未来智慧电网的严格和多样化的 QoS，未来 6G 通信的基本设计考虑之一应该集中于能够有效利用有限和受限资源的多样化 QoS 提供技术。网络切片作为一种实现个性化服务的新型通信功能，基于指定的网络功能和特定的访问网络技术，可以按需构建端到端逻辑网络并提供一个或多个网络服务。通过对网络的灵活定制，网络切片可以提供最佳的网络资源分配方案。因此，网络切片技术具有在电力业务中应用的可能性和可行性，可以创建不同的网络片来承载智能电网中不同的电力服务需求，智能电网中网络切片的应用如图19-4 所示。在无蜂窝超大规模协作 MIMO 系统中，物理架构上可以利用 AP 实现电网控制分布式点对点连接的主站下沉，同时实现超大规模覆盖以及多种类型设备的协作；逻辑层面上采用基于 SDN 和NFV 的网络切片[13]，对电力、通信等多种资源联合分配优化，实现对不同需求的定制化服务。

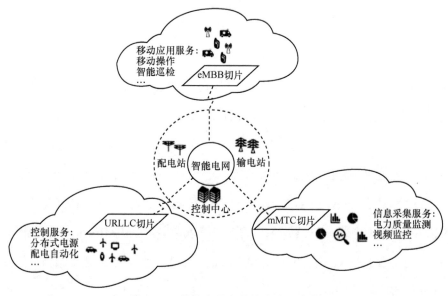

图 19-4　智能电网中网络切片的应用

19.9　智慧医疗

在未来网络中，医疗行业将全面融入云计算、大数据、VR/AR、人工智能等高精尖技术，使医疗服务走向真正的数字化、智能化，推动医疗事业的进一步发展。我国在智慧医疗领域提出未来发展的 8 个方向，包括急诊救治、远程诊断、远程治疗、医院管理、重症监护、中医诊疗、健康管理与智能疾控。因此，未来的智慧医疗将不仅局限于在医院内使用电子病历、自助服务机这些辅助信息化设备，而是在物联网、人工智能等技术的推动下，支持为更多的医疗场景提供数字化、网络化、智能化的医疗设施和解决方案。在新冠肺炎疫情期间，各种 IT 和通信技术融入传统医疗领域，为医生和医护人员提供大量可搜索、分析、引用的科学证据来支持诊断，为战胜新冠肺炎疫情提供了巨大的帮助。例如，在新冠肺炎疫情暴发时期，北京邮电大学学者研究的"面向新冠肺炎的全诊疗流程的智能筛查、诊断与分级系统"被及时部署到了包括湖北在内多个地区的多家医院。该系统能在数十秒内完成对新冠肺炎的智能诊断，并达到平均 90%的准确率，通过了多中心、真实世界场景的临床验证，对国际社会新冠肺炎疫情的防控起到了作用[14]。

智慧医疗的发展依赖于物联网、人工智能、语义通信等高精尖技术。其中以联邦学习为代表的人工智能技术可以实现与疾病相关数据在患者、医疗设备、医务人员、医疗机构之间安全、高效的流动[15]。医护工作人员通过利用各项医疗器械、设备提供的影像等信息，可以了解患者的身体状况并做出诊断。同时，医护人员可以在同部门、跨部门、跨医疗机构、跨地区等情况下对这些基础信息进行沟通、交流。语义通信、自然语言处理等技术使自动化分析自然语言描述的病历变成了可能，助力搭建医疗语义知识库，最大化利用医疗数据，进而解决当前智慧医疗中数据质量低的问题。云端的语义知识库可以推动医疗数据的跨平台集成、医院之间的业务流程整合、医疗信息和资源的共享与交换等。

同时，未来智慧医疗网络将以患者就医诊前、诊中、诊后的全流程信息化建设为主线，搭建远程医疗平台、影像辅助诊断云平台和区域信息集成平台[16]。此外，未来智慧医疗以及智慧医院的建设将受益于未来 6G 更高的通信速率、更低的时延以及整合移动性与大数据分析的智慧交互平台等，让每个人都享受及时、便利的智慧医疗服务，满足人们对未来医疗的新需求。通过充分利用语义通信和人工智能等前沿技术，未来智慧医疗可以支持移动急救、AI 辅助诊疗、全息投影、远程医疗、远程急救、远程门诊、智慧手术室、智慧病房、智慧导诊等更多的应用场景。

19.10 智慧交通

智慧交通是在交通运输过程中，充分利用移动互联网、物联网、边缘计算等新一代信息技术，综合利用人工智能、环境感知、系统方法、知识挖掘等工具，推动交通运输向更高效、更经济、更环保、更安全的方向转型升级。

19.10.1 智能汽车

随着新一轮科技革命和产业变革快速深化，智能汽车已成为全球汽车产业发展的战略方向。智能汽车是指通过搭载先进的车载传感器、控制器、执行器等装置，并融合新一代信息通信技术，集环境感知、决策规划、多等级辅助驾驶等功能于一体的综合系统[17]。利用计算机、现代传感、信息融合、通信、人工智能及自动控制等技术，实现车与 X（人、车、路、云等系统）之间智能化的信息交换、共享，具备复杂的环境感知、智能决策、协同控制等功能，可综合实现安全、高效、舒适、节能行驶，并最终实现替代人类操作的新一代汽车。

智能汽车的"智能"有两种模式：一是自主式智能汽车（Autonomous Vehicle），依靠各类传感器对车辆周围环境进行感知，依靠车载控制器进行决策和控制并交由底层执行，实现自动驾驶；另一种是网联式智能汽车（Connected Vehicle），车辆通过 V2X 通信的方式获取外界的环境信息并帮助车辆进行决策与控制[18-19]。随着人工智能和通信智能的不断发展，两种模式也在不断地融合，从原先的自主驾驶辅助向网联自动驾驶发展，最终愿景是实现完全自动驾驶[20]。在 2020 世界智能网联汽车大会上发布的《智能网联汽车技术路线图 2.0》中提出了智能汽车的未来发展目标。

　　智能汽车发展目标如图 19-5 所示，随着智能汽车的发展，汽车与互联网、信息产业全面融合，呈现智能化、网络化、平台化发展特征，将由单纯的交通运输工具逐渐转变为智能移动空间和应用终端，成为新兴业态重要载体。但是，基于 5G 的新一代车联网系统是复杂信息物理融合系统，各车云节点经数字通信网络连接，其大规模应用与部署难以一蹴而就，面临四大挑战：系统复杂，任务繁多；信道非理想，控制困难；结构多变，难以优化；现有方法各自孤立，宏微观难以结合。例如，远程驾驶要求在 3ms 用户面时延的同时实现图 19-5 中的可靠性，这对现有的通信技术是极大的挑战，而语义通信的加入可以推动无人驾驶技术的应用[21]。

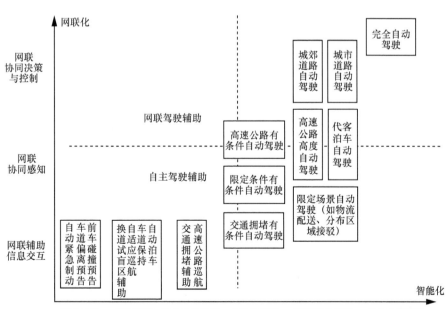

图 19-5　智能汽车发展目标

语义通信中的语义实时处理框架充分发挥异构计算平台最大算力，满足多业务、多环境的计算需求，能及时反馈车辆状态信息，进行周围环境预测、辅助驾驶决策，促使车辆驾驶安全、驾驶便捷性得到更好提升，让很多人得到了全新的体验。同时，语义通信将进一步提升车辆语义网络的可靠性，通过语义压缩和智慧感知支持车辆间的密切协作，建模道路环境，车云节点极智、车联网络极简的思想将推动"人–车–路"多维协同演进，助力搭建智慧交通体系，为完全自动驾驶的实现提供了可能。

基于语义通信技术，未来的智能汽车通信网络将以车内网、车际网和车云网为基础，按照约定的通信协议和数据交换标准实现车与 X（人、车、路、云等系统）之间进行无线通信和信息交换的大系统网络，进而实现智能交通管理、智能动态信息服务和车辆智能化控制。

19.10.2 高速铁路

（1）目前现状

随着科学技术与经济的快速发展，铁路通信尤其是高铁，由于具有高机动性、安全性、环保性、舒适性、透明性、可预测性和可靠性，引起了学术界和工业界的广泛关注。为了满足未来智能铁路通信的要求，铁路运输业需要开发新的通信网络架构和关键技术，从而确保在此场景下为乘客提供高质量可靠的通信服务。6G 是一种很有前景的解决方案，可以有效提高目前高铁场景中的稳定性等问题，而未来基于 6G 的高速铁路（High Speed Railway, HSR）无线网络开始考虑使用毫米波频段来扩展频谱，但由于毫米波频段的路径损耗比低频频段高得多，覆盖范围有限。为了克服这一缺点，考虑在无蜂窝超大规模协作 MIMO 系统架构下结合波束成形技术，将期望信号的能量集中到目标方向从而保证辐射范围，基站的波束方向会根据高铁的移动速度及方向进行相应的调整。用于高铁通信的毫米波无蜂窝超大规模协作 MIMO 系统如图 19-6 所示。

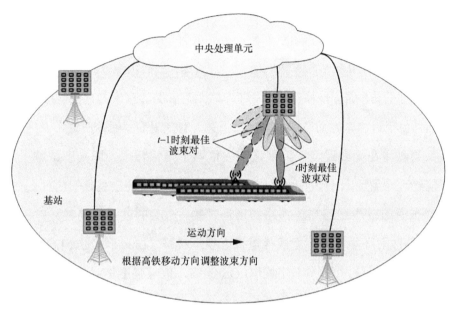

图 19-6 用于高铁通信的毫米波无蜂窝超大规模协作 MIMO 系统

（2）无线环境地图

由于高铁运动轨迹的周期性和规律性，高铁场景下的波束成形技术可以依赖于无线环境地图。无线环境地图最初应用于无线局域网，可融合时间、频率、位置等多维频谱信息，以可视化的方式呈现。目前该概念已被国际电信联盟、电气与电子工程师学会（Institute of Electrical and Electronics Engineers, IEEE）等国际标准化组织的技术文件所采纳，并被应用在国内外多个科研项目之中。而高铁通信的无线环境地图主要用于保存铁路沿线的地形信息、信道模型、无线设备信息、路径传播损耗与大尺度衰落、信道特性、电磁干扰、通信质量测试结果等内容，更利于多普勒补偿、资源分配以及其他自适应技术的实现，从而保证通信的高效、连续、安全、稳定。

（3）高铁中的波束对准

为了给列车乘客提供可靠的连接，高铁采用两层网络来分隔室内和室外信道。即在车厢内和车厢外的车顶上分别部署了 AP 和移动中继器。其中，列车车厢内的 AP 负责收车内的所有通信数据，之后由中继站将相应数据传输到室外基站。这一传输架构避免了车载乘客和路边基站的直接连接，减少了信号由于进出车厢而造成的高穿透损失，有效提高了通信质量。

同时，在无线通信中，信道高度依赖于传播环境，即高度依赖于用户的物理位置。目前，特别是在我国，铁路的主要场景是高架桥（例如：根据在中国京津之间高速铁路的现场试验，86% 的铁路在高架线路上运行）。其散射环境简单，无线信道接近视距线路（Line of Sight, LOS）。在使用波束成形技术之后，相对于 LOS 链路，信号强度相对较低的非视距（Non-line of Sight, NLOS）传输分量可以被忽略。因此，可以首先根据列车所在的位置从无线环境地图中获取相关信息，确定波束的大致方向。然而，由于定位精度和环境信息等限制，不能完全依靠位置信息来确定波束方向，可以在此基础上考虑利用列车的位置信息和最新的历史波束对准结果更新波束训练集。并且在高铁场景中，列车的轨迹具有很强的周期性和规律性，对于一个位置，历史波束训练结果一般情况下不会产生严重的偏差，对下一次的波束对准有着很重要的作用。因此，高铁场景中的快速波束成形方法极大地提高了通信性能。

19.10.3　车联网

随着城市人口的分布呈现出高密度集中、流动性大的趋势，过去的城市交通管理与建设逐渐难以满足当代人们的需求，具有实时性的智能化、高效化、网联化的新型城市交通管理和建设方案已经成为未来智慧城市建设不可或缺的一环，其中智能车联网的实际应用尤为重要。基于无蜂窝超大规模协作 MIMO 系统的车联网应用如图 19-7 所示，未来 6G 网络将利用通信信号实现对实时车辆的检测、定位、识别、成像等感知功能，无线通信系统将可以利用感知功能获取周边道路环境信息，并且利用先进的算法、边缘计算和人工智能技术生成超高分辨率的图像，随时随地满足安全可靠的人–机–物无限连接需求，为未来人们的便利生活提供崭新的服务与体验。

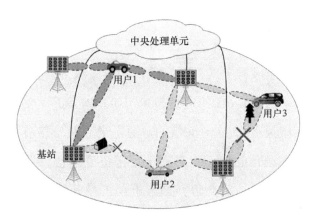

图 19-7 基于无蜂窝超大规模协作 MIMO 系统的车联网应用

车联网的本质是万物互联，希望实现车辆与一切可能影响车辆的实体进行信息交互，目的是减少事故、减缓交通拥堵、降低环境污染以及提供其他信息服务，主要包括车辆与车辆互联、车辆与基础设施互联、车辆与数据中心互联以及车辆与人互联 4 个方面。目前市场存在的车联网技术主要有两种。一种是来自 IEEE 组织的专用短程通信（Dedicated Short Range Communication, DSRC）技术，该技术率先在美国被提出，从 2010 年标准发布，已经经过多年开发测试。其无线接入部分由多个 IEEE 协议组成，整体也被称为交通环境无线接入协议。另一种是来自 3GPP 组织的基于蜂窝网络的车用无线通信技术 C-V2X，该技术在 DSRC 之后推出，是基于 4G/5G 等蜂窝网通信技术演进形成的车用无线通信技术，包含了两种通信接口：一种是车、人、路之间的短距离直接通信接口，另一种是终端和基站之间的通信接口，可实现更长距离和更大范围的可靠通信。在现有车联网技术的基础上，融入 5G 技术，基于无蜂窝超大规模协作 MIMO 系统的架构，可以实现城市交通的超大范围覆盖，使车联网应用向着智能化和深度万物互联进一步迈进。

在通信技术方面，未来 6G 技术将期望搭建一个智慧交互、普惠智能、通信感知、全域覆盖的新型网络。面对未来 6G 极致的性能需求，现有的工作频率在 sub-6G 的通信技术已经很难满足 6G 的高技术标准要求，所以工作频段在 30～300GHz 的毫米波通信逐渐引起人们的广泛关注。毫米波通信的最大优势在于频谱资源丰富、指向性强以及高数据传输速率，但是，高频段短波长通信的缺陷就是路径损耗严重、穿透能力差。在无蜂窝超大规模协作 MIMO 系统的架构下，环境感知智能波束管理技术能够感知变化的动态环境信息，实现分布式 AP 与移动终端的波束扫描、波束追踪以及波束对准，在增强通信覆盖面积并且控制能耗的基础上，可以在使用毫米波进行通信时做到扬长避短，满足城市中智能车联网的应用需求，为智能车联网应用的实际落地提供技术保证。

在波束管理技术实现上，深度强化学习成为高速移动车联网场景中波束管理的有效工具。深度强化学习是一种端到端的感知与控制系统，具有很强的通用性。其学习过程可以描述为：首先在每个时刻智能体与环境交互得到一个高维度的观察，并利用深度学习方法来感知观察，以得到具体的状态特征表示，其次基于预期回报来评价各动作的价值函数，并通过某种策略将当前状态映射为相应的动作，最后环境对此动作做出反应，并得到下一个观察。不断循环以上过程，最终可以得到实现目标的最优策略。

在高速移动的车联网场景中，利用穷举搜索法解决波束管理问题，虽然能得到最优波束对，但是复杂度高、时间较长、成本开销大。为了克服穷举搜索的问题，基于部分观察马尔可夫决策过程的深度强化学习[22]可用来很好地完成波束管理过程。部分观察马尔可夫决策过程是一个数学框架，当智能体的观察有限时，它可以模拟智能体与未知时变环境的交互。它观察少量得分，并预测未观察到的分数。 这样，就获得了所有射频波束的分数集。学习智能体将观察到的导频信息和不完整的得分表分别作为输入和期望输出提供给它的模型，目的是学习所有 AP 共同接收的信号与不同组射频波束的速率之间的隐藏关系。

经过训练后，智能体就可以在操作阶段预测最佳射频波束对。目标是训练深度强化学习的神经网络，即获得训练好的权重矩阵，当乘以每个实例和对应位置的信道向量时，得到对应的波束方向。换言之，波束控制是根据信道向量的变化设置波束方向。每个 AP 的信道向量受快速移动性的影响，可能与其他 AP 的信道向量相关。权重值矩阵可以被认为是不同向量的串联，其中每个向量对应不同的信道向量。此外，将接收到的导频信号直接映射到混合波束成形向量中以控制波束，而无须过多的计算或信令来获得信道状态信息，复杂度更低。

基于车联网的发展现状和未来 6G 通信的技术支持，智能车联网能够进一步地提高人们的生活出行方式。具体来说，"端"强调终端，未来 6G

技术有望实现新型智能终端的多连接，为城市范围内的大量车辆信息智能入网提供保证。同时，在无蜂窝超大规模协作 MIMO 系统的架构下，分布式 AP 可以实现与智能设备的海量多连接，例如通过交通摄像机静态监控和智能无人机动态巡检相结合的方式，搜集城市街道中每一个角落的交通信息等，真正实现万物互联中的"万物"。然后，"管"强调过程，考虑城市交通中人和车辆不会总是固定在某一地点，而是具有高流动性和高移动性，过去的通信技术为保证通信质量要以大的能源消耗作为代价，现在利用毫米波的高指向性和智能波束管理技术，就能做到即使在高速移动场景中，也能实现毫米波通信准确的波束追踪和波束对准，最终低成本、高效率地解决这一问题。最后，"云"强调数据处理，无蜂窝超大规模协作 MIMO 系统的中央数据处理中心，可以与大数据、云平台等技术进行融合，对分布式 AP 搜集到的各类信息集中处理，将可视化的分析结果呈现到指挥人员面前，最终下达指令完成通信过程。除此之外，为解决智能终端难以对大容量数据进行处理的问题，MEC 技术被提出，其核心思想是，通过在分布式 AP 部署边缘计算节点，将车辆要处理的大容量数据卸载到边缘计算节点去进行计算，能够显著提升智能车联网的服务质量。

基于新型的智能车联网技术，人们生活出行的方式能够得到颠覆性的改变。例如，路况信息实时预报，车辆可以随时将路况上传给交通管理部门，由云端控制车流，进行路线规划，避免交通拥堵；还有智能停车管理，在抵达目的地之前，人们便可洞悉停车场入口位置、停车场的空位数量，在智能化系统的引导下完成停车；以及安全驾驶，车联网到来后，汽车能够通过自身传感器主动探索周边环境，能连接城市各类红绿灯和其他管制信号，实现自动提示并规避危险等。6G 技术将大幅缩短网络时延，拥有更大的覆盖范围、更高的传输速度，为车联网行业实现智能化、高效化、网联化提供保障。

19.10.4　交通巡检

在面向智能化交通的未来，6G 通过构建人–机–物智能互联、协同共生的新型网络，实现物理世界人与人、人与物、物与物的高效智能互联，助力城市开展全方位、大容量、更高效、低成本的交通巡检任务。在多种新型学科的创新驱动下，6G 将与先进计算、人工智能、大数据、物联网等信息技术深度融合，无蜂窝超大规模协作 MIMO 系统架构可以实现海量 6G 新型智能终端的部署并且保证有效地实时通信，基于分布式信息收集–集中式信息处理的思想，实现静态监控和动态巡检相结合的智能交通管理的整体布局，城市智慧安防如图 19-8 所示。

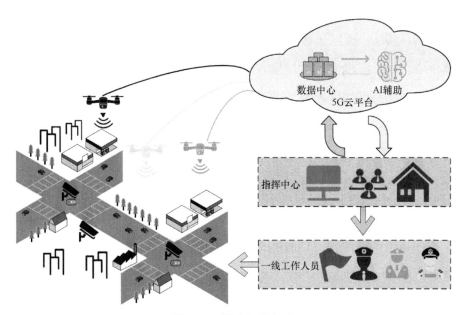

图 19-8　城市智慧安防

　　传统的城市交通巡检主要以路边摄像机监控加交警现场处理为主，但是在城市人口数量激增的情况下，传统的巡检方式已经很难满足现在交通状况的需求，需要引入新型的 6G 技术，更好地推进城市交通的智能化管理。具体来说，城市交通巡检包括交通信息搜集、信息处理和下达管控指令 3 个部分。首先，利用无蜂窝超大规模协作 MIMO 技术中智能体高效互通、相互协作的特点，交通信息搜集环节可以由现有的交通摄像机静态监控和智能无人机动态巡检相结合来完成。使用无人机可以进行交通疏导，有效弥补人力疏导反应慢、无法准确判断道路情况的问题；可以进行违章取证，解决地面摄像机监控存在的盲区问题；可以到事故现场进行勘察，覆盖范围大并且省时省力；可以进行交通规划，通过搭载高清摄像机，能够对城市交通地貌进行全方位拍摄。基于无蜂窝超大规模协作 MIMO 技术，可以支持多台无人机同时工作完成不同的任务；基于环境感知的智能波束管理技术，可以实现接入点对所有无人机的有效控制。其次，搜集交通信息后，新型 6G 智能终端需要将数据传回云计算中心。基于无蜂窝超大规模协作 MIMO 的架构，大容量交通数据可以凭借低时延高可靠技术及时准确地传输回云计算中心。同时，新型 6G 技术与大数据、云平台等技术融合，可以准确实现大范围城市交通信息的及时有效处理。通过人工智能算法，云计算中心还可以对未来城市交通状况进行预测和预报，防患交通事故于未然。最后，数据分析结束，指挥中心分门别类地下达管控指令到一线工作人员，让其各司其职，分别处理其辖内的城市交通任务，实现对工作者的有效管理。在这一阶段，指挥中心可以有效实现与个人的即时通信，保证命令即发即达，问题及时解决。至此，一个"实况-中心-一线"的整体城市交通巡检布局得以形成。

19.11　参考文献

[1] 李敏嘉. 基于多模态语义分析的个性化情感交互研究[D]. 北京: 北京科技大学, 2021.

[2] TIWARI N, EDLA D R, DODIA S, et al. Brain computer interface: a comprehensive survey[J]. Biologically Inspired Cognitive Architectures, 2018, 26: 118-129.

[3] 李伟健, 龙瀛. 技术与城市: 泛智慧城市技术提升城市韧性[J]. 上海城市规划, 2020(2): 64-71.

[4] BATTY M. Artificial intelligence and smart cities[J]. Environment and Planning B: Urban Analytics and City Science, 2018, 45(1): 3-6.

[5] SHOLLA S, NAAZ R, CHISHTI M A. Semantic smart city: context aware application architecture[C]//Proceedings of 2018 Second International Conference on Electronics, Communication and Aerospace Technology (ICECA). Piscataway: IEEE Press, 2018: 721-724.

[6] 任敏. 智数合一, 智慧工厂的四大典型应用场景[J]. 中国信息化, 2021(1): 47-49.

[7] 徐知辉. 探讨卫星通信在应急通信中的应用及发展[J]. 中国新通信, 2019, 21(17): 2-3.

[8] 李娜, 冯浩然. 卫星通信在应急通信中的应用及发展探讨[J]. 信息技术与信息化, 2019(11): 146-148.

[9] 华为技术有限公司. 数字能源 2030[R]. 2021.

[10] 数字能源产业智库. 数字能源十大趋势白皮书[R]. 2021.

[11] MASANET E, SHEHABI A, LEI N A, et al. Recalibrating global data center energy-use estimates[J]. Science, 2020, 367(6481): 984-986.

[12] 国家电网.能源数字化转型白皮书(2021)[R].2021.

[13] SHANG F J, LI X, ZHAI D, et al. Two-phase resource allocation technology for network slices in smart grid[J]. Journal of Computer Applications, 2021-10-09, 41(7):2033-2038.

[14] WANG G, LIU X, SHEN J, et al. A deep-learning pipeline for the diagnosis and discrimination of viral, non-viral and COVID-19 pneumonia from chest X-ray images"[J]. Nature Biomedical Engineering, 2021, 5(6): 509-521.

[15] 尹康杰. 面向智慧医疗的物联网管理平台设计及实现[D]. 北京: 北京邮电大学, 2021.

[16] 互联网医疗健康产业联盟.5G 时代智慧医疗健康白皮书[R]. 2019.

[17] 戴一凡,李克强.智能网联汽车发展现状与趋势分析[J].汽车制造业,2015(18):14-17.

[18] 陈山枝, 胡金玲, 时岩, 等. LTE-V2X 车联网技术、标准与应用[J]. 电信科学, 2018, 34(4): 1-11.

[19] 王金强, 黄航, 郅朋, 等. 自动驾驶发展与关键技术综述[J]. 电子技术应用, 2019, 45(6): 28-36.

[20] 中国信息通信研究院. 车联网白皮书（网联自动驾驶分册）[R].2020.

[21] LU Y Q, ASGHAR M R. Semantic communications between distributed cyber-physical systems towards collaborative automation for smart man-

ufacturing[J]. Journal of Manufacturing Systems, 2020, 55: 348-359.

[22] FOZI M, SHARAFAT A R, BENNIS M. Fast MIMO beamforming via deep reinforcement learning for high mobility mmWave connectivity[J]. IEEE Journal on Selected Areas in Communications, 2022, 40(1): 127-142.